U0054455

星級主廚的西式居家料理

WESTERN-STYLE HOME COOKING BY STAR CHEFS

西式料理 So easy，在家也能擁有大師級的好廚藝

So Easy Western-Style Cuisine, You Can Also Have A Master-Class Cooking At Home

Preface

大家好，我是蔡明哲，一路走在西餐的廚藝上將近二十年了，加上本身是餐飲科班出身，對自己廚藝又是更嚴格的標準，我從學徒學習時，每天都待在廚房 15 個小時以上，就好像廚房才是我真正的家，在廚房裡，我感覺到非常有安全感，而且可以不必去煩惱任何一件事，只要專注的把菜的品質做到極致，然後看到客人的笑容，一切都值得了。

在這一年的轉變非常的大，我從五星級飯店主廚轉變成學校的老師，想藉由這將近二十年的廚藝經驗帶給同學不一樣的技術與經驗的分享。由於學生常常問我說：「西餐食譜裡的食材是不是很難買到？」因此本書裡的食材大多數都能在大賣場或進口超市所購買，希望將最原汁原味的方式，呈現給大家。

接下來的日子裡，我的頭銜裡不只是爸爸、廚師、老師、更是作者身分。大家總覺得西餐很困難，但在這一本料理書，會以最簡單的方式上手，可以讓一般讀者用最容易的方式邁向成功之路，不僅記錄各家飯店的人氣料理，也複合現在餐廳的飲食趨勢以及料理的風格，希望這本書的出版能夠讓喜歡做料理的讀者，在家也可以輕鬆做出五星級料理。

現任 Incumbent

臺北城市科技大學專任助理教授

學經歷 Education & Experience

- 臺北實踐大學餐飲管理系
- 臺北文華東方酒店主廚
- 台北君品酒店主廚

榮譽獎項 Honorary Award

- 109 年交通部觀光局頒發優良觀光產業及優良從業人員大獎
- 109 年臺北文華東方酒店 BENCOTTO 任職餐廳米其林為推薦餐廳
- 108 年國際青年創意美學競賽－桃園市長頒發傑出名師、精英名廚
- 108 年 KICC 韓國團體挑戰賽金牌
- 108 年 KICC 韓國個人前菜挑戰賽金牌
- 107 年兩岸十大青年菁英主廚
- 107 年高雄易牙美食節－評審
- 105 年行政院衛福部食藥署 FDA 優良廚師金帽獎
- 105 年紐西蘭國際名廚挑戰賽開胃菜展示金牌
- 103 年馬鈴薯創意競賽金牌

專刊 Special Issue

- 109 年經濟日報國際服裝品牌 JAMEI CHEN 聯合品牌發表會
- 109 年鏡週刊雜誌獨家發表在地美食與便當結合
- 109 年工商時報推出母親節獻定豪華饗宴
- 108 年儂儂雜誌台灣三麗鷗首度攜手合作（精質極光傳奇下午茶）
- 106 年旺報專訪推廣義大利美食料理主廚
- 106 年中時晚報推義大利美食季
- 105 年（輕旅行）電視台台北身歷其境之旅專訪專訪
- 105 年蘋果日報專訪龍蝦料理發表
- 105 年錄製衛視中文台龍蝦帝王蟹料理專訪發表
- 105 年蘋果日報專訪創意馬鈴薯發表

Foreword I —— 推薦序一

亦師亦友關係認識明哲主廚已超過 15 年，沒有名廚的匠氣習氣，全是正向力量令人折服的職匠精神，在星級飯店服務期間獲得米其林指南餐盤推薦以及義大利美食評鑑指南〈紅蝦評鑑一叉〉（GamberoRosso）等榮譽，更在國際廚藝競賽中榮獲多面金牌的耀眼成績。108 年國際青年創意美學競賽獲得桃園市長頒發傑出名師、精英名廚榮譽，同時獲頒「行政院衛福部食藥署 FDA 優良廚師金帽獎」、「2017 年衛福部 FDA 優良廚師」及「兩岸十大青年菁英主廚」頭銜。

明哲老師除了在本業中嶄露頭角之外，在投入技職教育任教，無論是教學、社團、義煮活動等，他都以傳承精神給予學生多元專業指導及學習機會，教學充滿熱忱與用心，亦深獲學生愛戴及尊崇的良師，對於這位大廚老師由衷欽佩，原來名廚養成來自生命中的無限淬鍊。

明哲老師在異國料理領域專精數十年，多次與米其林主廚合作，將專業及廚藝經驗累積多年功力，結合歐、美、日與亞洲料理寫成 76 道無國界料理書，內容鉅細靡遺，是不可多得的大著作。本人推薦這本值得收藏的料理書，能讓讀者輕鬆閱讀及製作，感受美味溫度與食物的美好，讓自己廚藝也能變大師做出完美的道地精緻異國料理，練出星級般主廚身手，讓每天都能輕鬆的華麗上菜！

祝福明哲老師在技職教育繼續發揮所長，期待再造高峰！

台北城市科技大學 民生學院院長

葉郁雅

Foreword II —— 推薦序二

認識明哲老師近20年，看著他一路秉持職人精神，在多家星級旅館服務，同時在任內得到「米其林推薦餐廳」與「義大利紅蝦評鑑一叉」等榮譽，並多次與米其林主廚合作，可說是業界備受矚目的人才；在教育後進方面，明哲除了關心實習生學習狀況，同時樂於給予學生參與美食推廣活動與體驗的機會，對於增廣學子視野助益良多。

除了在本業中克盡職守，明哲更榮獲「2017年衛福部FDA優良廚師」、「2020年交通部觀光局優良觀光產業及其從業人員」，並於2019年帶領團隊於KICC韓國國際餐飲大賽（Republic of Korea International Culinary Competition）在逾4,500位來自18個國家及地區的選手競爭下勇奪五金二銀二銅的耀眼成績。

明哲老師年輕有為並積極發展所長，在這幾年間，他經歷了許多身分的轉換，包含業界師傅、新手爸爸與學校老師等，在此前提下，他有心匯集專長與多年功力，結合歐陸、美日與亞洲料理寫成這本包含76道無國界料理的大作，不僅可做為業界人士之參考，同時也是讓廚房新手可以輕鬆學習的工具書，實為專業主廚傳承經驗的良好示範。

以好友的立場，我由衷肯定他的成就與用心，祝福他在學界繼續發揮所長，也希望讀者透過本書可以探索並感受明哲賦予每道菜的美味與溫度，並將其分享親朋好友，共同體驗廚藝的樂趣。

醒吾科技大學 觀光餐旅學院院長

Foreword III —— 推薦序三

約莫 14 年前認識了阿哲，那時覺得這小子臭屁臭屁的應該做沒多久就會吃不了苦不做了。但一轉眼也跟著我做了好多年，看著他當年輕浮的樣子最後做到了五星級酒店的主廚。這一切都展現於他的上進心與積極的態度來達成了他今天的成果。非常難能可貴！

很開心今天阿哲有了一本集結他多年來的巧思與創意的料理書，更是一個非常好的表率可以讓大家爭相分享與學習。希望藉由這本料理書能帶給更多人認識到做菜的樂趣與喜愛。

Happy cooking Happy life

台北君品酒店雲軒西餐廳行政主廚

王輔立

Contents 目錄

作者序 002

推薦序 004

Chapter. 00

宴客的基本

The Basics of a Banquet

宴客的注意事項 012

宴客前的準備 012

準備物品 012

準備事項 013

飲食禁忌 015

宗教信仰 015

健康因素 015

食材配搭原則 016

西餐搭配的建議 016

酒類配搭的建議 017

認識階段性的餐酒 018

飲用餐酒的五個原則 018

西餐餐桌禮儀 019

席位安排 019

圓桌席位 020

方桌席位 021

長桌席位 021

餐具擺放及使用方式 022

設計互動菜單 026

可與賓客互動的餐點 026

Chapter. 01

醬料

Sauce

味噌柚子美乃滋 030

法式油醋醬 031

桂花檸檬油醋 032

芥藍菜泥 033

巴西里莎莎醬 034

黑蒜美乃滋 035

紅甜椒醬汁 036

番茄醬汁 038

牛肝菌粉 040
奶油綠辣椒醬 042
香料蒜蓉醬 043
雪利檸檬油醋 044
鮪魚醬汁 045
黃瓜羅勒醬 046
熱那亞青醬 047
檸檬卡士達醬 048
生蠔醬汁 049
波特酒醬汁 050
玫瑰花油醋 051
波特酒泡沫 052

Chapter. 02

迎賓義國小點

Antipasto

義式番茄起司小點 054
花園有機時蔬酪梨塔 057
煙燻鮭魚慕斯三部曲 060
帕瑪火腿佐香瓜與醃製香料橄欖 063
櫻桃鴨肝慕斯 066
千層火腿起司三明治 068
香煎北海道干貝與蘑菇馬卡龍 071
鮮蝦蔬菜黃瓜盅 074
伊比利豬茴香巧克力 077

Chapter. 03

極致開胃菜 & 精饌沙拉

Appetizers and Salads

義式牛肉鮪魚沙拉與有機時蔬 080
爐烤牛肉芝麻葉沙拉與帕達諾起司配味噌柚子美乃滋 083
焦糖無花果佐帕瑪火腿與瑞可達沙拉 086
煙燻鮭魚與酪梨蛋沙拉 089
義式鮮蝦番茄麵包沙拉 091
西西里碳烤中卷與海膽醬佐芥藍菜泥 094
西西里龍蝦塔塔沙拉與玉米醬 098
馬德里嫩燉牛舌沙拉佐巴西里莎莎醬與黑蒜美乃滋 102
地中海炙燒鮪魚、番茄橄欖沙拉佐檸檬黃瓜醬 105
焗烤千層茄子與番茄醬汁 108
紅椒藜麥盅沙拉佐杏仁甜椒醬 112

Chapter. 04

經典主廚例湯

Classic Chef's Soup

義式番茄麵包濃湯 116
奶油甜豆仁濃湯佐水波蛋與魚子醬 119
普利亞鄉村蔬菜湯 123
風乾伊比利火腿與奶油洋蔥湯 126
松露卡布奇諾蘑菇湯 129
馬賽龍蝦漁夫湯 133
北海道干貝與南瓜濃湯 137
奶油有機迷你蘿蔔濃湯 141
焗烤焦化洋蔥湯 144

Chapter. 05

人氣義大利麵、燉飯與披薩

Popular Pasta, Risotto and Pizza

義大利麵 PASTA

AOP窮人的蒜香義大利麵 148
西西里龍蝦番茄義大利麵 151
帕瑪森乳酪蛋黃培根義大利麵 155
焗烤波隆那肉醬筆管麵 158
香蒜蛤蜊青醬螺旋麵 161

燉飯 RISOTTO

炭烤中卷與墨魚燉飯 165
香煎鴨胸與風乾火腿佐陳醋附青醬燉飯 169
北海道干貝海膽燉飯與香檳檸檬醬 173
香煎雞腿捲佐紅火龍果燉飯與帕達諾菠菜醬 177
西班牙海鮮飯 181
提拉米蘇起司燉飯 185
松露牛肝菌菇燉飯 188

披薩 PIZZA

佛卡夏番茄與帕瑪火腿披薩 192
瑪格麗特披薩 196
北義松露野菇方形披薩 198
超蝦海鮮披薩 201
四種起司飛碟披薩 204
歐利歐巧克力核桃香蕉披薩 207
香草冰淇淋水果披薩 210

Chapter. 06

時尚歐式主菜料理

European Style Main Course

雞肉料理 CHICKEN DISHES

匈牙利紅椒燉雞與米香脆餅 214

低溫雞胸與油封馬鈴薯佐綠甜椒醬 218

爐烤松露雞腿捲佐波特酒醬汁與泡沫 222

香料烤春雞與季節時蔬配棉花糖地瓜 226

羊肉料理 LAMB DISHES

普羅旺斯羅勒羊排佐番茄燉菜與味噌茄子 230

羊肉孜然烤餅佐酪梨醬、番茄莎莎醬、酸奶醬 234

爐烤皇冠迷迭香羊排與香料馬鈴薯 238

經典米蘭燉羊膝與北非小米佐釉汁 242

牛肉料理 BEEF DISHES

義式番茄起司牛肉丸 246

佛羅倫斯番茄白豆燴牛肚 249

巴羅洛紅酒慢燉牛臉頰佐玉米糊與釉汁 252

威靈頓酥皮牛排佐波特酒醬汁 255

爐烤澳洲小牛胸腺與油封蛋黃佐生蠔醬汁 260

豬肉料理 PORK DISHES

米蘭豬排與番茄沙拉 264

醬烤豬肋排與地瓜脆片 268

培根豬里肌捲佐焦糖蘋果醬 271

脆皮德國豬腳與德式酸菜、法式第戎芥末醬 275

海鮮料理 SEAFOOD DISHES

千層蔬菜巴沙魚佐海膽奶油醬 279

脆皮馬頭魚佐季節時蔬與柚子魚湯 283

紙包綜合海鮮 287

義式白酒燴淡菜附蒜香麵包 291

西班牙香料檸檬蝦 294

Chapter. 07

手工甜點

Handmade Desserts

經典提拉米蘇 298

義式芒果奶酪 302

熔岩巧克力蛋糕附英式香草醬 306

香草冰淇淋佐濃縮咖啡與杏仁瓦片 310

法式舒芙蕾與覆盆子醬汁 314

檸檬派與義式蛋白霜 318

基礎刀工 324

工具介紹 326

材料介紹 328

CHAPTER. **ZERO**

宴客的基本

The Basics of a Banquet

ARTICLE

宴客的注意事項

NOTE FOR BANQUET GUESTS

SECTION.01

宴客前的準備

宴客通常是社會中的人們聚在一起，為慶祝和休閒的一種方式。通常派對都是個人舉辦的，因此，舉辦的場地非常簡單，在家中就可以進行，也能選擇隆重一點，在一些特殊的場合進行。但無論是怎樣的形式，宴客的氣氛總是令人愉快的，人們參加派對可以放鬆自己的身心，快樂就是人們在派對中的感受，同時派對有各種各樣的人，也在社會的生活中提供許多機會。人們在派對上可以結交不同的朋友，這些朋友可能都有著不同的文化，透過這種方式，你可以了解更多來自不同地區的人的文化、生活習俗等。若家裡有些配備，辦起宴會來將無往不利，以下為準備的物品及事項說明。

01 COLUMN 準備物品

美麗的餐具

無論使用預先配好的餐具，或是臨時到高級超市買的套裝餐具，只要整齊擺放在帶有些許妝點的盤子上，都能讓賓客感到特別。

美味的零嘴

堅果、小餅乾、洋芋片，在任何場合都是填肚子的最佳選擇，如果要更進階一點，可以自製奶油爆米花，再加點松露油和帕瑪森乳酪。

一疊座位牌

手寫的座位牌能讓活動更流暢，同時也能讓賓客覺得自己被重視，且有賓至如歸的感覺。

蠟燭

燭光有很棒的娛樂效果，宴客時應盡量在每個地方點上各式燭光。

預先準備好音樂清單

事前準備好幾個音樂播放清單，讓音樂可以快速串流，也能準備一些背景音樂（純音樂）等適合派對的音樂清單。

罐裝飲料

隨時備好 1 ～ 2 瓶的紅酒和幾瓶氣泡水，若遇上在辦活動或臨時友人來訪時，都能拿出來招待賓客。

萬用禮物

隨時準備好一些包裝精美的禮物，如此一來，即使不小心忘記生日或特殊節日，也不會露出窘態。

02 COLUMN 準備事項

宴客名單

除了要避免邀請到交情不好的人，也須注意賓客的總人數，人數不可為 13 人、9 人，因為西方視「13」為不吉利的數字；中國傳統視「9」為終的意思，而準備給主賓的人為陪客，負責照應主賓，因此他的身分不可超過主賓。

舉辦時間

盡量不要選擇週末及假日、重大節日，以平日為主。

宴會舉辦地點

除了以私人居住地為舉辦地點，也可選擇其他宴客地點，而在挑選時須注意環境是否衛生、乾淨；交通是否便利，附近有無停車場等。

撰寫邀請函

① 卡片尺寸

依據活動的類型及設定，卡片的尺寸也會有差異，例如：方形邀請函為 5.25 × 5.25 英吋；標準邀請函為 5 × 7 英吋；大張邀請函為 5.5 × 7.5 英吋；長形邀請函為 4×9.25 英吋。

② 主題相關

除了透過文字撰寫，也能透過主視覺的顏色設計，讓賓客對宴會的主題更了解。

③ 文字版面

在卡片版面上不要放滿文字、設計的元素等，在視覺上易造成壓迫感，也會讓人有資訊轟炸的不適感，因此可以適時的在文字、圖像間留白，以減少壓迫感。

④ 置中對齊

因為大多數的邀請函段落並不長，所以可以藉由文字置中對齊，增加閱讀的舒適度。

⑤ 字型尺寸及樣式

因為要確保邀請函上的細節都能讓人看見，所以在標註地點、時間的文字時，須選用較大的字型尺寸，也要注意文字與背景的顏色，例如：在深色背景印製較亮的顏色；避免使用較難閱讀的字型樣式，例如：手寫的草寫風格、斜體字等。

⑥ 特殊設計

在具有紀念性質的場合，例如：婚禮、生日宴會等，可以在邊框、文字等設計較亮麗的色彩，若想選擇特殊油墨，則須先諮詢專業的印刷店。

⑦ 紙張選用

因為紙張為邀請函的基本要素，所以建議以能提供紋理為主，可透過專業人員的解釋，再從中挑選紙類及磅數。

⑧ 發送時間

邀請函在宴會舉辦的前兩週寄出即可。

SECTION.02

飲食禁忌

01 COLUMN 宗教信仰

佛教

雖皆為吃素，僅有全素只吃植物性食品，其他動物製成的食品會避免攝取，但五辛素、蛋奶素、海鮮素、鍋邊素等，會依照種類不同，而能吃與動物製成食品的混雜蔬菜類。

回教

不能吃豬肉、不能喝酒。餐廳內不能提供酒與調味，烹調上也不能用豬肉相關的食材，例如：豬油、火腿等，而所有餐具都不能接觸到有關豬肉、酒的食材，這些都須加以管制。

02 COLUMN 健康因素

糖尿病不能吃甜食；高血壓須少肉少油；痛風不能吃高普林的食物，例如：各種魚肉類、海鮮、豆苗、豆芽、蘆筍、香菇、紫菜等，這些在宴客時也須多加注意。

ARTICLE

食材配搭原則

PRINCIPLES OF INGREDIENTS

SECTION.01

西餐搭配的建議

一般西餐整套的餐點，上菜順序為：餐前酒、開胃菜／前菜、湯、沙拉、主菜、甜點、飲品，而西餐講究口味的平衡，從輕到重、從酸到甜，讓每道菜都能提升對味蕾的享受，以下為西餐的搭配，以及西餐點菜的建議。

餐前開胃酒

若餐前酒精濃度過高，則會讓味蕾變得較遲鈍，因此配餐須挑選口味較濃厚的食物，以重新刺激味蕾。

開胃菜

為提升味蕾享受，大多以冷海鮮、加工肉品為主，例如：煙燻鮭魚、火腿、草蝦等，若想以水果為主，盡量不要挑選甜分較高的，因為會讓味蕾變得較遲鈍，所以可挑選酸性水果，例如：葡萄柚、檸檬等，反而能刺激味蕾。

湯品

如果選擇濃湯，或是以奶油為主的湯品，建議主菜不要挑選有奶油汁的蔬菜，易因為油膩而影響食欲。

甜點

如果已吃過包裹麵粉的食品，例如：油炸類，建議餐後甜點不要點派類、糕餅，可以挑選奶酪、舒芙蕾等較清淡的甜品。

冷熱交錯

若想刺激味蕾，在點餐時可點一道熱菜，但須注意在天氣炎熱的情況下，熱食反而會影響食欲。

整套餐點

在點菜時，建議不要重複同個類型的菜品，例如：餐前已點了一道奶酪，後面就避免點牛奶製品相關的食物。

口感及質地

紅蘿蔔、西芹、蔬菜沙拉等咀嚼較清脆的食材，就能搭配奶酪、湯等質地較柔軟的食物，使兩者的口感可以相互對應。

SECTION.02

酒類配搭的建議

顏色及遞增搭配

一般會以酒類及食物為色彩的搭配，例如：白葡萄酒搭配白色的魚肉、紅葡萄酒搭配紅肉、桃紅葡萄酒搭配鮭魚等，但須注意前一道酒菜的味道不能影響到後面酒菜味道，因此在挑選時，須將香氣、情緒的感受等層層遞增。

配搭的平衡

酒類、菜品、醬汁的特色應要取得平衡，例如：在點選香氣四溢的菜品，或是帶有甜味的菜品時，就要盡量避免擁有豐富香氣、甜型的葡萄酒，若為口味較重的濃稠醬汁，也要避免選用酒精含量高的葡萄酒。

香檳的禁忌

餐中酒大多搭配香檳，較適合搭配甜品外的餐點，因為蛋糕、甜品的糖分會破壞香檳的氣泡，同時也會帶來一種粗糙感，使香檳的口感變差，所以較不建議香檳搭配甜點。

紅葡萄酒的禁忌

紅葡萄酒較無法搭配奶酪，因為奶酪的蛋白質無法平衡葡萄酒的單寧，較易引起苦澀感，唯有一些單寧含量少的葡萄酒，例如：普薩葡萄酒、薄酒萊葡萄酒、白葡萄酒、天然甜葡萄酒才能配搭奶酪。

葡萄酒的季節性

葡萄酒在夏季的口感偏向清爽及香氣濃郁，可搭配燒烤、沙拉等；冬季的口感偏向辛辣及渾厚，可搭配佐醬汁烹調的肉類。

配搭蔬菜

蘑菇、馬鈴薯無論採取何種烹調方式，都能自由配搭葡萄酒；但綠葉的蔬菜類無法配搭葡萄酒，會造成強烈的衝突感，使口感不佳。

SECTION.03

認識階段性的餐酒

為輔佐食物的酒，分為餐前、餐中、餐後階段的飲用酒，可搭配食物進行挑選。

「有美食無美酒只能滋養肉體，有美酒無美食只能滋養靈魂，美食搭配美酒，才能同時滋養肉身與靈魂，成就一個完整的人。」——大廚安德烈・西蒙

餐前酒

又稱為開胃酒，它的用途為刺激食慾，建議選用不甜的白葡萄酒、氣泡酒等口味清淡的酒精飲料。

餐中酒

又稱為佐餐酒，它的用途為配搭主菜飲用的酒，大多以葡萄酒為主。

餐後酒

它的用途為幫助消化、降低用餐後的油膩感，例如：白蘭地、波特酒等較濃烈的酒精飲料。

01 COLUMN 飲用餐酒的五個原則

① 先喝清爽的酒，再喝濃郁的酒。

② 先喝淺齡酒，再喝老齡酒。

③ 先喝不甜的酒，再喝甜的酒。

④ 先喝白酒，再喝紅酒。

⑤ 注意酒與調味醬的搭配是否和諧。

ARTICLE

西餐餐桌禮儀

WESTERN TABLE MANNERS

SECTION.01

席位安排

西方國家的原則為女士優先，一般女主人會坐在主位，男主人會坐在第二主人的席位上，除此之外，宴會座位須依照尊右原則、分坐原則、三 P 原則來安排席位。

分坐原則

為了讓賓客在用餐間能互相認識，所以採取夫妻分坐、男女分坐、華人和洋人分坐、主賓和陪賓分坐等原則安排席位，且須注意女賓忌排末坐。

尊右原則

坐在右側比坐在左側的地位高，在宴客時，男女主人應對坐在餐桌的兩端，男主人背對入口處，女主人面對入口處；而女主人的右邊為首席，男主人的右邊為次位，依尊右原則安排席位，越接近主人代表地位越尊貴。

三 P 原則

① 賓客地位（position）

以賓客的地位、職位高低決定席位，若賓客的配偶地位比賓客高，則以配偶的地位來安排席位。

② 人際關係（personal relationship）

須考量賓客間的親疏關係來安排席位。

③ 政治考量（political situation）

若賓客來自不同的國家，或是政治立場不同，則須改變賓客的席位，避免發生衝突。

01 COLUMN 圓桌席位

單張圓桌席位

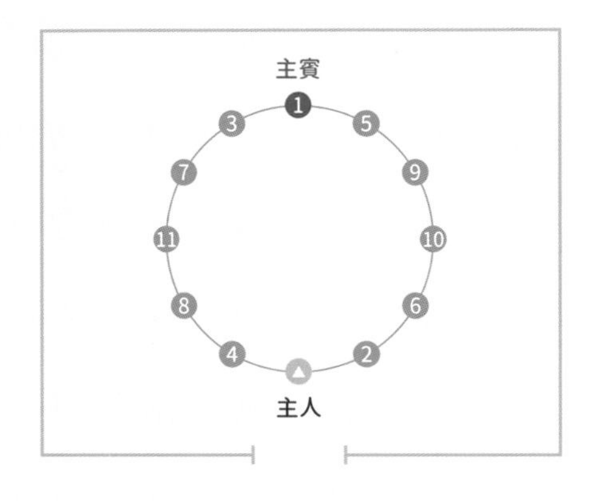

主人與賓客對坐。

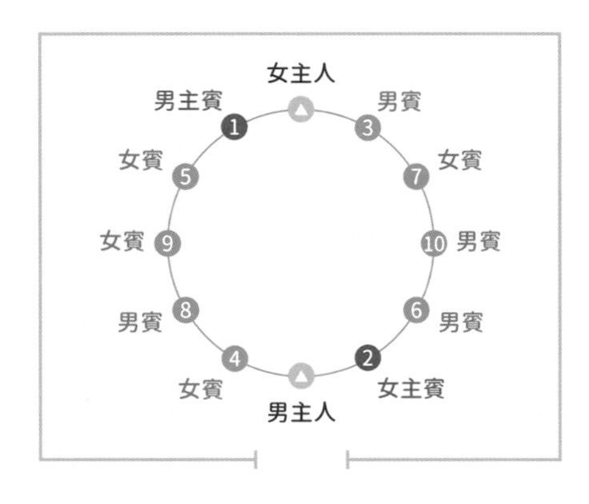

男女主人對坐，主賓坐在女主人右邊。

兩張圓桌席位

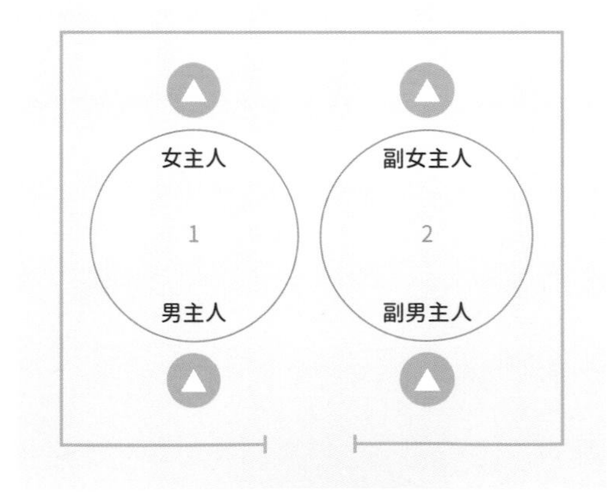

男女主人對坐在同一圓桌，再另設副男女主人對坐於第二桌。

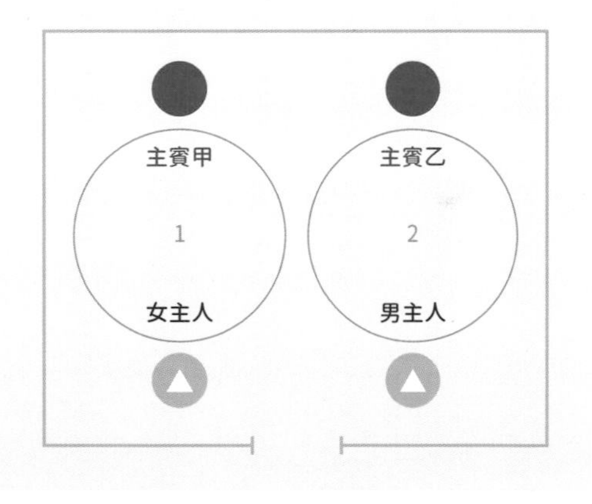

男女主人各坐一桌，以主賓和主人對坐的方式入座。

02 方桌席位
COLUMN

分為一位主人和兩位主人的排法，如下圖。

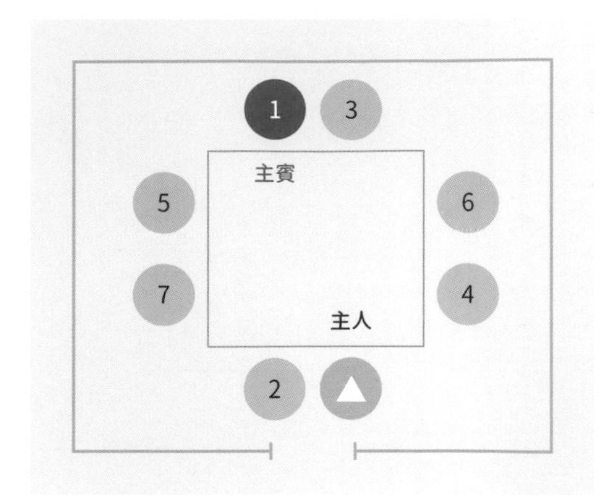

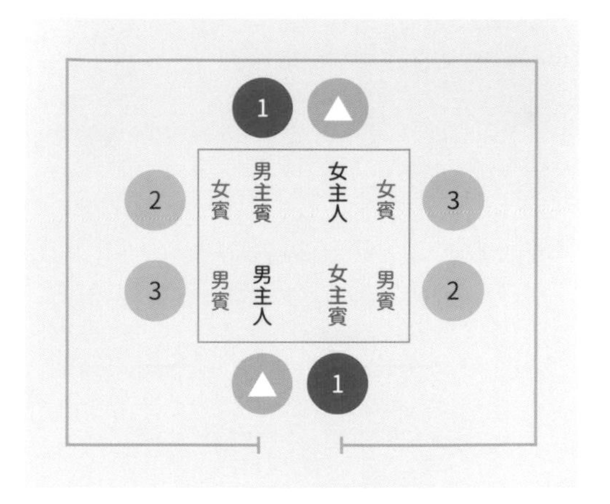

03 長桌席位
COLUMN

賓主共6人

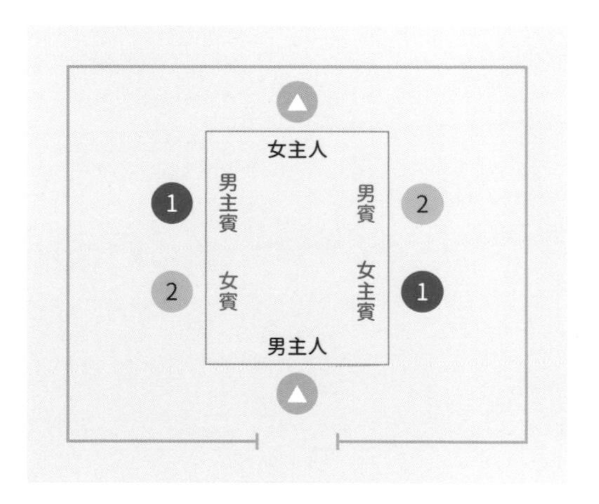

以男女主人對坐在長桌的兩端，男主人背對入口，男女賓客對坐在兩端，並以男女間隔的方式入座。

賓主共8人

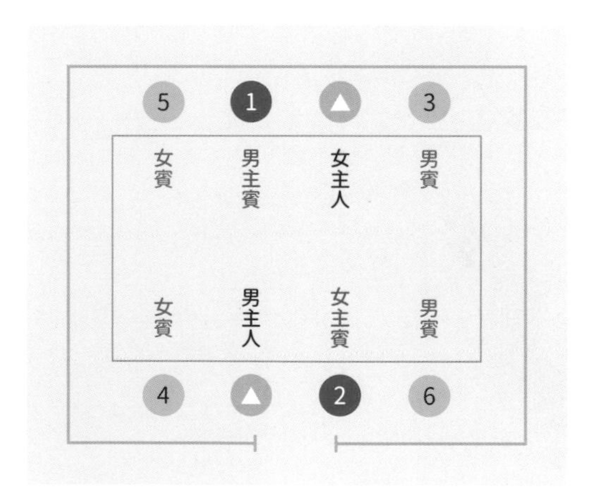

以男女主人斜對角坐，男主人背對入口，賓客以男女間隔的方式入座。

賓主共 12 人

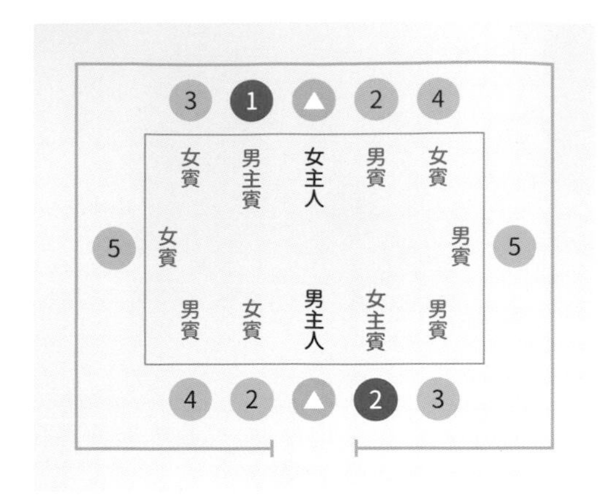

以男女主人在長桌的中央對坐，而長桌左右兩側為末座。

SECTION.02

餐具擺放及使用方式

西餐的餐具包含刀子、叉子、湯匙、杯子、盤子、酒杯等，都有它擺放的規則，如下圖。

① 前菜用刀子。
② 前菜用叉子。
③ 喝湯用湯匙。
④ 魚用刀子。
⑤ 魚用叉子。
⑥ 肉用刀子。
⑦ 肉用叉子。
⑧ 餐巾。
⑨ 點心用湯匙。
⑩ 點心用叉子。
⑪ 白酒杯。
⑫ 紅酒杯。
⑬ 水杯。
⑭ 麵包盤。
⑮ 奶油抹刀。

餐具使用順序

須從外到內使用餐具，且每道菜都使用一種餐具。

刀叉使用方式

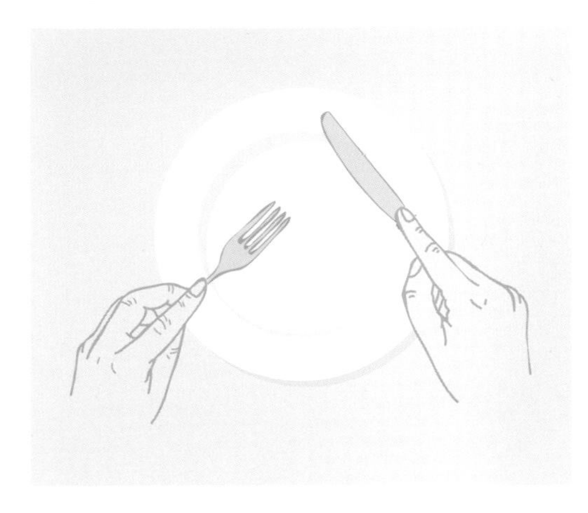

右手持刀，左手持叉的姿勢。

刀子的拿法（以慣用右手者為例）

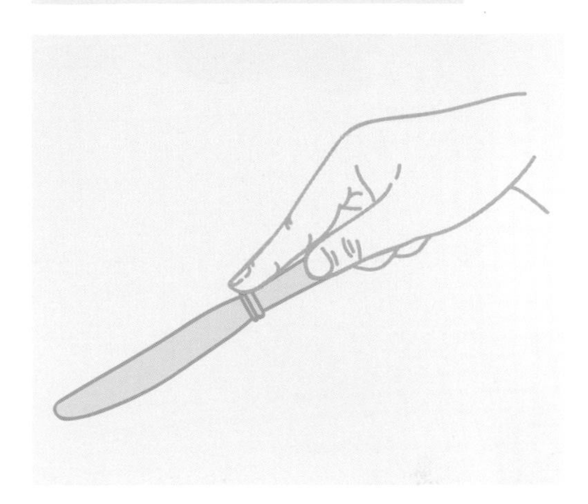

將食指按在刀柄上，大拇指按住刀柄的側邊為刀子的拿法，若遇到切不斷的食物或刀子不利，才可握住刀背，除此之外，有人會誤以為翹小指代表優雅，但這是錯誤的拿法。

叉子的兩種拿法（以慣用右手者為例）

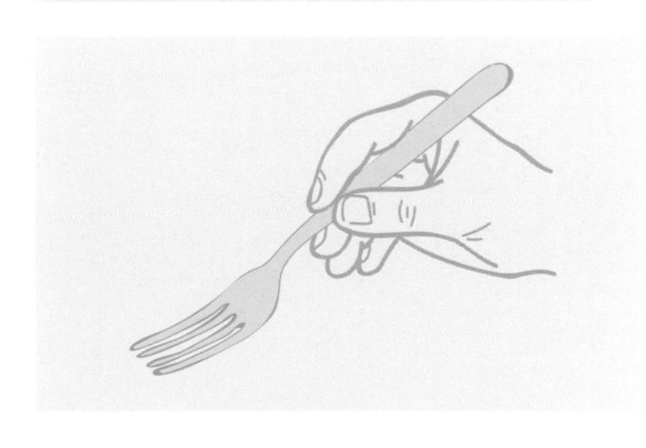

第一種為叉齒向上。

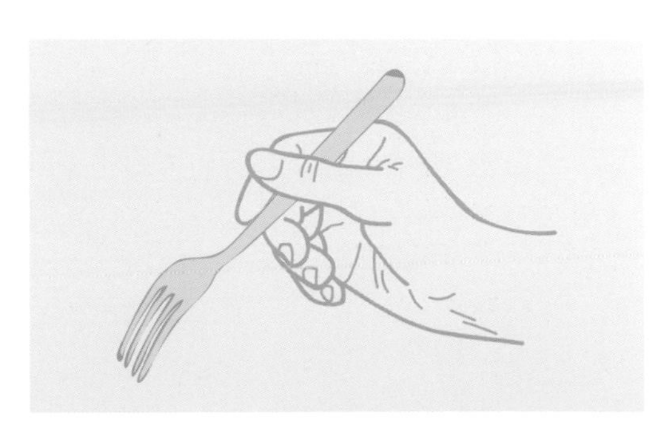

第二種為叉齒向下，像拿刀子的拿法，用食指壓住叉背，其餘四指握住叉柄，須注意食指放置的位置，不可以太接近叉齒，因姿勢較不美觀；也不可以握太後面，否則會不好施力。

擺放刀叉的兩種方式

中途休息，或是用餐到一半時，如果要臨時離席或暫停食用，刀叉須擺放成八字形在盤子上，刀口朝左，叉子的叉齒朝下，並將握柄都放在桌上。

用餐完畢後，將刀叉並排斜放在右側，刀口朝內，叉子的叉齒朝上，並將握柄朝右擺放，和桌緣呈現 30 度角，服務人員看見後就會收走餐具。

切塊食物

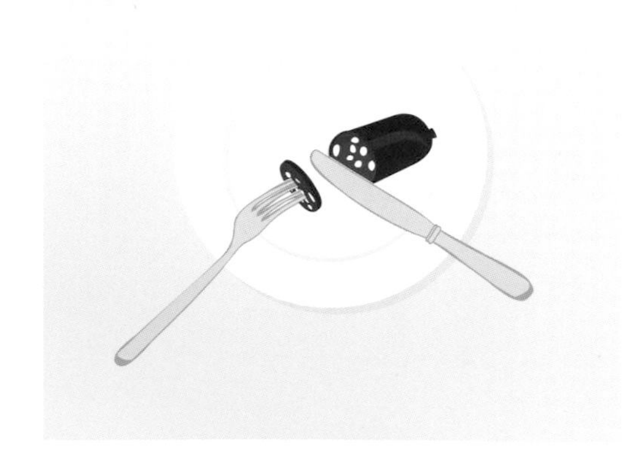

在切食物時，須由左至右切，先以叉子插住食物的一端，再以刀子切下適合入口的大小，須注意不能全部切完再食用。

喝湯的方式

如果使用有把手的湯碗，可以直接拿起來飲用，但如果沒有把手，就不能將碗拿起，須用湯匙由內往外舀湯，再送入口中，當湯汁只剩一些時，可將湯碗稍微傾斜，再以湯匙舀起。

餐巾的用途

為擦手，或是用餐巾的四角擦嘴巴，而在擦拭嘴巴時，要用餐巾的內側輕輕按壓嘴唇，因為使用外側會影響觀感，須注意餐巾不能拿來擦臉、擦汗，更不能像圍兜兜一樣掛在胸前。

擺放餐巾的方式

坐定後，將餐巾摺成長方形或三角形，摺痕朝自己擺放，並平放在大腿上。

用餐完畢後，須將餐巾稍微摺好，擺放在餐桌的左邊，或是用盤子、刀子壓住餐巾的一角，讓餐巾從桌緣垂下。

若要暫時離席，須將餐巾放在椅背或椅把上。

ARTICLE

設計互動菜單

DESIGN AN INTERACTIVE MENU

SECTION.01

可與賓客互動的餐點

飲食，是最貼近我們生活的組成，同桌共煮共食具有不可思議的效果，不但可以瞭解一個人，也可以將一群自利的個體轉化成協作團體。

在餐廳擔任主廚時，經常需要走出廚房與顧客互動，並直接面對消費者，對我來說，與客人互動是一件非常有意義的事，我們時常在特別的節慶，例如：母親節、萬聖節、聖誕節等，邀請客人一起煮飯、一起用餐，我們可以自然的互動、聊天、強調互助合作精神，也能分享食材從哪裡來、怎麼生產的，讓顧客有更多機會認識臺灣出產的在地食材。藉此激發大家，且能充分發揮創造力。

做菜可以讓人無距離，食物是跨越語言與文字的溝通媒介，做菜也是一種溝通模式，有愛才有一桌子美味，可以帶來幸福，還能療癒受挫疲憊的人生，以下列出幾道能與賓客一起製作的料理。

⇨ 花園有機時蔬酪梨塔

想邀請身邊的親朋好友來一場華麗的味覺饗宴嗎？往往第一道迎賓小點都會令人印象深刻，當來賓們開始厭倦了無新意的菜色，而你卻苦思更新鮮的菜單？這道菜能靈活運用食材魅力，並獨創出經典料理，再也不怕別人跟你「撞菜」，嚐到的每一口都是嶄新豐富的體驗！

➪ 義式鮮蝦番茄麵包沙拉

以食尚潮流的罐裝沙拉呈現，為輕食風的方式，可以簡單地堆疊，讓我們能快速又方便製作沙拉，無論是野餐、旅行、上班、上課，都能創造出輕食尚。針對喜歡輕食的人，一杯料理也可以打造自己的風格，當我們食材全部準備好，就能與來賓一起完成手上的夢幻花園蔬菜小盆栽。

➪ 卡布奇諾蘑菇湯

在義大利廚師們的嘗試下，傳統的烹飪法已然被顛覆。在傳統義大利餐廳內，卡布奇諾不再只是一種咖啡的名稱，它還可以成為一道前湯，並搭配麵包一起品嘗，帶給人一種經典卻不失新意的味覺體驗。卡布奇諾咖啡是義大利人的一大發明，與一般的咖啡不同，它由義大利特濃咖啡和蒸汽泡沫牛奶混合而成，為卡布奇諾的得名。這道雖然是將卡布奇諾入菜，但並非是將卡布奇諾咖啡倒入湯中，而是在湯的上面也蓋上一層奶泡，令其口感更具層次。

➪ 爐烤皇冠迷迭香羊排與香料馬鈴薯

復活節在西方人眼中代表著「重生及希望」。在歐洲許多國家的復活節大餐中，其內容跟聖誕節大餐差不多一致，火雞、蔓越莓醬、蘋果派等都是必不可少的组成部分。而傳統的復活節上都會以烤羊大餐款客，因此當天的主餐都會吃羔羊肉，因此，若在派對上烤整副羊排，也會非常受歡迎。

➪ 經典提拉米蘇

中世紀一個義大利士兵要出征前，家裡可以吃的東西不多，於是他的愛妻幫他準備食物時，就把家裡剩下來的材料全部做進一個蛋糕裡，丈夫問她，這個甜點叫什麼名子，妻子就跟他說，這個蛋糕叫做提拉米蘇，意思即是「請帶我走」。這是一個浪漫的故事，不論在任何節慶，這道甜點都是必學的經典。

➪ 超蝦海鮮披薩

披薩是義大利眾所皆知的美食之一，但若要追究哪一種披薩才能真正代表義大利，就難回答了，因為在義大利，光是披薩就有好多種，例如：拿坡里披薩（Pizza Napoletana）；矩形披薩（Pizza al Taglio）；西西里披薩（Pizza Siciliana）；炸披薩（Pizza Fritta）；鏟子披薩（Pizza Alla Pala）。

在家防疫要做什麼？當然是要做好玩又好吃的烘焙DIY！這道菜除了教大家如何做披薩皮，也會說明如何自製披薩醬等，材料也很簡單，快動手做出屬於自己風格的披薩吧。

CHAPTER. **ONE**

醬料

醬料 Sauce

味噌柚子美乃滋

Miso Yuzu Mayonnaise

INGREDIENTS 材料

① 美乃滋	60 公克
② 味噌	20 公克
③ 冷凍柚子絲	2 公克

味噌柚子
美乃滋製作動態
影片 QRcode

STEP BY STEP 步驟

01 取一容器，倒入美乃滋、味噌、冷凍柚子絲，以湯匙拌勻所有材料。

02 盛碗，完成味噌柚子美乃滋製作，即可使用。

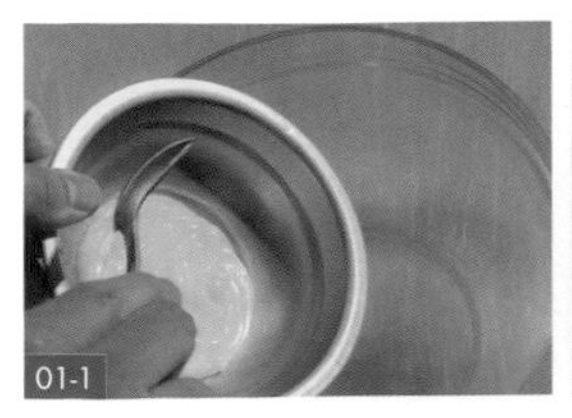

01-1

01-2

01-3

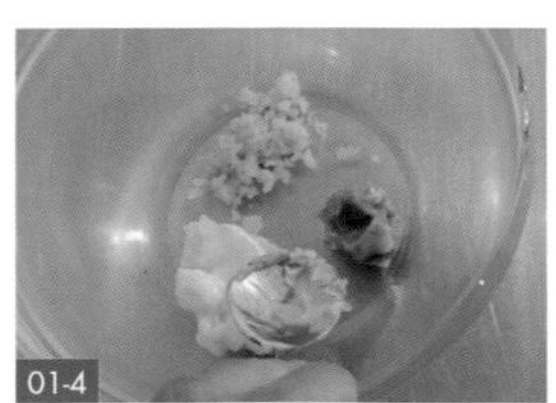

01-4

美乃滋、味噌、冷凍柚子絲、拌勻。

醬料 Sauce

法式油醋醬

French Champagne Vinaigrette

做法式油醋醬的時候，先將所有材料混合均勻後，最後再將油一起加入，不然調味料會無法攪拌均勻。

INGREDIENTS 材料

① 海鹽	3 公克
② 胡椒粉	1 公克
③ 法式芥末醬	10 公克
④ 香檳醋	15 公克
⑤ 橄欖油	50 公克

法式油醋醬
製作動態影片
QRcode

STEP BY STEP 步驟

01 取一容器，倒入海鹽、胡椒粉、法式芥末醬、香檳醋、橄欖油，拌勻。

02 盛碗，完成法式油醋醬製作，即可使用。

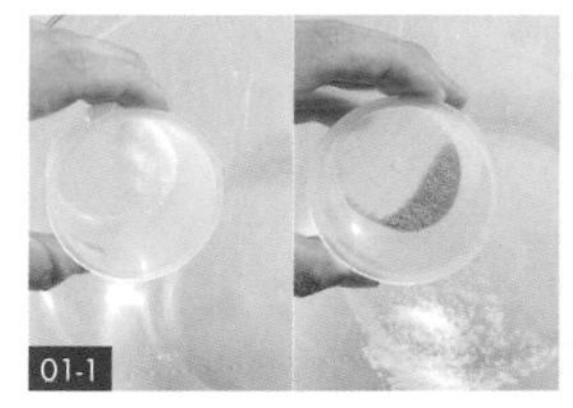

海鹽、胡椒粉、法式芥末醬、香檳醋、橄欖油。

醬料 Sauce

桂花檸檬油醋

Osmanthus Lemon Vinaigrette

INGREDIENTS 材料

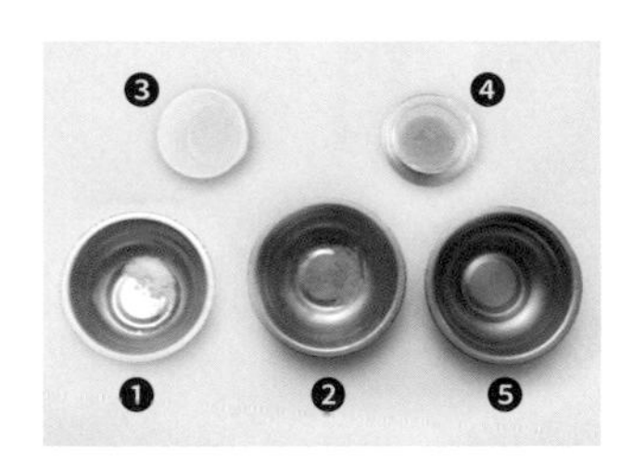

① 海鹽	1 公克
② 胡椒粉	適量
③ 黃檸檬汁	10 公克
④ 桂花醬	15 公克
⑤ 橄欖油	30 公克

桂花檸檬油醋
製作動態影片
QRcode

STEP BY STEP 步驟

01 取一容器，倒入海鹽、胡椒粉、黃檸檬汁、桂花醬、橄欖油，拌勻。

02 盛碗，完成桂花檸檬油醋製作，即可使用。

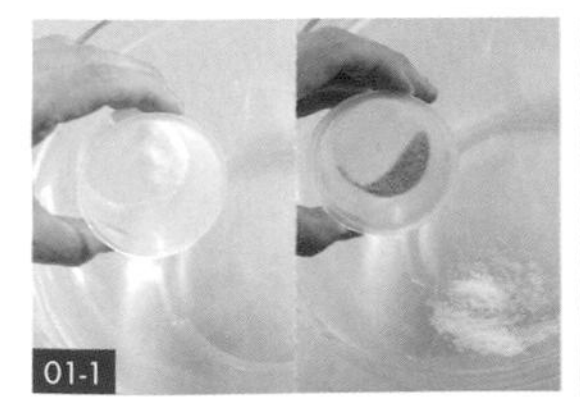

01-1

01-2

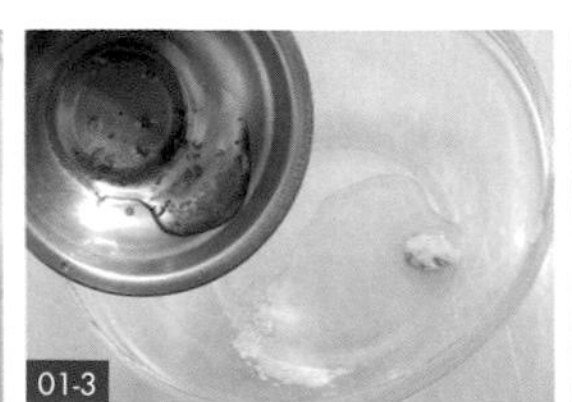

01-3

01-4

海鹽、胡椒粉、黃檸檬汁、桂花醬、橄欖油。

醬料 Sauce

♦

芥藍菜泥
Kale Puree

INGREDIENTS 材料

① 橄欖油 30 公克
② 蒜頭（切碎） 30 公克
③ 鯷魚 20 公克
④ 芥藍菜（切碎） 250 公克
⑤ 無鹽奶油（切塊） 30 公克

芥藍菜泥
製作動態影片 QRcode

STEP BY STEP 步驟

01 將蒜頭去皮切碎；芥藍菜洗淨切碎；無鹽奶油切塊。
02 準備一鍋滾水，倒入芥藍菜碎，川燙。
03 以濾網為輔助，濾除水分後，備用。
04 在另一空鍋，倒入橄欖油、蒜碎，爆香。
05 加入鯷魚、燙熟的芥藍菜碎、無鹽奶油塊，拌勻，離火。
06 倒入食物調理機，將所有材料打至泥狀。
07 盛碗，完成芥藍菜泥製作，即可使用。

02 川燙芥藍菜碎。

03 過濾。

04 橄欖油、蒜碎。

05-1

05-2 鯷魚、芥藍菜碎、無鹽奶油塊。

06 打至泥狀。

醬料 Sauce

巴西里莎莎醬

Parsley Salsa

製作巴西里莎莎醬時保留顆粒感，
風味會更好。

INGREDIENTS 材料

① 巴西里葉 …… 120 公克
② 西芹（切塊）… 20 公克
③ 酸豆 …… 60 公克
④ 鯷魚 …… 8 公克
⑤ 白酒醋 …… 50 公克
⑥ 橄欖油 …… 100 公克

巴西里莎莎醬
製作動態影片 QRcode

STEP BY STEP 步驟

01 將西芹洗淨切塊；巴西里葉、酸豆洗淨。

02 取食物調理機，倒入巴西里葉、西芹塊、酸豆、鯷魚、白酒醋、橄欖油，並將所有材料打至泥狀。（註：可中途停下機器，打開蓋子，並集中食材，攪打會更均勻。）

03 盛碗，完成巴西里莎莎醬製作，即可使用。

巴西里葉、西芹塊、酸豆。

鯷魚、白酒醋、橄欖油。

醬料 Sauce

黑蒜美乃滋

Black Garlic Mayonnaise

在盛碗前，建議過濾黑蒜美乃滋，
避免黑蒜皮在裡面影響口感。

INGREDIENTS 材料

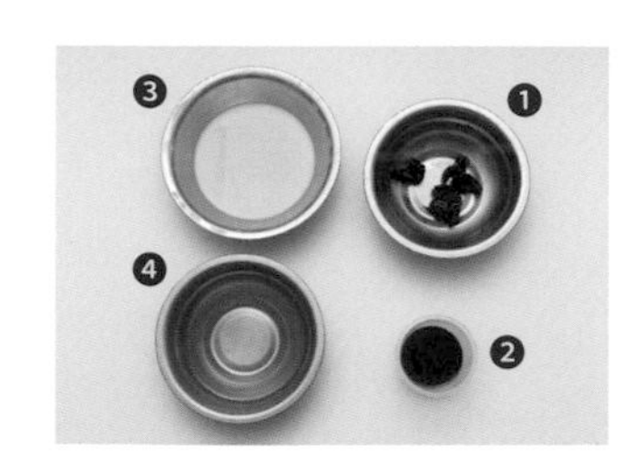

① 黑蒜頭（切瓣）35 公克
② 醬油 60 公克
③ 豆漿 200 公克
④ 玉米油 200 公克

黑蒜美乃滋
製作動態影片
QRcode

STEP BY STEP 步驟

01 將黑蒜頭切瓣。

02 取一容器，倒入黑蒜頭瓣、醬油、豆漿、玉米油。

03 以手持料理棒將所有食材攪打均勻，盛碗，完成黑蒜美乃滋製作，即可使用。

02-1

02-2

02-3

黑蒜頭瓣、醬油、豆漿、玉米油。

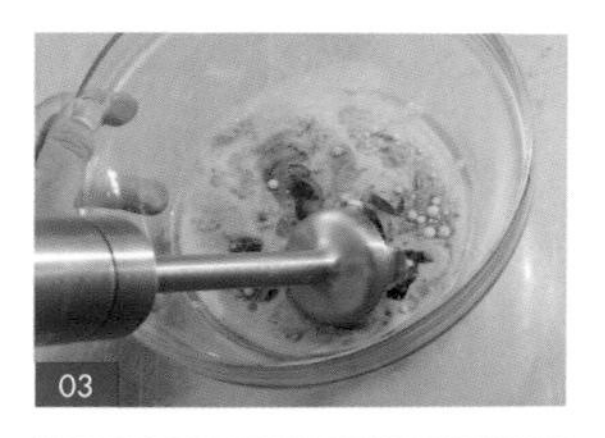

03

攪打均勻。

醬料 Sauce

紅甜椒醬汁

Romesco Sauce

INGREDIENTS 材料

① 紅甜椒（切塊）……120 公克
② 牛番茄（切塊）……100 公克
③ 蒜頭（切碎）……10 公克
④ 杏仁堅果……25 公克
⑤ 鯷魚……5 公克
⑥ 雪利酒醋……10 公克

STEP BY STEP 步驟

前置作業

01 將蒜頭切碎。

牛番茄處理

02 將牛番茄蒂頭切除，並用刀子在底部畫十字。

03 將水煮滾後，放入牛番茄。

04 煮至外皮微微掀開，放入冰水裡，並剝除外皮。

05 將牛番茄對切，去籽、切塊，為牛番茄塊，備用。

紅甜椒處理

06 夾起紅甜椒，放在瓦斯爐上烤至外皮焦黑，關火。

07 戴上手套，用手剝掉焦黑的外皮。（註：可稍微靜置冷卻後再剝，以免手燙傷。）

08 將紅甜椒對切，去籽，切塊，為紅甜椒塊。

醬汁製作

09 在食物調理機內，倒入紅甜椒塊、牛番茄塊、蒜碎、杏仁堅果、鯷魚、雪利酒醋，攪打至泥狀。

10 盛碗，完成紅甜椒醬汁，即可使用。

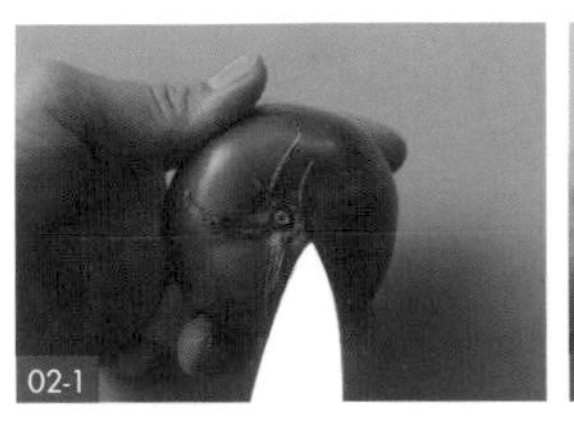

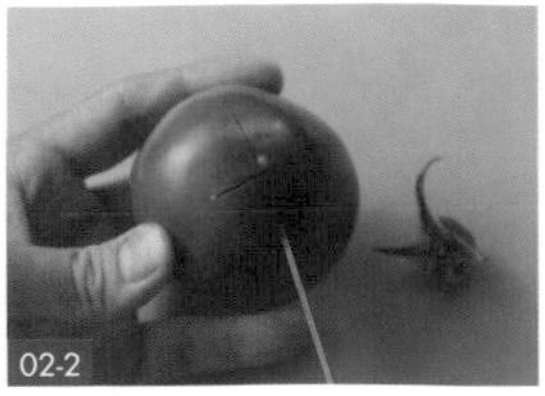

牛番茄去蒂、底部畫十字。

燙牛番茄。

紅甜椒醬汁
製作動態影片 QRcode

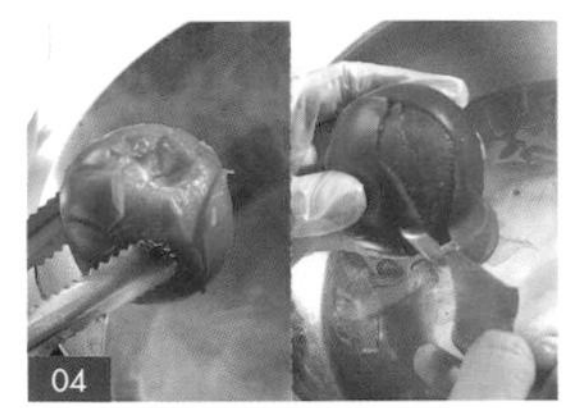

剝除掀開外皮。

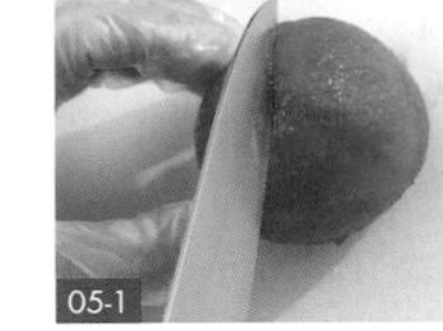

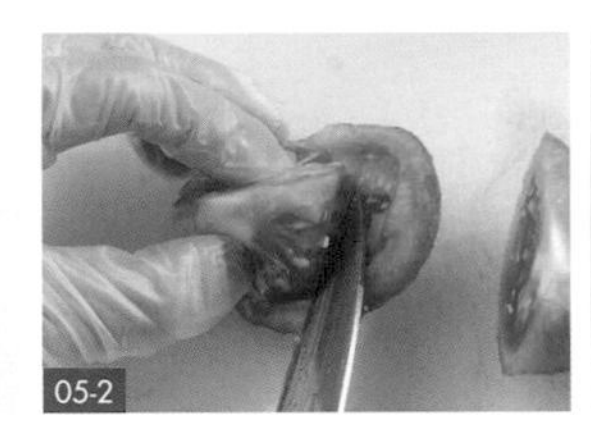

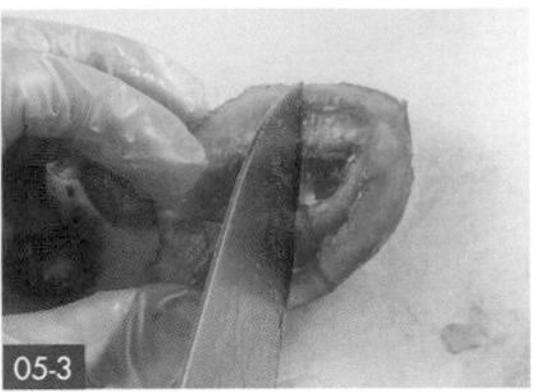

牛番茄對切、去籽、切塊。

烤紅甜椒。

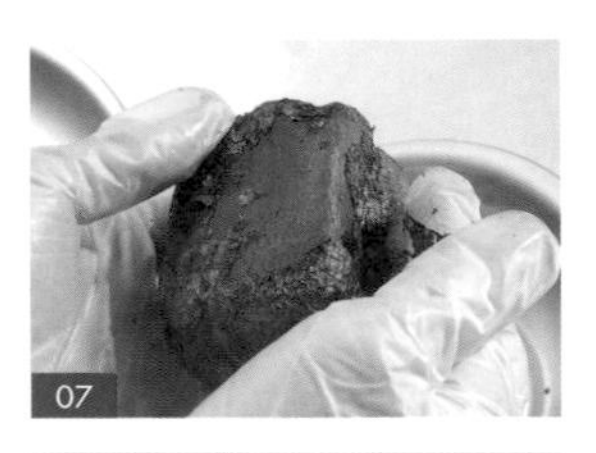

剝除外皮。

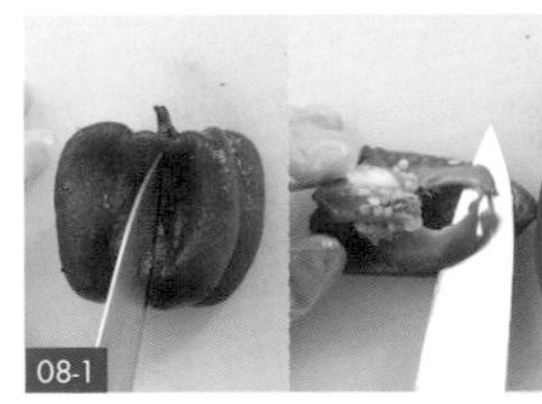

紅甜椒對切、去籽、切塊。

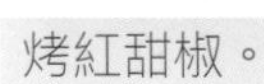

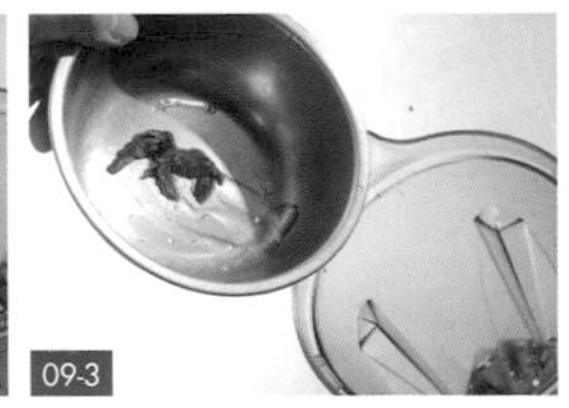

紅甜椒塊、牛番茄塊、蒜碎、杏仁堅果、鯷魚、雪利酒醋。

醬料 Sauce

番茄醬汁

Tomato Sauce

INGREDIENTS 材料

① 橄欖油	60 公克
② 洋蔥（切碎）	50 公克
③ 蒜頭（切碎）	30 公克
④ 義大利番茄罐頭	500 公克
⑤ 羅勒	30 公克
⑥ 海鹽	適量
⑦ 胡椒粉	適量

STEP BY STEP 步驟

01 將蒜頭、洋蔥切碎；羅勒洗淨，用棉繩綁起來。（註：以棉繩綁住羅勒，在倒入食物調理機前，較容易撈起羅勒。）

02 在鍋中倒入橄欖油、洋蔥碎、蒜碎，爆香。

03 加入義大利番茄罐頭，稍微攪拌後加入羅勒，以小火煮 40 分鐘後，將羅勒撈起，並把鍋內醬汁倒入食物調理機。（註：倒入義大利番茄罐頭後，須轉小火攪拌，避免燒焦。）

04 將醬汁攪打至糊狀後，再倒回鍋中，以小火慢煮。

05 加入少許海鹽、胡椒粉，拌勻。

06 盛碗，完成番茄醬汁製作，即可使用。

橄欖油、洋蔥碎、蒜碎。

義大利番茄罐頭、羅勒。

打至糊狀。

海鹽、胡椒粉。

番茄醬汁
製作動態影片
QRcode

醬料 Sauce

牛肝菌粉
Porcini Powder

INGREDIENTS 材料

① 帕瑪森乳酪粉	50 公克	④ 高筋麵粉	100 公克
② 乾牛肝菌粉	70 公克	⑤ 無鹽奶油（切塊）	125 公克
③ 防潮可可粉	15 公克		

STEP BY STEP 步驟

01 將無鹽奶油靜置常溫回軟，切塊，備用。

02 將防潮可可粉、高筋麵粉過篩，備用。

03 取一容器，倒入帕瑪森乳酪粉、乾牛肝菌粉、防潮可可粉、高筋麵粉、無鹽奶油塊，用手抓勻，為麵團。

04 將麵團放在烘焙紙上後對折，以擀麵棍擀平麵團。（註：對折有助於將麵團擀均勻。）

05 將麵團放進烤箱，以上下火 150 度，烤 15 分鐘後取出。

06 捏碎，盛碗，完成牛肝菌粉製作，即可使用。

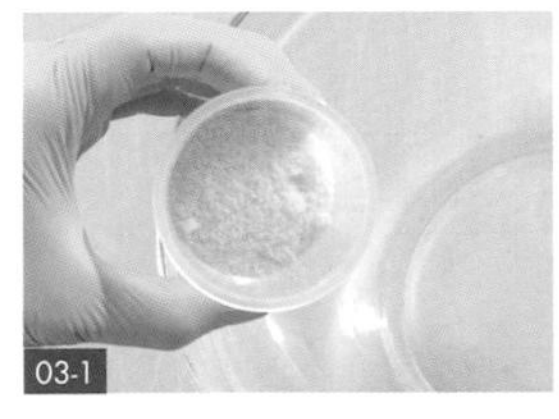

帕瑪森乳酪粉、乾牛肝菌粉、防潮可可粉。

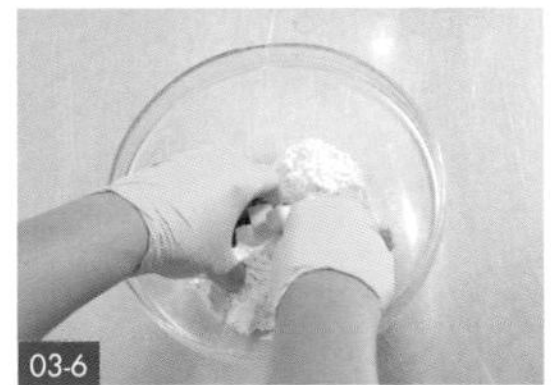

高筋麵粉、無鹽奶油塊、抓勻。

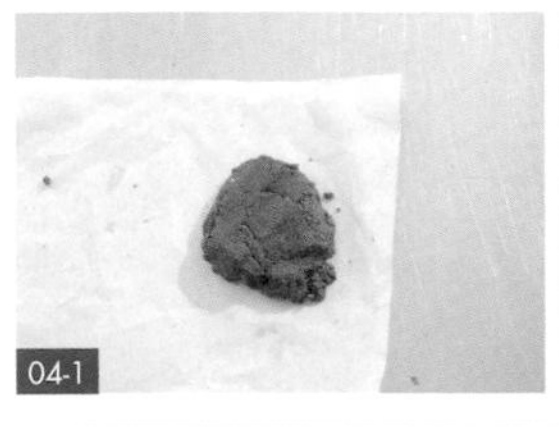

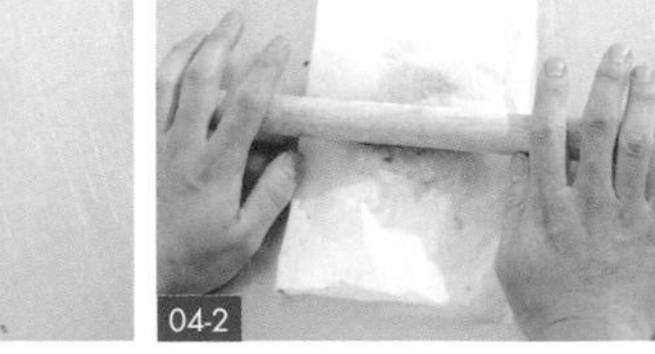

擀平麵團。

捏碎。

牛肝菌粉
製作動態影片
QRcode

醬料 Sauce

奶油綠辣椒醬

Green Capsicum Sauce

INGREDIENTS 材料

① 橄欖油 …… 適量
② 蒜頭（切碎）…… 30 公克
③ 已燙熟菠菜（切碎）…… 50 公克
④ 已燙熟青辣椒（切碎）…… 50 公克
⑤ 動物性鮮奶油 …… 50 公克
⑥ 海鹽 …… 適量
⑦ 胡椒粉 …… 適量

奶油綠辣椒醬
製作動態影片 QRcode

STEP BY STEP 步驟

01 將水煮滾後，加入青辣椒川燙 8 分鐘，並在第 6 分鐘時，加入菠菜燙熟，一起撈起。

02 將蒜頭去皮切碎；川燙後的菠菜、青辣椒切碎。

03 取另一空鍋，倒入橄欖油、蒜碎，爆香。

04 加入菠菜碎、青辣椒碎、動物性鮮奶油，拌勻。

05 將鍋內材料倒入食物調理機，攪打至液體狀。

06 倒回鍋中加熱，加入少許海鹽、胡椒粉，拌勻。

07 盛碗，完成奶油綠辣椒醬製作，即可使用。

橄欖油、蒜碎。

菠菜碎、青辣椒碎。

04-3

動物性鮮奶油。

攪打至液體狀。

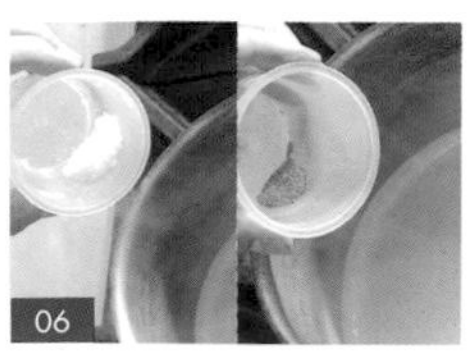

海鹽、胡椒粉。

醬料 Sauce

♦

香料蒜蓉醬

Herbs Butter

INGREDIENTS 材料

① 海鹽 .... 3 公克
② 蒜頭（切碎）........ 20 公克
③ 巴西里葉（切碎）........ 30 公克
④ 無鹽奶油（切塊）........ 60 公克

香料蒜蓉醬
製作動態影片
QRcode

STEP BY STEP 步驟

01 將無鹽奶油靜置常溫回軟，切塊。

02 將巴西里葉洗淨切碎；蒜頭去皮切碎，備用。（註：材料須切細碎，否則會影響口感。）

03 取一容器，倒入海鹽、蒜碎、巴西里葉碎、無鹽奶油塊。

04 用手抓匀，盛碗，完成香料蒜蓉醬製作，即可使用。

海鹽、蒜碎、巴西里葉碎、無鹽奶油塊。

抓匀。

醬料 Sauce

雪利檸檬油醋
Sherry Lemon Vinaigrette

INGREDIENTS 材料

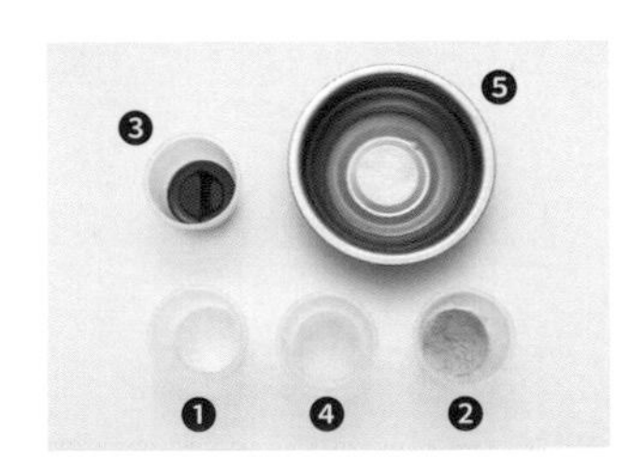

材料	份量
① 海鹽	適量
② 胡椒粉	適量
③ 雪利醋	10 公克
④ 黃檸檬汁	5 公克
⑤ 橄欖油	30 公克

雪利檸檬油醋
製作動態影片
QRcode

STEP BY STEP 步驟

01 取一容器，倒入海鹽、胡椒粉、雪利醋、黃檸檬汁、橄欖油，拌勻。

02 盛碗，完成雪利檸檬油醋製作，即可使用。

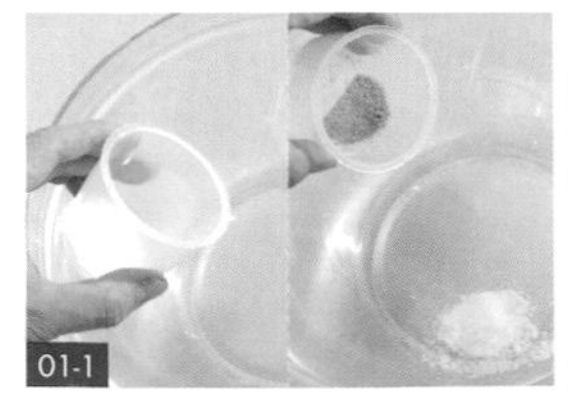

01-1

01-2

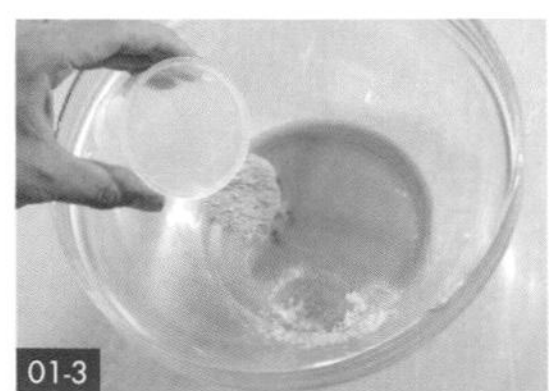

01-3

01-4

海鹽、胡椒粉、雪利醋、黃檸檬汁、橄欖油。

醬料 Sauce

鮪魚醬汁

Tuna Sauce

INGREDIENTS 材料

① 酸豆 ………… 10 公克
② 鯷魚 ………… 5 公克
③ 鮪魚罐頭 ………… 100 公克
④ 美乃滋 ………… 50 公克

鮪魚醬汁
製作動態影片
QRcode

STEP BY STEP 步驟

01 將酸豆洗淨，備用。

02 取一容器，加入酸豆、鯷魚、鮪魚罐頭、美乃滋，以手持料理棒攪打所有食材。（註：醬汁不能有顆粒，否則會影響口感。）

03 盛碗，完成鮪魚醬汁製作，即可使用。

酸豆、鯷魚、鮪魚罐頭、美乃滋，攪打均勻。

醬料 Sauce

黃瓜羅勒醬

Cucumber Sauce

打完全部的食材後，建議最後要過濾，口感會更好。

INGREDIENTS 材料

① 海鹽 …… 適量
② 小黃瓜（切塊） …… 210 公克
③ 羅勒 …… 20 公克
④ 胡椒粉 …… 適量
⑤ 黃檸檬汁 …… 35 公克
⑥ 橄欖油 …… 100 公克

黃瓜羅勒醬
製作動態影片
QRcode

STEP BY STEP 步驟

01 將小黃瓜洗淨後，去籽並切塊；羅勒洗淨。

02 在食物調理機倒入海鹽、小黃瓜塊、羅勒、胡椒粉、黃檸檬汁、橄欖油，攪打均勻。

03 盛碗，完成黃瓜羅勒醬製作，即可使用。

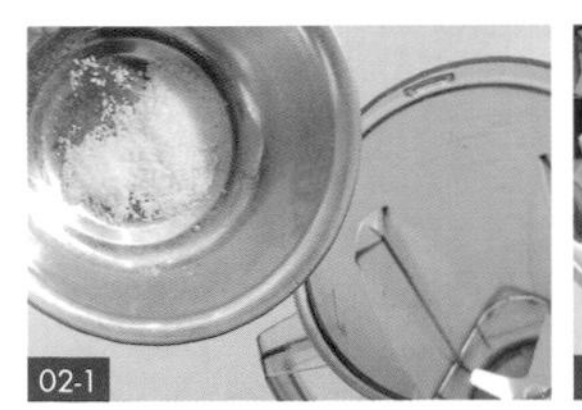

02-1

02-2

02-3

02-4

海鹽、小黃瓜塊、羅勒、胡椒粉、黃檸檬汁、橄欖油。

醬料 Sauce

♦

熱那亞青醬

Pesto

製作熱那亞青醬時，羅勒、巴西里葉，要先煮熟冰鎮後，再打至泥狀，顏色才會保存久。

INGREDIENTS 材料

① 蒜頭（切碎）⋯ 10 公克
② 鯷魚 ⋯⋯⋯⋯ 5 公克
③ 松子 ⋯⋯⋯⋯ 20 公克
④ 帕瑪森乳酪粉 ⋯⋯⋯⋯ 30 公克
⑤ 已燙熟巴西里葉（切碎）⋯⋯⋯⋯ 30 公克
⑥ 已燙熟羅勒（切碎）⋯⋯⋯⋯ 100 公克
⑦ 橄欖油 ⋯⋯⋯ 600 公克

熱那亞青醬
製作動態影片 QRcode

STEP BY STEP 步驟

01 將水煮滾後，倒入羅勒、巴西里葉煮 2 分鐘，冰鎮後將水分擠乾切碎；蒜頭去皮切碎。

02 取食物調理機，倒入蒜碎、鯷魚、松子、帕瑪森乳酪粉、巴西里葉碎、羅勒碎、橄欖油，將所有材料攪打均勻。

03 盛碗，完成熱那亞青醬製作，即可使用。

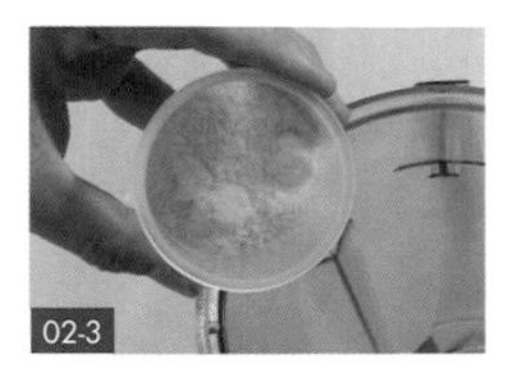

蒜碎、鯷魚、松子、帕瑪森乳酪粉。

巴西里葉碎、羅勒碎、橄欖油。

醬料 Sauce

檸檬卡士達醬

Lemon Custard Sauce

INGREDIENTS 材料

① 全蛋 2 顆
② 細砂糖 70 公克
③ 黃檸檬（刨屑）2 公克
④ 黃檸檬汁 70 公克
⑤ 無鹽奶油（切塊）80 公克

STEP BY STEP 步驟

01 將無鹽奶油靜置常溫回軟，切塊。

02 取一容器，將黃檸檬皮刨屑。（註：須注意不要刨到白色的皮，口感會變苦。）

03 取鋼盆，倒入全蛋、細砂糖、黃檸檬皮屑、黃檸檬汁。

04 準備一鍋煮滾的水，放上鋼盆，以打蛋器攪拌至濃稠的糊狀。（註：可運用隔水加熱的方式控溫，以免溫度過高使蛋變熟，進而無法打發。）

05 將鋼盆放在桌面後，加入無鹽奶油塊，並以打蛋器拌勻。

06 盛碗，完成檸檬卡士達醬製作，即可使用。

03-1

03-2

03-3

全蛋、細砂糖、黃檸檬皮屑。

03-4

黃檸檬汁。

04

隔水加熱。

05

無鹽奶油塊。

檸檬卡士達醬
製作動態影片 QRcode

醬料 Sauce

生蠔醬汁

Oyster Sauce

INGREDIENTS 材料

① 橄欖油 …… 適量
② 乾蔥（切碎）…… 5 公克
③ 菠菜（切碎）…… 20 公克
④ 生蠔 …… 200 公克
⑤ 動物性鮮奶油 …… 20 公克
⑥ 無鹽奶油（切塊）…… 10 公克

生蠔醬汁
製作動態影片 QRcode

STEP BY STEP 步驟

01 將無鹽奶油靜置常溫回軟，切塊。

02 將菠菜洗淨後，準備一鍋滾水，加入菠菜川燙 2 分鐘，取出後切碎。

03 將乾蔥去皮切碎，備用。

04 取另一空鍋，倒入橄欖油、乾蔥碎、菠菜碎、生蠔、動物性鮮奶油，拌勻。

05 煮滾後倒入食物調理機，攪打數分鐘後，將蓋子打開，加入無鹽奶油塊。

06 攪打成液體狀，盛碗，完成生蠔醬汁製作，即可使用。

04-1

04-2

04-3

橄欖油、乾蔥碎、菠菜碎、生蠔。

04-4

動物性鮮奶油。

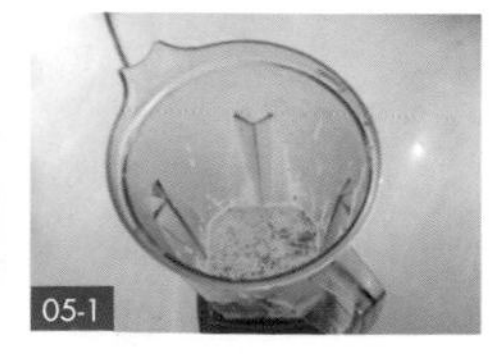

05-1

05-2

攪打、無鹽奶油塊。

醬料 Sauce

波特酒醬汁

Porto Wine Sauce

INGREDIENTS 材料

① 橄欖油 ⋯⋯ 適量
② 乾蔥（切碎）⋯ 20 公克
③ 波特酒 ⋯⋯ 80 公克
④ 紅醬 ⋯⋯ 200 公克
⑤ 無鹽奶油（切塊）
⋯⋯ 15 公克

STEP BY STEP 步驟

01 將無鹽奶油靜置常溫回軟，切塊。

02 將乾蔥去皮切碎。

03 在鍋中倒入橄欖油、乾蔥碎，爆香。

04 加入波特酒，煮至醬汁收乾到一半。

05 加入紅醬，煮滾，以濾網為輔助，濾除材料，並將鍋中濾過的醬汁繼續加熱。

06 加入無鹽奶油塊，拌勻。

07 盛碗，完成波特酒醬汁製作，即可使用。

橄欖油、乾蔥碎。

04 波特酒。

紅醬、過濾。

06 無鹽奶油塊。

波特酒醬汁
製作動態影片 QRcode

醬料 Sauce

♦

玫瑰花油醋

Rose Vinaigrette

INGREDIENTS 材料

① 海鹽	適量
② 胡椒粉	適量
③ 香檳醋	10 公克
④ 玫瑰花醬	15 公克
⑤ 橄欖油	20 公克

玫瑰花油醋
製作動態影片
QRcode

STEP BY STEP 步驟

01 取一容器，倒入海鹽、胡椒粉、香檳醋、玫瑰花醬、橄欖油，拌勻。

02 盛碗，完成玫瑰花油醋製作，即可使用。

海鹽、胡椒粉、香檳醋、玫瑰花醬、橄欖油。

醬料 Sauce

波特酒泡沫

Porto Wine Foam

INGREDIENTS 材料

① 乾蔥（切碎）	20 公克
② 波特酒	80 公克
③ 大豆卵磷脂	5 公克

波特酒泡沫
製作動態影片
QRcode

STEP BY STEP 步驟

01 先將乾蔥去皮切碎，再於鍋中倒入波特酒、乾蔥碎，煮至收乾一半。

02 以濾網為輔助，濾除材料，並將鍋中濾過的醬汁繼續加熱。

03 加入大豆卵磷脂，以手持料理棒打出泡沫狀。

04 盛碗，完成波特酒泡沫製作，即可使用。

01-1

01-2

波特酒、乾蔥碎。

02

過濾。

03

大豆卵磷脂。

CHAPTER. **TWO**

迎賓義國小點

Antipasto

⁝⁝ 迎賓義國小點 ANTIPASTO ⁝⁝

義式番茄起司小點

Tomato Ricotta Bruschetta

義式番茄起司小點製作動態影片 QRcode

INGREDIENTS 材料

① 海鹽 a …… 適量
② 胡椒粉 …… 適量
③ 橄欖油 …… 適量
④ 綜合番茄（切片）…… 120 公克
⑤ 法國麵包 …… 3 片
⑥ 瑞可達起司 …… 60 公克
⑦ 義大利濃縮黑醋醬 …… 適量
⑧ 蜂蜜 …… 適量
⑨ 乾蔥（切片）…… 3 公克
⑩ 蝦夷蔥（斜切段）…… 裝飾
⑪ 海鹽 b …… 適量

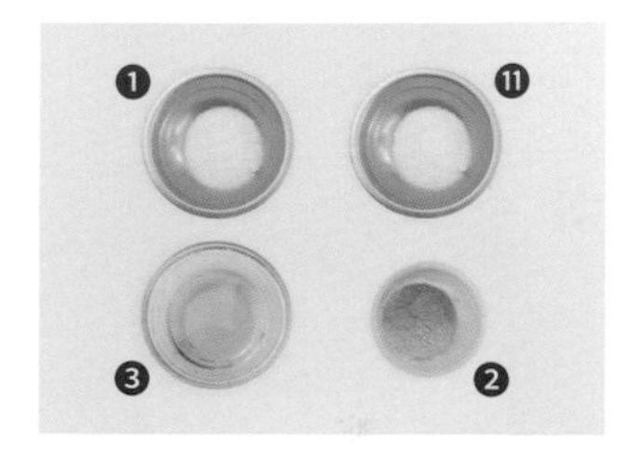

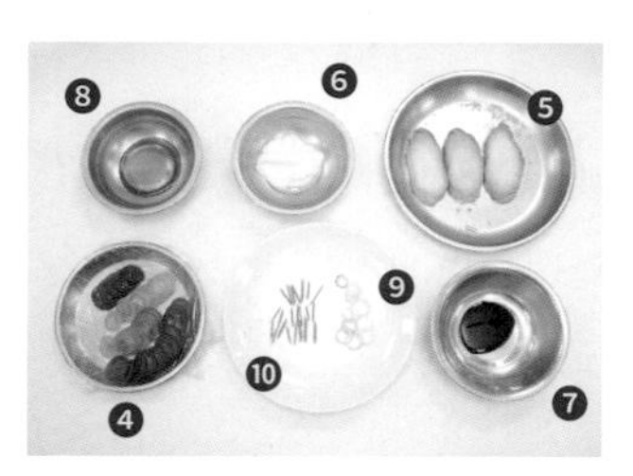

STEP BY STEP 步驟

前置作業

01 將乾蔥去皮切片；蝦夷蔥洗淨斜切段。

02 將綜合番茄洗淨切成一開四片，以少許海鹽 a、胡椒粉、橄欖油調味，並瀝乾水分。（註：若不瀝乾水分，法國麵包會被沾濕，口感較不佳。）

組合、盛盤

03 在法國麵包的表面，塗抹瑞可達起司。

04 依序淋上義大利濃縮黑醋醬、蜂蜜。

05 以鑷子夾取綜合番茄片，依序擺放在法國麵包上。

06 夾取乾蔥片，擺放在綜合番茄上。

07 夾取蝦夷蔥段，擺放在乾蔥片上。

08 在食材表面撒上少許海鹽 b，盛盤，完成義式番茄起司小點製作，即可享用。

::: PROCESS :::

瑞可達起司。

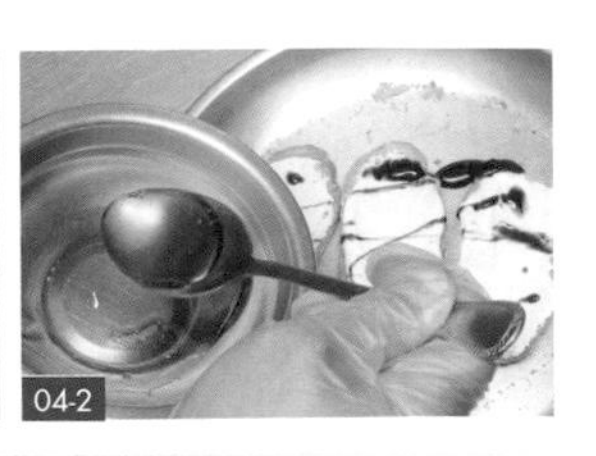

義大利濃縮黑醋醬、蜂蜜。

05 綜合番茄片。

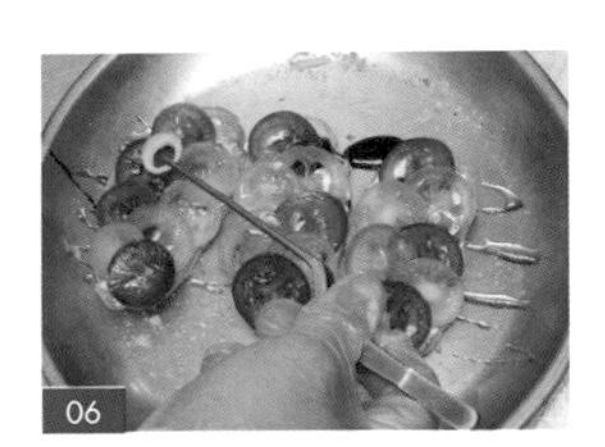

乾蔥片。

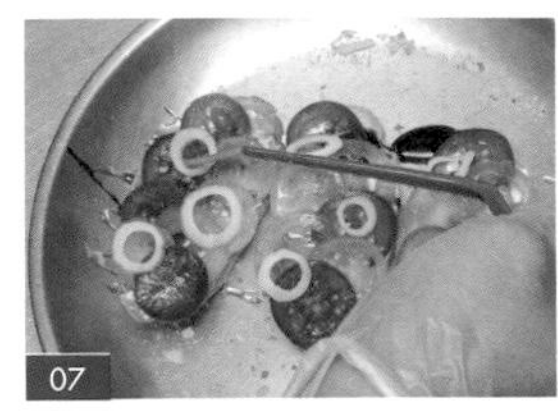

蝦夷蔥段。

海鹽 b 調味。

TIPS 小秘訣

- 準備上菜時才可以開始製作，不然法國麵包會軟掉。
- 因為蝦夷蔥容易黑掉，所以建議最後再擺放。

花園有機時蔬酪梨塔

Garden Vegetable Avocado Tower

花園有機時蔬酪梨塔製作動態影片 QRcode

想邀請身邊的親朋好友來一場華麗的味覺饗宴嗎？往往第一道迎賓小點都會令人印象深刻，當來賓們開始厭倦了無新意的菜色，卻苦思不出更新鮮的菜單？靈活運用食材魅力而獨創出的經典料理，再也不怕別人跟你「撞菜」，每一口都是嶄新豐富的體驗！（當我們食材全部準備好，可以與來賓一起完成手上夢幻花園蔬菜小盆栽。）

INGREDIENTS 材料

① 海鹽 a ⋯⋯ 適量
② 三色蘿蔔（對切）⋯ 各 1 支
③ 玉米筍（對切）⋯⋯ 3 支
④ 蘆筍（切段）⋯⋯ 3 支
⑤ 青花菜（切小朵）⋯⋯ 3 朵
⑥ 鹹塔殼 ⋯⋯ 3 個
⑦ 食用花 ⋯⋯ 2 朵

◆ 酪梨醬

⑧ 酪梨醬 ⋯⋯ 50 公克
⑨ 黃檸檬汁 ⋯⋯ 15 公克
⑩ 海鹽 b ⋯⋯ 適量
⑪ 胡椒粉 ⋯⋯ 適量

STEP BY STEP 步驟

前置作業

01 將三色蘿蔔、玉米筍洗淨，剖半對切，留頭 3 公分；蘆筍洗淨切段，留 3 公分的蘆筍頭；青花菜洗淨，切成 3 公分的長度。

02 將對切三色蘿蔔、對切玉米筍、蘆筍段、小朵青花菜以滾水川燙後冰鎮，再以少許海鹽 a 調味。（註：川燙後的蔬菜一定要馬上冰鎮，避免蔬菜過熟。）

酪梨醬製作

03 將酪梨醬裝入碗裡，加入黃檸檬汁、少許海鹽 b、胡椒粉，拌勻，為酪梨醬。（註：黃檸檬汁不僅能抗氧化，也能增加風味。）

組合、盛盤

04 取圓盤，放上鹹塔殼後，並在殼內倒入酪梨醬。

05 以鑷子夾取小朵青花菜，插入酪梨醬中間。

06 夾取蘆筍段，插入酪梨醬左上方。

07 夾取對切玉米筍，插入酪梨醬右下方。

08 分次夾取對切三色蘿蔔，直立插入小朵青花菜的周圍。

09 夾取食用花，擺放在食材間的空隙中，完成擺盤，即可享用。（註：可在食材的中間擺放些接骨木花，作為裝飾。）

::: PROCESS :::

黃檸檬汁、海鹽 b、胡椒粉。

酪梨醬。

小朵青花菜。

蘆筍段。

對切玉米筍。

對切三色蘿蔔。

擺盤。

煙燻鮭魚慕斯三部曲

Smoked Salmon Mousse

煙燻鮭魚慕斯
三部曲製作動態
影片 QRcode

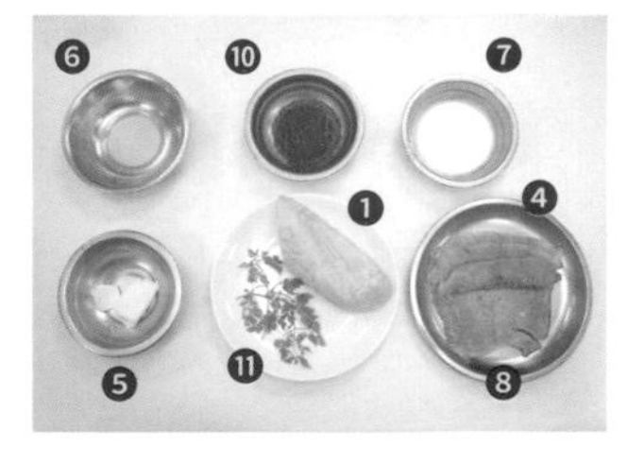

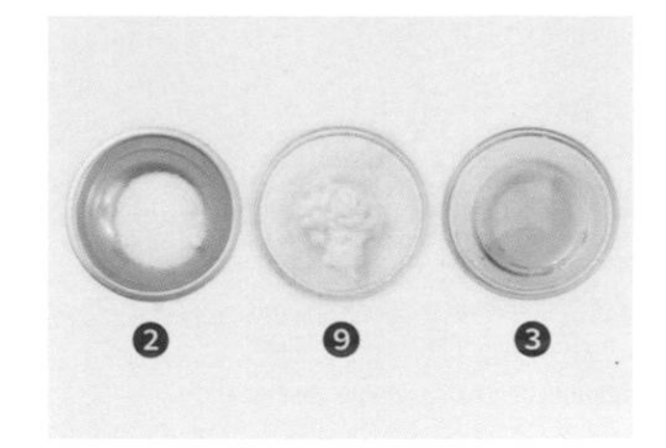

INGREDIENTS 材料

① 法國麵包（切片）……… 3 片
② 海鹽 ……… 適量
③ 橄欖油 ……… 適量
④ 煙燻鮭魚 a ……… 100 公克
⑤ 奶油起司（常溫軟化）……… 40 公克
⑥ 黃檸檬汁 ……… 10 公克
⑦ 動物性鮮奶油 ……… 40 公克
⑧ 煙燻鮭魚 b ……… 4 片
⑨ 美乃滋 ……… 適量
⑩ 鮭魚卵 ……… 適量
⑪ 山蘿蔔葉 ……… 1 朵

STEP BY STEP 步驟

前置作業

01 在已切片的法國麵包表面，加上少許海鹽、橄欖油調味，放進烤箱，以上下火 120 度烤 8 分鐘，出爐後備用。

02 將山蘿蔔葉洗淨。

03 將奶油起司放置常溫軟化，備用。

煙燻鮭魚慕斯製作

04 取料理杯，倒入煙燻鮭魚 a、奶油起司、黃檸檬汁、動物性鮮奶油，用手持料理棒攪打均勻，為煙燻鮭魚起司內餡。

05 將煙燻鮭魚 b 側邊黑色的部分切除。

06 將保鮮膜平鋪在桌面上，以 0.2 公分的距離，疊放煙燻鮭魚 b 後，再抹上煙燻鮭魚起司內餡。

07 將保鮮膜捲起，並順勢將煙燻鮭魚 b 捲成圓柱形，捲緊後用刀子切開多餘的保鮮膜，在頭尾兩處綁單結，放入冷凍庫，靜置 2 小時定型後，即完成煙燻鮭魚慕斯製作。（註：冷凍後會較好切。）

組合、盛盤

08 將煙燻鮭魚慕斯從冷凍庫取出，先切開頭尾的保鮮膜單結，再用小刀子切成 2 公分的厚度後，撕開包覆煙燻鮭魚慕斯的保鮮膜，為鮭魚慕斯塊。

09 取圓盤，放上法國麵包片，再擺放鮭魚慕斯塊。

10 在鮭魚慕斯塊中間，擠上些許美乃滋。

11 將鮭魚卵擺放在美乃滋上。

12 以鑷子夾取山蘿蔔葉，直立擺放在鮭魚卵上方，完成擺盤，即可享用。

::: PROCESS :::

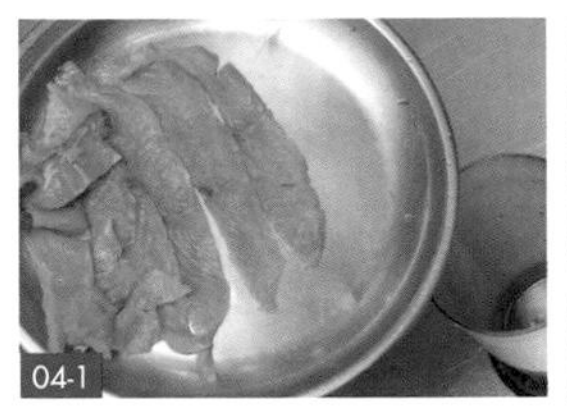
04-1

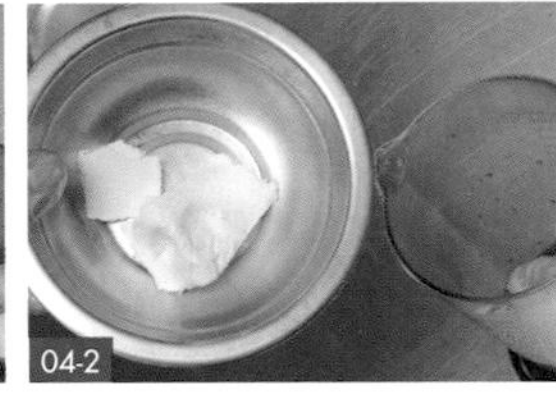
04-2

04-3

04-4

煙燻鮭魚 a、奶油起司、黃檸檬汁、動物性鮮奶油，攪打均勻。

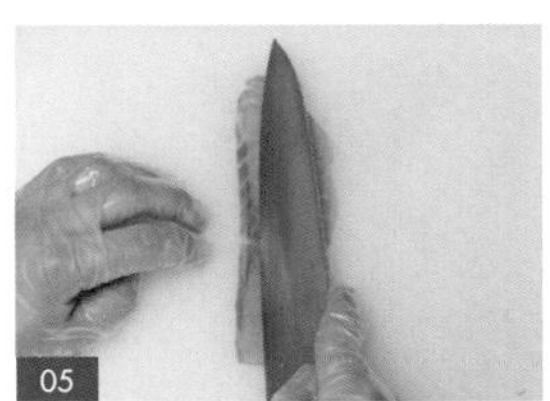
05

切除黑邊。

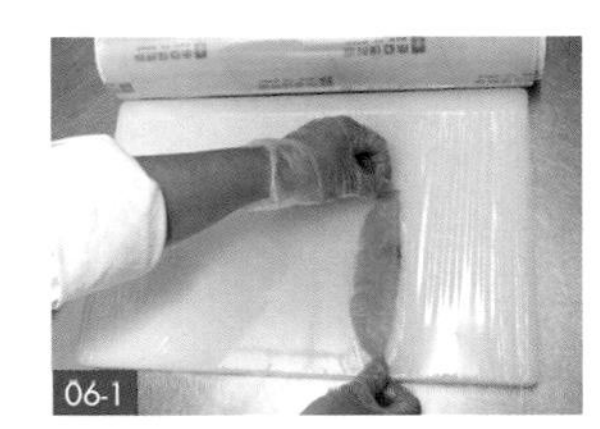
06-1

06-2

疊放煙燻鮭魚 b、煙燻鮭魚起司內餡。

07-1

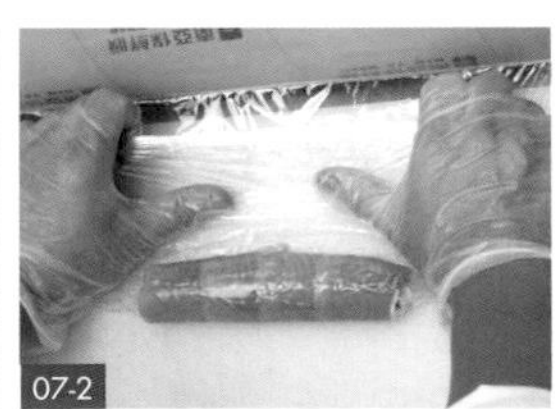
07-2

07-3

捲緊、包覆住煙燻鮭魚 b，切開保鮮膜、頭尾綁單結。

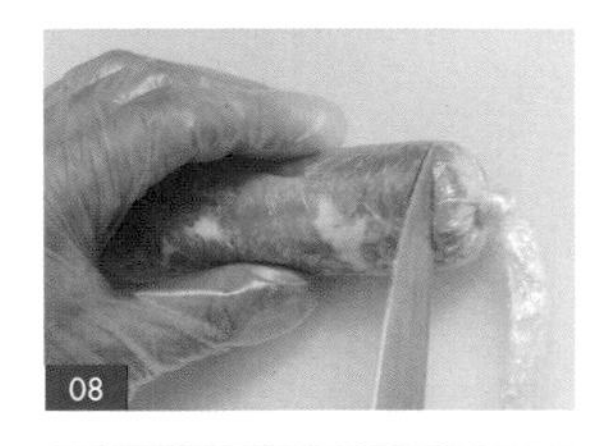
08

切開單結。

09

鮭魚慕斯塊。

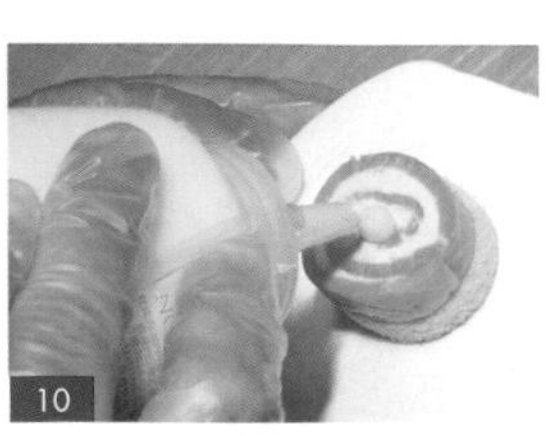
10

美乃滋。

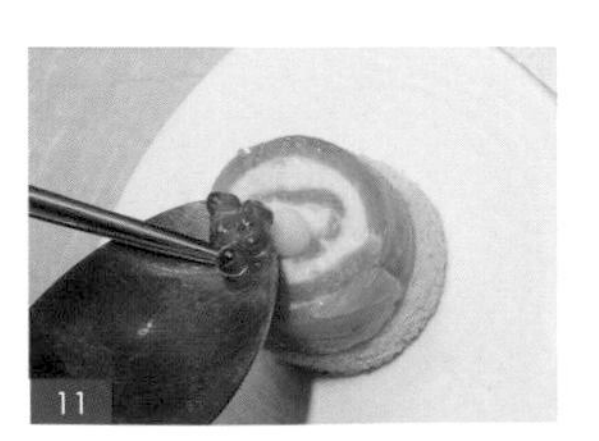
11

鮭魚卵。

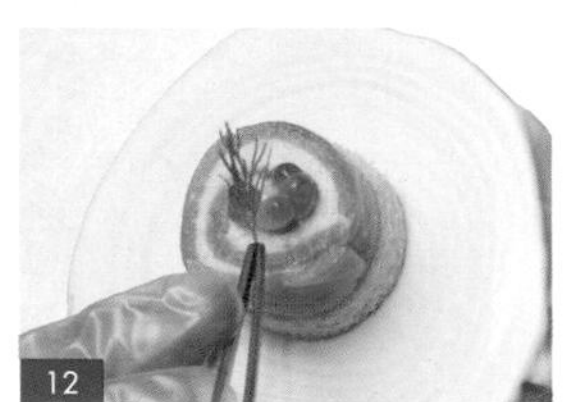
12

擺盤。

帕瑪火腿佐香瓜與醃製香料橄欖

Parma Ham with Melon and Pickled Herb Olive

INGREDIENTS 材料

① 橄欖油 …… 1000 公克
② 迷迭香 …… 2 支
③ 百里香 …… 3 支
④ 蒜頭 …… 2 瓣
⑤ 乾辣椒段 …… 2 公克
⑥ 綜合橄欖 …… 425 公克
⑦ 黃檸檬（取檸檬皮）…… 1 公克
⑧ 帕瑪火腿 …… 1 片
⑨ 哈密瓜（切塊）…… 1 塊
⑩ 薄荷葉 …… 1 片

- 切哈密瓜時，皮與肉連接處有一層白色部分，千萬不要留，會影響口感。
- 通常哈密瓜會比蜜世界還要甜，風味較佳，但如果要顏色搭配漂亮，建議挑選蜜世界。
- 材料配方為 1 人份。

STEP BY STEP 步驟

前置作業

01 將哈密瓜切成 2.5×2.5×2.5 公分的塊狀；蒜頭剝皮；薄荷葉、迷迭香、百里香洗淨，備用。

02 將黃檸檬皮切下，備用。

香料橄欖製作

03 在鍋中倒入橄欖油、迷迭香、百里香、蒜頭、乾辣椒段，煮至沸騰後轉小火煮 10 分鐘，為醃製香料油。

04 在碗內倒入綜合橄欖，並加入醃製香料油、黃檸檬皮，醃製 24 小時後，為醃製香料橄欖。

帕瑪火腿佐香瓜
與醃製香料橄欖
製作動態影片
QRcode

組合、盛盤

05 取一片帕瑪火腿，放上一個哈密瓜塊後捲起。

06 放上一片薄荷葉、一顆醃製香料橄欖。

07 將迷迭香插在醃製香料橄欖上。

08 盛盤，即可享用。

::: PROCESS :::

橄欖油、迷迭香、百里香、蒜頭、乾辣椒段。

綜合橄欖、醃製香料油、黃檸檬皮。

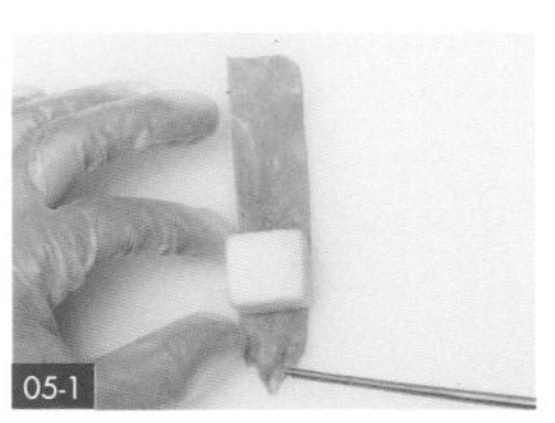

帕瑪火腿、哈密瓜塊。

06-1

薄荷葉、醃製香料橄欖。

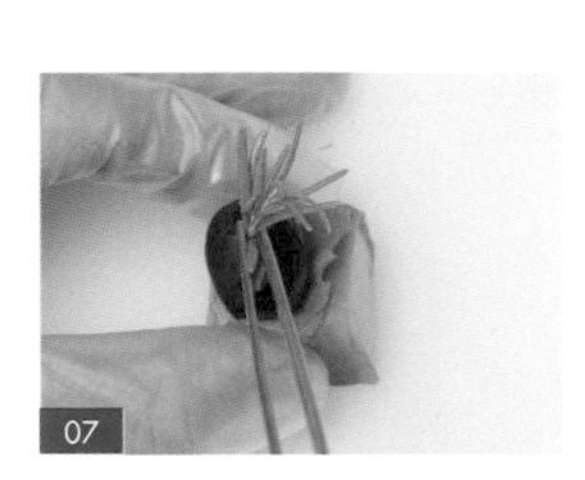

裝飾。

若沒有烘焙紙，可用生馬鈴薯條、紅蘿蔔條，洗淨後讓沾有櫻桃醬的鴨肝慕斯插在上面，避免沾黏盤子。

櫻桃鴨肝慕斯

Cherry Foie Gras Mousse

櫻桃鴨肝慕斯
製作動態影片
QRcode

INGREDIENTS 材料

① 墨魚麵（切段）………… 2支
② 鴨肝慕斯（冷凍）……… 3顆
③ 金箔（裝飾）…………… 適量

◆ 櫻桃醬

④ 櫻桃果汁 ………… 100公克
⑤ 鹿角菜膠 ………… 1公克

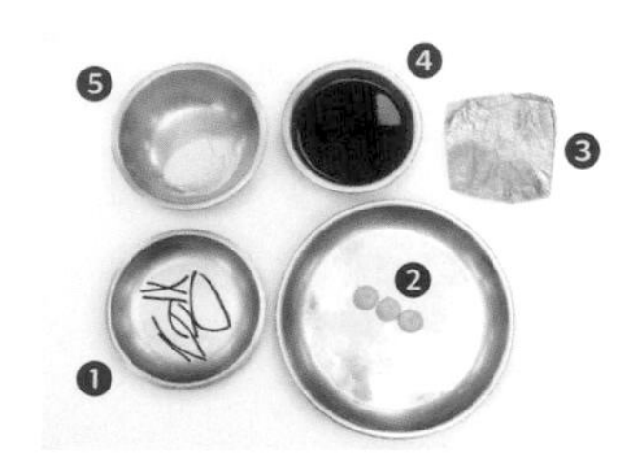

STEP BY STEP 步驟

前置作業

01 以油溫180度炸墨魚麵條至酥脆，切段，為墨魚麵段，備用。

02 先將鴨肝慕斯放入1.8公分圓形模具中後，放入冷凍，備用。（註：須確保鴨肝慕斯完全冷凍，才能脫模，否則無法讓表面變得光滑。）

櫻桃醬製作

03 在鍋中倒入櫻桃果汁、鹿角菜膠，用打蛋器打勻。

04 開火，將櫻桃果汁及鹿角菜膠邊加熱邊攪拌，加熱至60度後，離火，為櫻桃醬。（註：須充分加熱，才能將鹿角菜膠攪拌均勻。）

組合、盛盤

05 將櫻桃醬靜置冷卻後，備用。

06 取出冷凍的鴨肝慕斯，在上方插入竹籤，以固定鴨肝慕斯。

07 將鴨肝慕斯放入櫻桃醬後取出，放在墊有烘焙紙的盤子上，並取出竹籤，為櫻桃鴨肝慕斯。

08 以鑷子夾取墨魚麵段，沾取少許金箔，直立插在櫻桃鴨肝慕斯上，即可享用。

::: PROCESS :::

03 櫻桃果汁、鹿角菜膠。

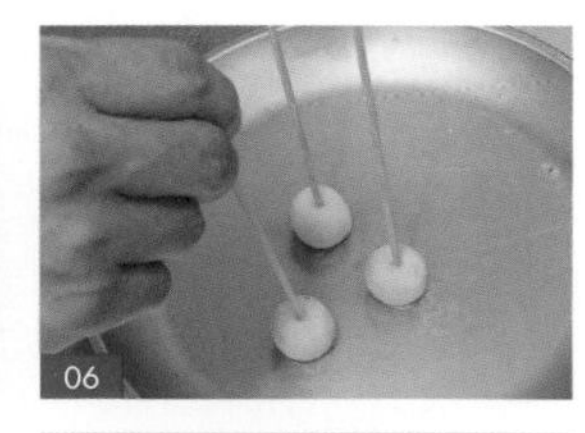

06 固定鴨肝慕斯。

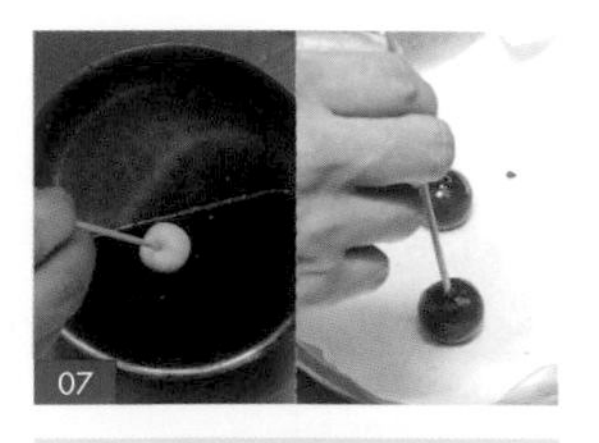

07 櫻桃醬、取出竹籤。

08 墨魚麵段、金箔。

::: 迎賓義國小點 ANTIPASTO :::

千層火腿起司三明治

Ham and Cheese Sandwich

千層火腿起司三明治製作動態影片 QRcode

INGREDIENTS 材料

① 美乃滋 …… 20 公克
② 吐司 …… 2 片
③ 網狀火腿 a …… 1 片
④ 切達起司 a …… 1 片
⑤ 網狀火腿 b（切條狀）…… 2 片
⑥ 切達起司 b（切條狀）…… 2 片
⑦ 食用花 …… 4 朵

STEP BY STEP 步驟

前置作業

01 將網狀火腿 b、切達起司 b 對切後，再切成約 1 指寬的條狀。（註：網狀火腿、切達起司的大小要切一樣，排起來才會比較漂亮。）

組合、盛盤

02 將美乃滋分別擠在兩片吐司上。

03 在第一片吐司上，放上一片網狀火腿 a、切達起司 a。

04 疊放上第二片吐司，並依序將網狀火腿條 b、切達起司條 b 橫向擺放在第二片吐司上，直至擺滿整片吐司。

05 將吐司的四邊切除，讓外觀看起來更精緻。

06 將吐司先直切兩刀，再轉向切一刀，切成 6 塊吐司塊。（註：可放進冷凍定型，以讓切面漂亮。）

07 在吐司塊的網狀火腿條 b，擠上圓點美乃滋。

08 以鑷子夾取食用花，放在美乃滋上，盛盤，完成千層火腿起司三明治製作，即可享用。

::: PROCESS :::

網狀火腿 b、切達起司 b 對切。

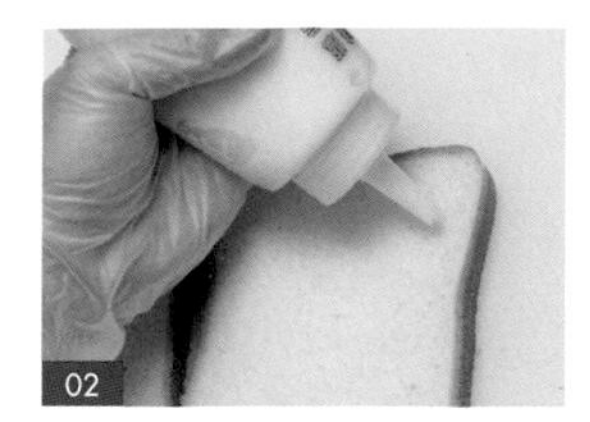

美乃滋。

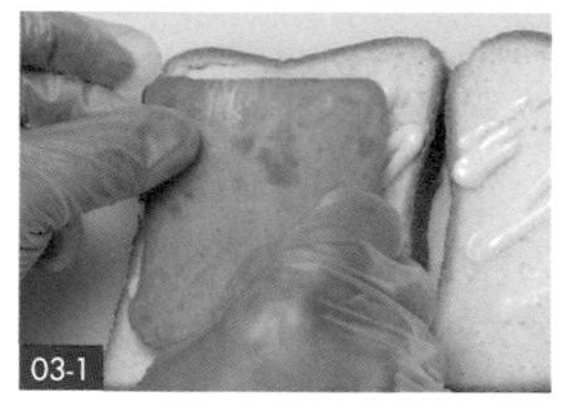

網狀火腿 a、切達起司 a。

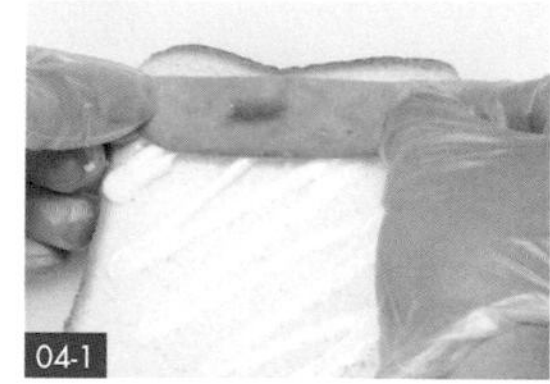

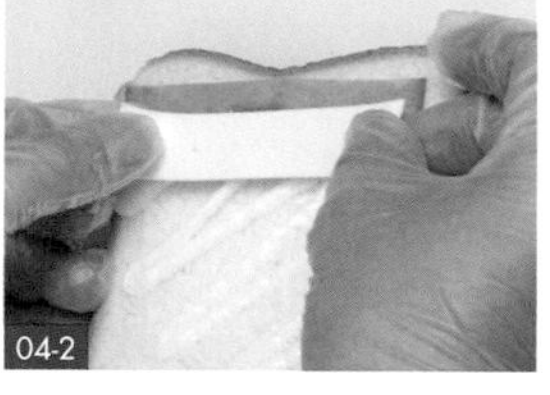

網狀火腿條 b、切達起司條 b。

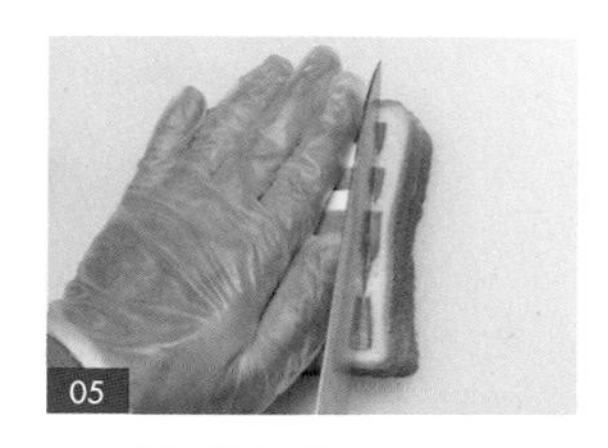

切吐司邊。

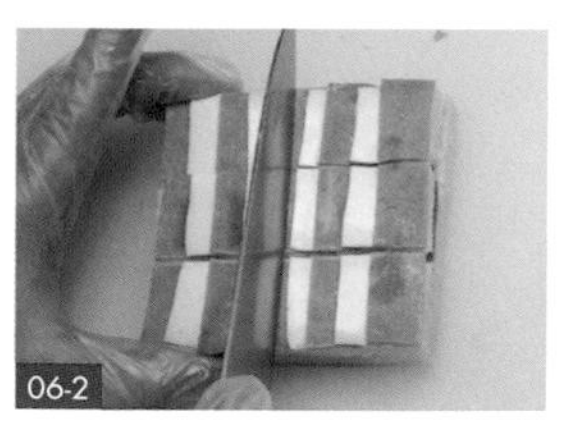

吐司塊。

圓點美乃滋。

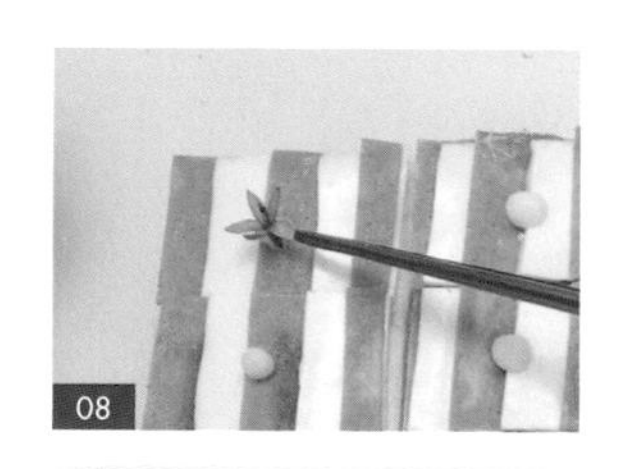

擺盤。

香煎北海道干貝與蘑菇馬卡龍

Pan-fried Hokkaido Scallops & Mushroom Macaron

INGREDIENTS 材料

材料	份量
① 蘑菇	2 顆
② 海鹽 a	適量
③ 醋水	適量
④ 北海道干貝	1 個
⑤ 海鹽 b	適量
⑥ 橄欖油	適量
⑦ 海鹽 c	適量
⑧ 魚卵美乃滋	10 公克
⑨ 紫蘇葉	1 片
⑩ 美乃滋	適量
⑪ 食用花	適量

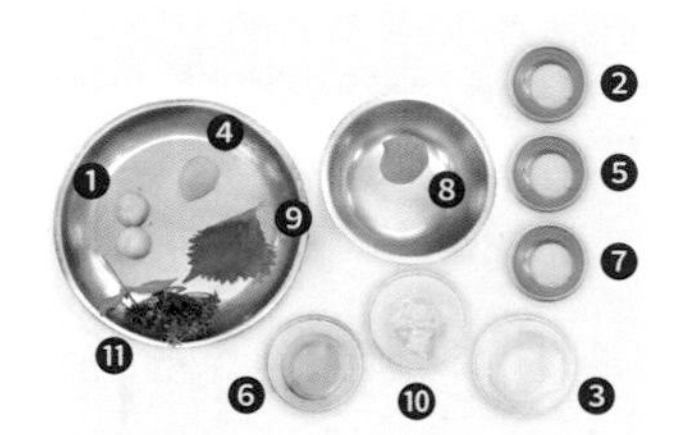

STEP BY STEP 步驟

香煎北海道干貝與蘑菇馬卡龍製作動態影片 QRcode

前置作業

01 將蘑菇洗淨，挖空中間，以少許海鹽 a、醋水燙熟，備用。（註：加醋可防止蘑菇氧化。）

烹煮

02 在北海道干貝的表面撒上少許海鹽 b 調味。

03 在鍋中倒入橄欖油、北海道干貝、蘑菇，煎至上色。

04 加入少許海鹽 c，煎數分鐘後一起取出，放在墊有廚房紙巾的盤子上。

組合

05 將北海道干貝對切，擺放在蘑菇挖空處。

06 將魚卵美乃滋放在對切北海道干貝上。

07 使用直徑 3 公分花嘴壓出圓形的紫蘇葉，並以鑷子夾取圓形的紫蘇葉，擺放在對切北海道干貝上。

08 夾取另一顆蘑菇，將挖空處朝下，放在紫蘇葉上。

09 重複步驟 5-8，完成兩個蘑菇馬卡龍。

盛盤

10 取方形盤，放上蘑菇馬卡龍，在表面擠上圓點美乃滋。

11 將食用花橫放在美乃滋上，完成香煎北海道干貝與蘑菇馬卡龍製作，即可享用。

::: PROCESS :::

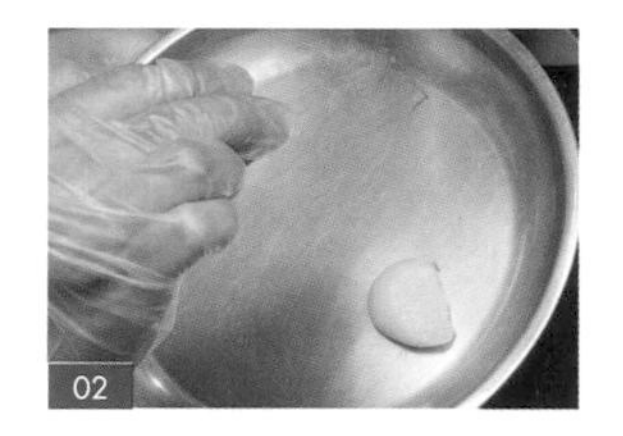

海鹽 b 調味。

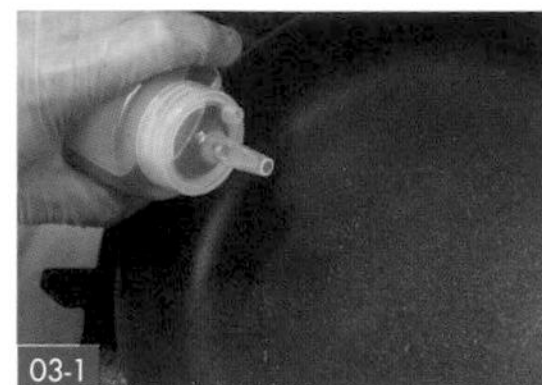

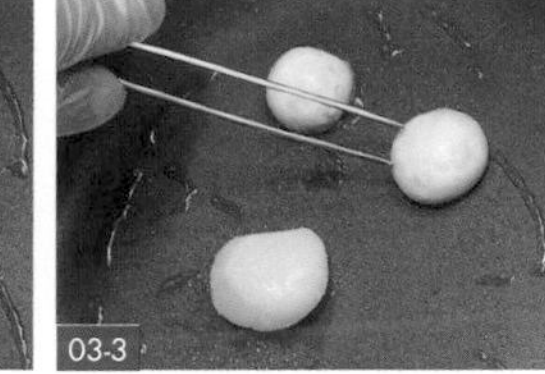

橄欖油、北海道干貝、蘑菇。

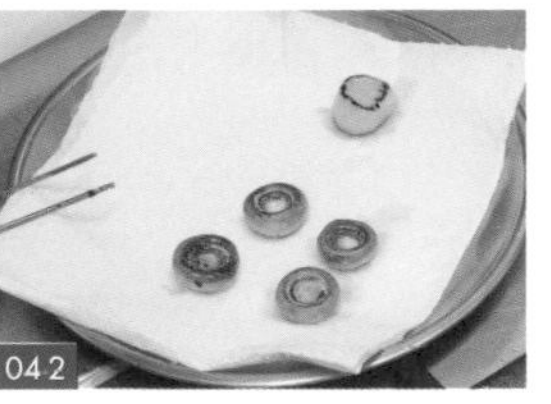

海鹽 c、取出北海道干貝、蘑菇。

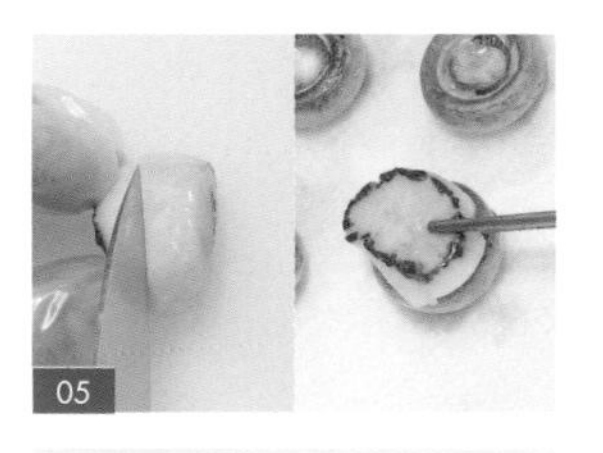

北海道干貝對切、蘑菇挖空處。

06

魚卵美乃滋。

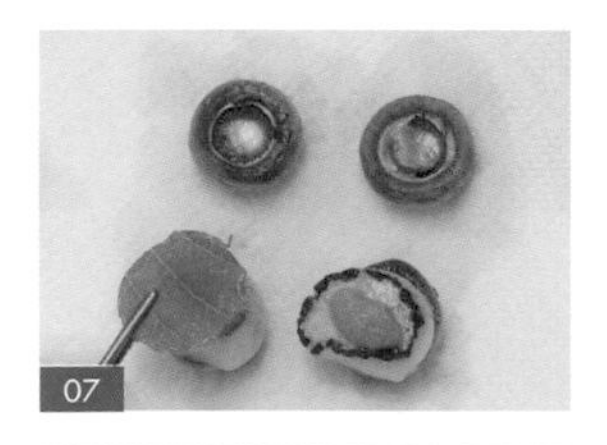

圓形的紫蘇葉。

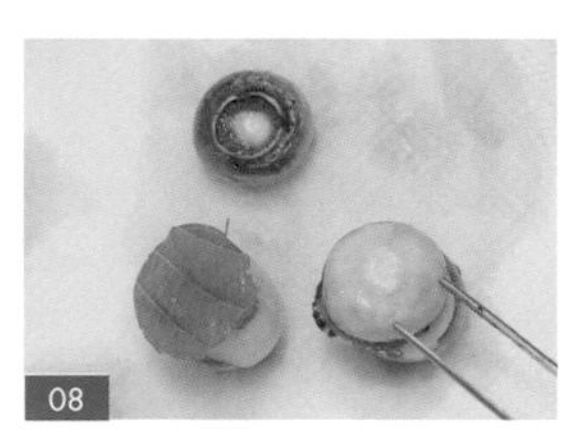

挖空處朝下。

圓點美乃滋。

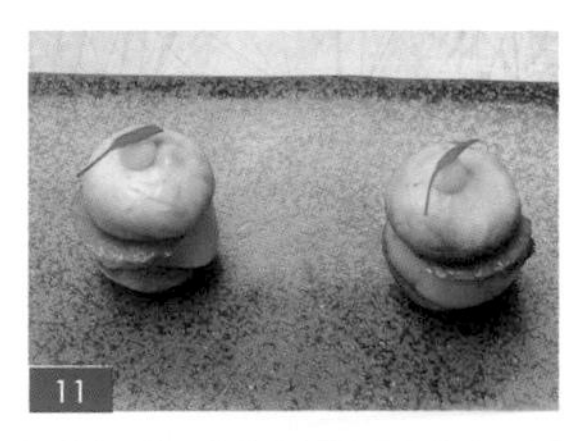

擺盤。

- 因為紫蘇葉易在加熱後變黑，所以在北海道干貝煎熟時，須等到完全冷卻，才可放上紫蘇葉。
- 材料配方為 1 人份，操作示範為 2 人份。

鮮蝦蔬菜黃瓜盅

Prawn and Vegetables Cucumber Cup

鮮蝦蔬菜
黃瓜盅製作動態
影片 QRcode

INGREDIENTS 材料

- ① 草蝦 …… 4 隻
- ② 鹽水 …… 適量
- ③ 白酒 …… 適量
- ④ 小黃瓜 a（切塊）…… 4 塊
- ⑤ 小黃瓜 b（切直薄片）…… 4 片
- ⑥ 綠捲鬚生菜 …… 3 支
- ⑦ 紅莧苗 …… 3 片
- ⑧ 魚子醬 …… 適量

◆ 蛋黃醬

- ⑨ 熟蛋黃 …… 2 顆
- ⑩ 美乃滋 …… 30 公克
- ⑪ 法式芥末醬 …… 10 公克

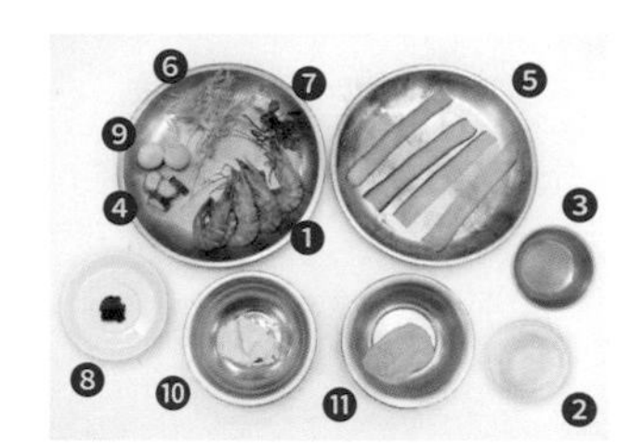

STEP BY STEP 步驟

前置作業

01 將小黃瓜 a 切塊，約 3 公分的厚度；小黃瓜 b 洗淨切直薄片；綠捲鬚生菜、紅莧苗洗淨。

02 將 2 顆全蛋放入滾水煮約 10 分鐘，冰鎮後剝殼，取蛋黃，備用。（註：若煮的時間太久，蛋黃會變黑。）

03 草蝦去頭、剝殼、取腸泥，留尾巴，用鹽水及白酒川燙，冰鎮，備用。（註：燙海鮮一定要加鹽，而加入白酒也能提升海鮮的甜味。）

蛋黃醬製作

04 將熟蛋黃倒入碗裡，用湯匙壓碎。

05 加入美乃滋、法式芥末醬，壓拌均勻，為蛋黃醬。

組合、盛盤

06 將蛋黃醬放入擠花袋，並把蛋黃醬往前推，打單結。

07 將擠花袋剪開後，將蛋黃醬擠在小黃瓜塊 a 上，為黃瓜主體。

組合、盛盤

08 將小黃瓜片 b 沿著黃瓜主體邊緣圍繞，為黃瓜盅。（註：可邊轉動圓盤，邊繞小黃瓜片。）

09 將草蝦擺放在蛋黃醬上，蝦尾朝外。

10 以鑷子夾取綠捲鬚生菜，擺放在蝦身的側邊。

11 夾取紅莧苗，擺放在綠捲鬚生菜的側邊。

12 將魚子醬放在蝦身，完成擺盤，即可享用。

::: PROCESS :::

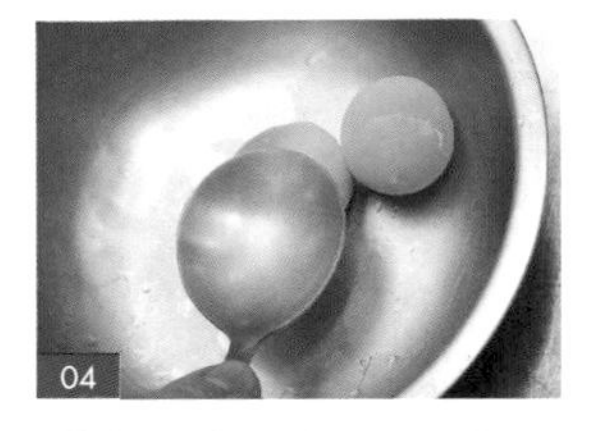

壓碎熟蛋黃。

美乃滋、法式芥末醬，壓拌均勻。

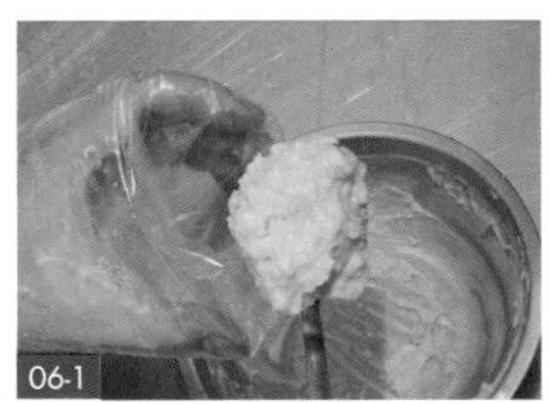

將蛋黃醬放入擠花袋，並往前推。

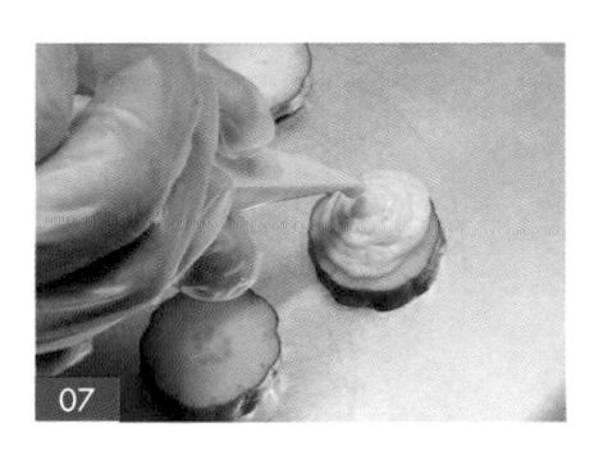

蛋黃醬。

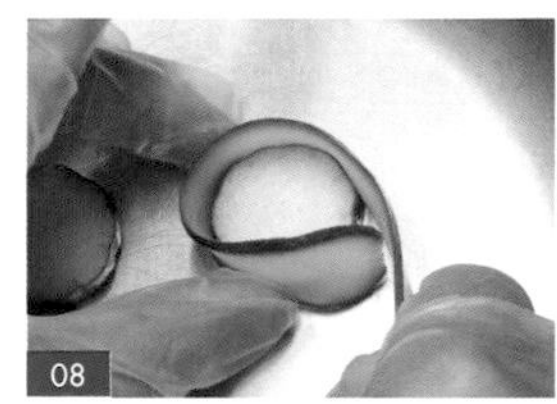

小黃瓜片 b。

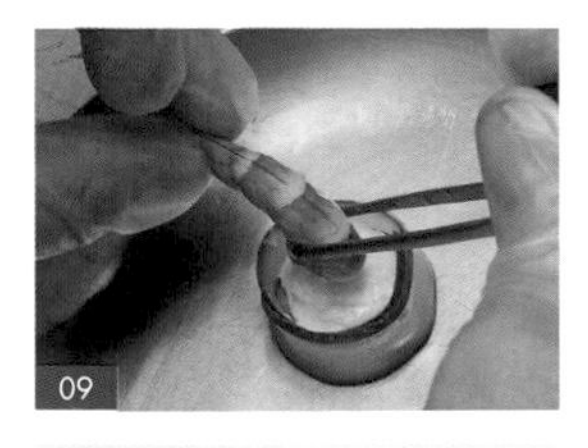

蝦尾朝外。

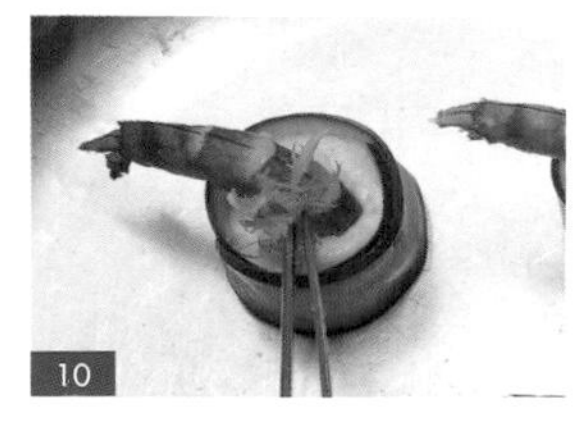

綠捲鬚生菜。

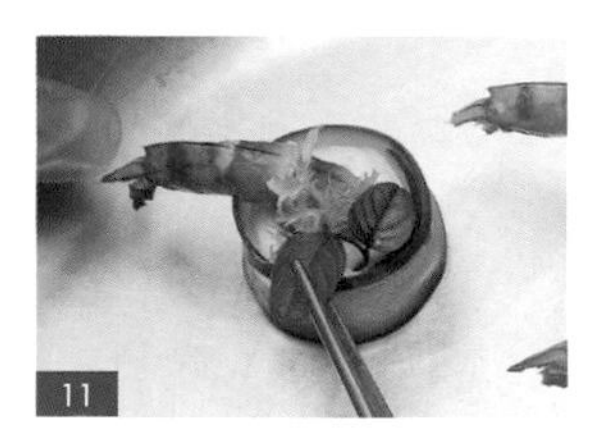

紅莧苗。

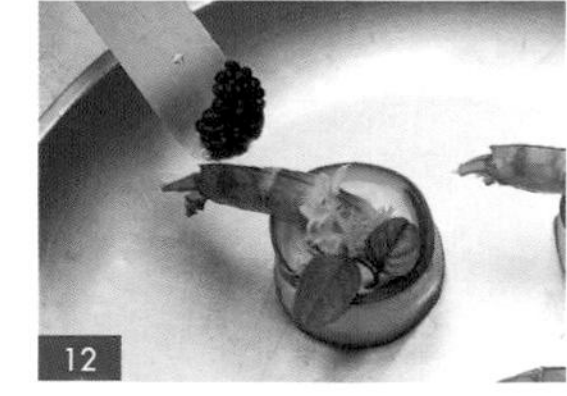

魚子醬。

若想增加小黃瓜的脆度，可在切完後冰鎮。

- 伊比利豬的油分多，所以一定要烤脆，口感及香氣才會大大加分。
- 選擇 65% 黑巧克力的微甜、微苦的味道剛好，較不會搶伊比利豬的鹹味。

伊比利豬茴香巧克力

Iberico Pork & Fennel Seed Chocolate

INGREDIENTS 材料

① 伊比利豬(切片) ………… 2片
② 65% 黑巧克力 ………… 10公克
③ 茴香籽 ………… 1公克

伊比利豬茴香巧克力製作動態影片 QRcode

STEP BY STEP 步驟

前置作業

01 將伊比利豬切片，放在烘焙紙上後，蓋上另一張烘焙紙，再放上派盤壓住，以上下火180度，烤12分鐘，取出，為伊比利豬脆片。

02 將65% 黑巧克力隔水加熱至融化，為巧克力液。

組合、盛盤

03 將伊比利豬脆片沾上巧克力液，高度約1/2。

04 在沾有巧克力液處，撒上茴香籽，備用。(註：使用茴香籽前，可以放進烤箱烤一下，以增加香氣。)

05 重複步驟3-4，完成2片伊比利豬茴香巧克力。

06 取模具，在一鋼絲上，串入伊比利豬茴香巧克力，完成擺盤，即可享用。

::: PROCESS :::

03 伊比利豬脆片、巧克力液。

04 茴香籽。

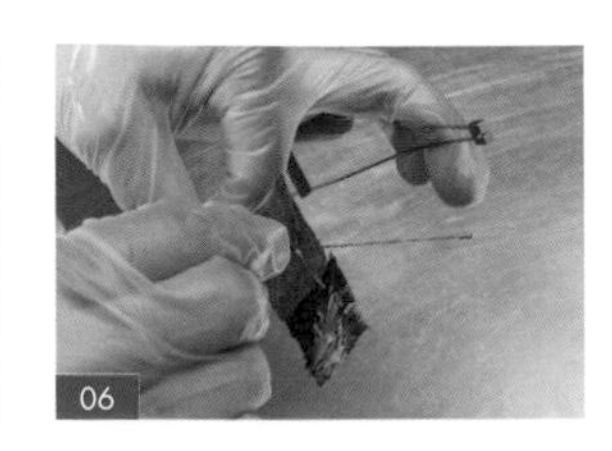

06 擺盤。

CHAPTER. THREE

極致開胃菜 & 精饌沙拉

Appetizers & Salads

義式牛肉鮪魚沙拉與有機時蔬

Vitello Tonnato with Organic Salad

INGREDIENTS 材料

① 海鹽 a …… 適量
② 胡椒粉 …… 適量
③ 犢牛（切片）…… 100 公克
④ 對切小紅蘿蔔 …… 2.5 支
⑤ 對切小黃蘿蔔 …… 1 支
⑥ 對切小紫蘿蔔 …… 1 支
⑦ 白蘿蔔（切塊）…… 1/5 個
⑧ 美國蘆筍（切段）…… 1 支
⑨ 海鹽 b …… 適量
⑩ 橄欖油 …… 適量
⑪ 鮪魚醬汁 …… 適量
（作法請參考 P.45。）
⑫ 櫻桃蘿蔔（切薄片）…… 3 片
⑬ 酸豆 …… 10 公克
⑭ 綠捲鬚生菜 …… 3 支
⑮ 紅酸模 …… 2 支
⑯ 蒔蘿 …… 6 支
⑰ 紅莧苗 …… 3 支
⑱ 牛肝菌粉 …… 適量
（作法請參考 P.40。）

STEP BY STEP 步驟

前置作業

01 準備一個直徑 10 公分的圓形慕斯圈。

02 先將犢牛以少許海鹽 a 及胡椒調味，煎至 5 分熟，冷卻後切片，為犢牛片，備用。

03 將小紅蘿蔔、小黃蘿蔔、小紫蘿蔔、櫻桃蘿蔔、白蘿蔔、美國蘆筍、酸豆、綠捲鬚生菜、紅酸模、蒔蘿、紅莧苗洗淨，備用。

04 將白蘿蔔去皮切塊；將櫻桃蘿蔔帶皮切薄片；將美國蘆筍切段，留蘆筍頭；小紅蘿蔔、小黃蘿蔔、小紫蘿蔔對切。

義式牛肉鮪魚沙拉與有機時蔬製作動態影片 QRcode

前置作業

05 將水煮滾，放入對切小紅蘿蔔、對切小黃蘿蔔、對切小紫蘿蔔、白蘿蔔塊、美國蘆筍頭，川燙後取出，為時蔬。

06 在時蔬中加入少許海鹽 b、橄欖油，拌勻，備用。

組合、盛盤

07 取圓盤，放上圓形慕斯圈。（註：圓形慕斯圈有助於食材定型。）

08 在圓形慕斯圈底部鋪滿犢牛片。

09 倒入鮪魚醬汁。

10 依序放入白蘿蔔塊、對切小紅蘿蔔、對切小黃蘿蔔、對切小紫蘿蔔、美國蘆筍頭、櫻桃蘿蔔片、酸豆。

11 在表面放上綠捲鬚生菜、紅酸模、蒔蘿、紅莧苗，作為裝飾。

12 撒上牛肝菌粉，加強味道層次感。

13 將圓形慕斯圈拿起，完成義式牛肉鮪魚沙拉與有機時蔬製作，即可享用。

::: PROCESS :::

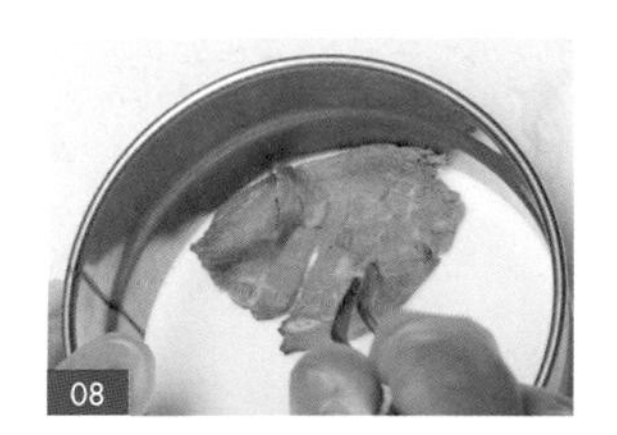

犢牛片。

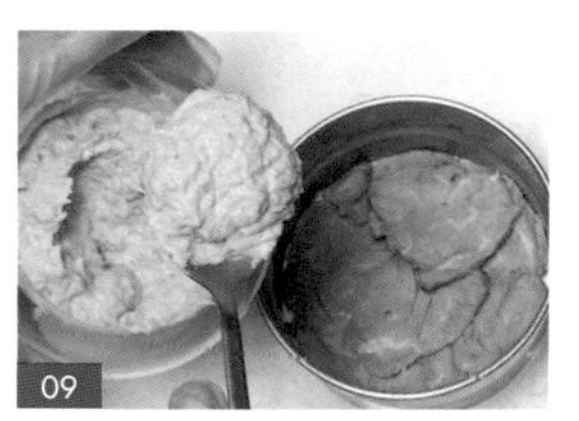

鮪魚醬汁。

白蘿蔔塊、對切小紅蘿蔔。

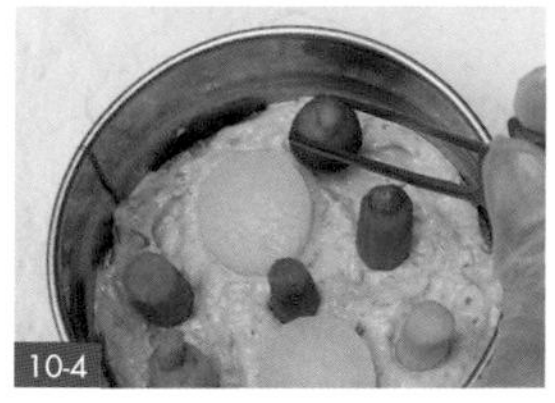

對切小黃蘿蔔、對切小紫蘿蔔、美國蘆筍頭、櫻桃蘿蔔片、酸豆。

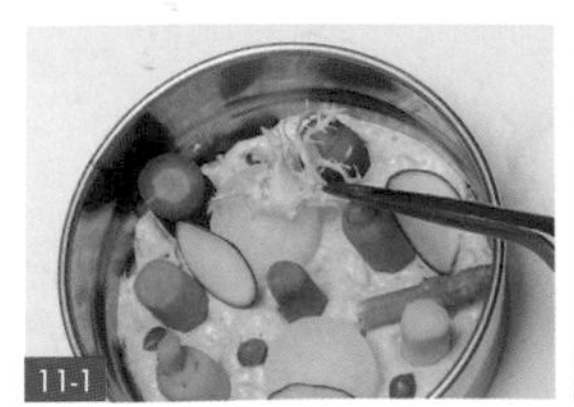

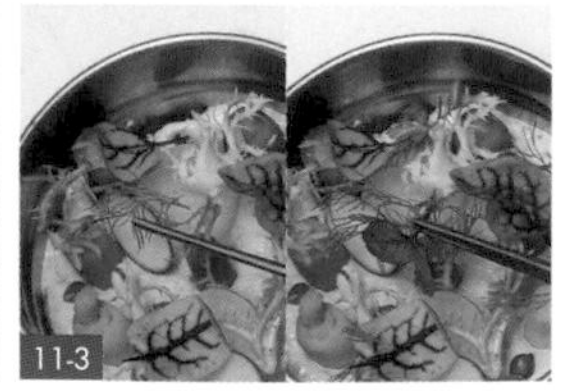

綠捲鬚生菜、紅酸模、蒔蘿、紅莧苗。

牛肝菌粉。

爐烤牛肉芝麻葉沙拉與帕達諾起司配味噌柚子美乃滋

Roasted Beef Arugula Salad and Padano Cheese with Miso Yuzu Mayonnaise

INGREDIENTS 材料

① 菲力牛排（切薄片）…… 120 公克
② 肉類調味粉 …… 10 公克
③ 味噌柚子美乃滋 …… 適量（作法請參考 P.30。）
④ 橄欖油 …… 適量
⑤ 帕瑪森乳酪（刨片）…… 10 公克
⑥ 松露（切細條）…… 3 公克
⑦ 綜合沙拉 …… 30 公克

STEP BY STEP 步驟

前置作業

01 將菲力牛排以肉類調味粉調味，煎至五分熟後冷藏，並取出切片，為菲力牛肉片。（註：牛肉煎好後，放冷藏會比較好切。）

02 將松露切片後，再切成細條狀；帕瑪森乳酪刨成片狀。

組合、盛盤

03 將味噌柚子美乃滋刷在菲力牛肉片上。

04 取一圓盤，將菲力牛肉片有沾醬的一面朝下擺放，依序在盤子上疊放菲力牛肉片。

05 將橄欖油淋在菲力牛肉片上。

06 以鑷子夾取帕瑪森乳酪片、松露條、綜合沙拉，均勻擺放在菲力牛肉片上，完成擺盤，即可享用。

::: PROCESS :::

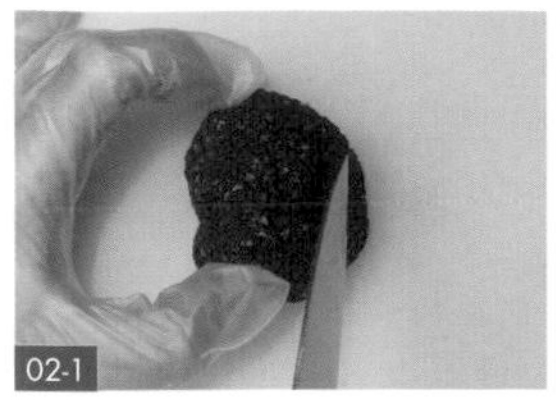

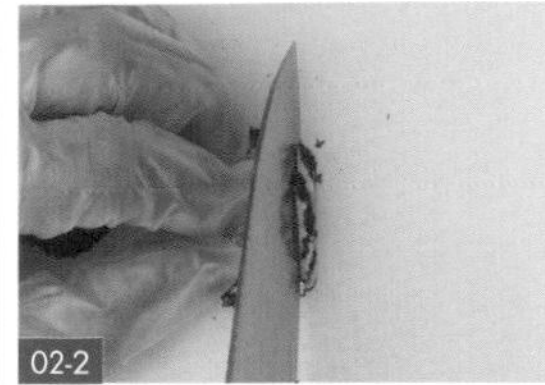

松露切片、切條。

味噌柚子美乃滋。

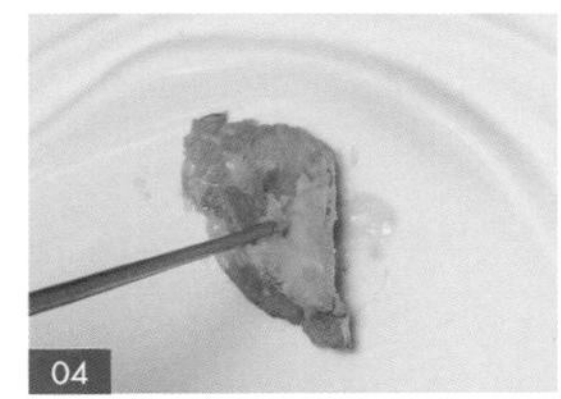

沾醬面朝下擺放。

淋橄欖油。

06-3

帕瑪森乳酪片、松露條、綜合沙拉。

爐烤牛肉芝麻葉沙拉與帕達諾起司配味噌柚子美乃滋製作動態影片QRcode

- 帕瑪森乳酪最好刨片，可以提升視覺效果。
- 因為醬汁會掩蓋菲力牛肉片的紅色部分，較影響觀感，所以讓塗醬汁的那面朝下，既不會影響牛肉的生熟度，也能加強生菜的味道。
- 綜合沙拉可依個人喜好，製作混合沙拉，包括結球萵苣、綠橡生菜、紅橡生菜、綜合萵苣、綠捲鬚生菜、蘿蔓萵苣等。

焦糖無花果佐帕瑪火腿與瑞可達沙拉

Caramelized Figs with Parma Ham and Ricotta Cheese Salad

INGREDIENTS 材料

① 無花果（切塊）……30 公克
② 二號砂糖……10 公克
③ 芝麻葉……20 公克
④ 帕瑪火腿……3 公克
⑤ 瑞可達起司……50 公克
⑥ 海鹽……適量
⑦ 胡椒粉……適量
⑧ 玫瑰花油醋……20 公克（作法請參考 P.51。）

STEP BY STEP 步驟

前置作業

01 將無花果洗淨，切塊；芝麻葉洗淨。

組合、盛盤

02 將無花果塊均勻沾上二號砂糖，用噴槍燒成焦糖，備用。（註：因為焦糖冷卻會更脆，所以可提早準備。）

03 取一圓盤，放上芝麻葉。

04 將帕瑪火腿捲起放在芝麻葉旁。

05 以鑷子夾取無花果塊，均勻擺放在芝麻葉上。

焦糖無花果佐帕瑪火腿與瑞可達沙拉製作動態影片 QRcode

組合、盛盤

06 將瑞可達起司放在芝麻葉上。

07 撒上少許海鹽、胡椒粉，搭配玫瑰花油醋，即可享用。

::: PROCESS :::

燒成焦糖。

芝麻葉。

捲帕瑪火腿。

無花果塊。

瑞可達起司。

07-2

海鹽、胡椒粉。

這道沙拉只有芝麻葉須調味，因此建議最後再淋醬汁，避免芝麻葉軟化。

2018 Selected

煙燻鮭魚與酪梨蛋沙拉

Smoked Salmon and Avocado Egg Salad

INGREDIENTS 材料

① 煙燻鮭魚 ………… 3 片
② 酪梨（切塊）……… 200 公克
③ 熟鵪鶉蛋（對切）…… 2 個
④ 黑橄欖（對切）…… 10 公克
⑤ 紫洋蔥（切片）…… 300 公克
⑥ 綜合沙拉 ………… 10 公克
⑦ 法式油醋醬 ………… 適量
（作法請參考 P.31。）

STEP BY STEP 步驟

前置作業

01 將酪梨切塊；紫洋蔥去皮切片；黑橄欖洗淨對切。（註：因為酪梨易變黑，所以建議用保鮮膜密封，以隔絕空氣。）

02 將鵪鶉蛋煮熟，對切。

組合、盛盤

03 取一圓盤，將煙燻鮭魚片捲成花狀，依序擺放在盤子右半邊。

04 將酪梨塊、對切鵪鶉蛋、對切黑橄欖、紫洋蔥片交錯擺放在煙燻鮭魚片上。

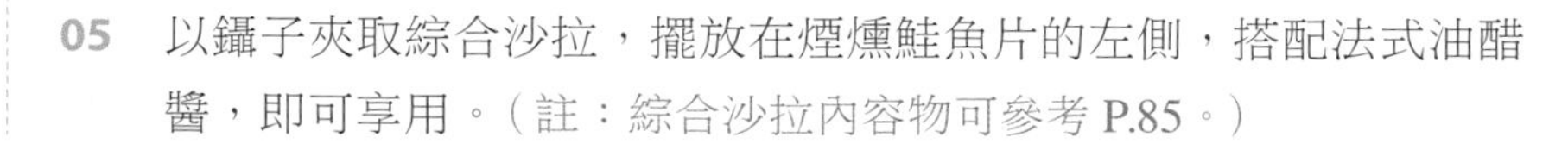

05 以鑷子夾取綜合沙拉，擺放在煙燻鮭魚片的左側，搭配法式油醋醬，即可享用。（註：綜合沙拉內容物可參考 P.85。）

煙燻鮭魚與酪梨蛋沙拉製作動態影片 QRcode

::: PROCESS :::

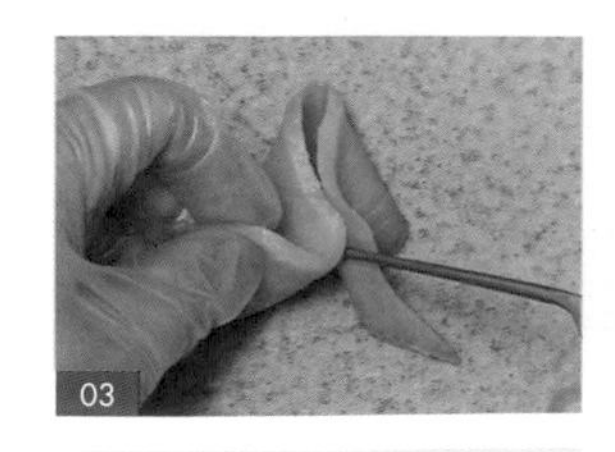

煙燻鮭魚片。

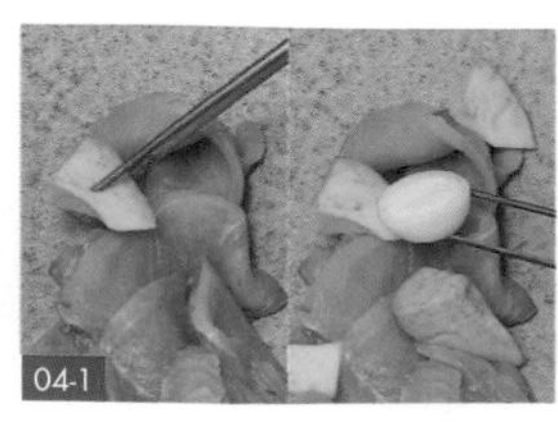

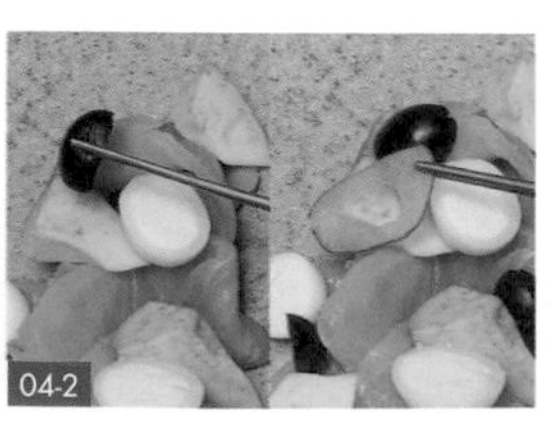

酪梨塊、對切鵪鶉蛋、對切黑橄欖、紫洋蔥片。

綜合沙拉。

義式鮮蝦番茄麵包沙拉

Italia Panzanella with Prawn Salad

以食尚潮流罐沙拉輕食風方式呈現，可以簡單的堆疊，快速又方便製作沙拉，無論是野餐、旅行、上班、上課能創造出輕食尚，針對喜歡輕食的人，一杯料理也是可以打造自己的風格。（當我們食材全部準備好，可以與來賓一起完成手上夢幻花園蔬菜小盆栽。）

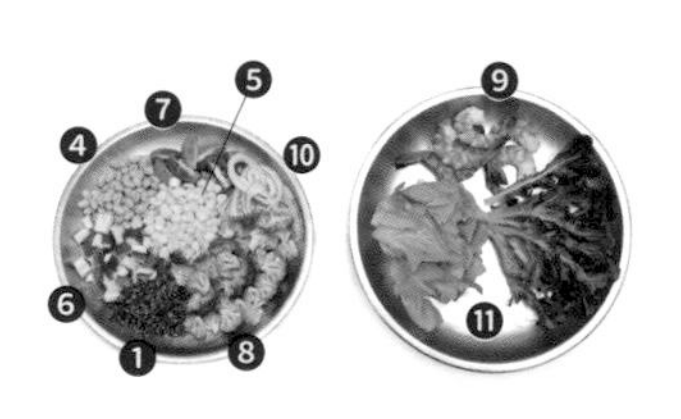

INGREDIENTS 材料

① 熟藜麥 …… 20 公克
② 鹽水 …… 適量
③ 桂花檸檬油醋 …… 50 公克（作法請參考 P.32。）
④ 雞豆 …… 10 公克
⑤ 玉米 …… 50 公克
⑥ 小黃瓜（切丁）…… 20 公克
⑦ 彩色番茄（對切）…… 50 公克
⑧ 青花菜（切小朵）…… 30 公克
⑨ 草蝦 …… 4 隻
⑩ 紫洋蔥（切片）…… 10 公克
⑪ 萵苣 …… 適量
⑫ 麵包丁 …… 10 公克

義式鮮蝦番茄麵包沙拉製作動態影片 QRcode

STEP BY STEP 步驟

前置作業

01 將藜麥、彩色番茄、雞豆、小黃瓜、萵苣、青花菜洗淨，備用。
02 將紫洋蔥去皮切片；彩色番茄對切；小黃瓜切丁，備用。
03 將草蝦煮熟後剝殼；青花菜切小朵，川燙後撈出。
04 將藜麥以鹽水煮 15 分鐘，煮至藜麥軟且白麥破殼而出後，取出冷卻，備用。

組合、盛盤

05 取一高圓杯，倒入桂花檸檬油醋。
06 將藜麥平鋪在杯底。
07 依序加入雞豆、玉米、小黃瓜丁、對切彩色番茄、小朵青花菜、草蝦、紫洋蔥片。
08 將萵苣擺放上去，並在葉內撒上麵包丁，完成義式鮮蝦番茄麵包沙拉製作，即可享用。

::: PROCESS :::

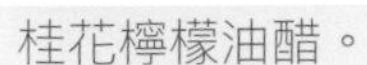
桂花檸檬油醋。

藜麥。

雞豆、玉米。

小黃瓜丁、對切彩色番茄、小朵青花菜、草蝦。

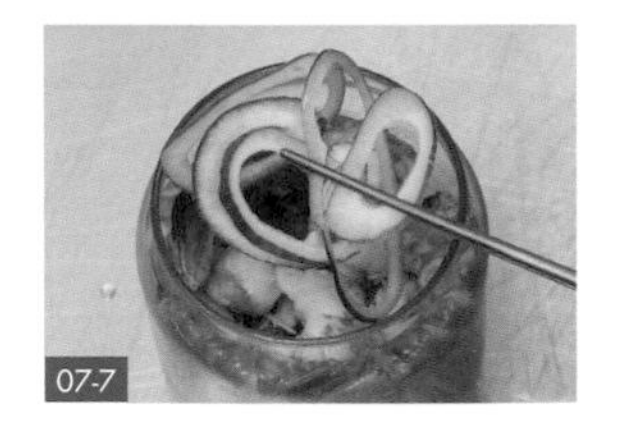

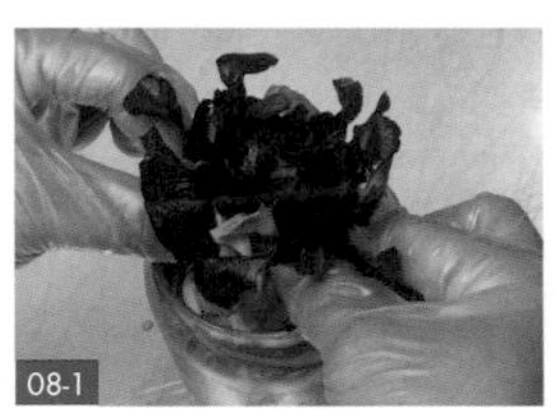

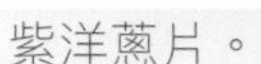
紫洋蔥片。

萵苣、麵包丁。

- 罐子上方剩餘的空隙要裝滿蔬菜，甚至可以超出瓶口，然後用手將食材向下壓，把空氣排出後再上蓋，可減少空氣接觸、減緩腐壞速度，且同時能防止罐內空隙過大，導致各層食材互相移位，失去分層的目的。
- 第一層：醬汁必須擺在最底層，確保食用前不會滲透到其他食材中，而導致食材因浸泡過久而影響口感。
- 第二層：因為此層食材接觸醬汁較久，所以適合放不易吸收醬汁，或適合浸漬的食材，例如：小黃瓜、豆類、胡蘿蔔、紫洋蔥等。
- 第三層：適合放較硬的根莖類蔬果，可以隔開乾、濕食材，例如：玉米、蘋果、青花菜等。
- 第四層：適合放蛋、肉類等蛋白質，可以加入肉類補充蛋白質，例如：雞胸肉、煙燻鮭魚、鮪魚、草蝦等，即使放涼後也能嚐到肉質的鮮甜。
- 最後一層：適合放較脆弱的葉菜、蔬果類，避免被其他食材壓爛，以保留最初的口感，例如：萵苣、苜宿芽、紫高麗菜等，或是火龍果、水蜜桃、柑橘等口感較軟的水果。

西西里碳烤中卷與海膽醬佐芥藍菜泥

Sicilian Roasted Squid with Sea Urchin Sauce and Kale Sauce

INGREDIENTS 材料

① 低筋麵粉 …… 15 公克
② 橄欖油 a …… 60 公克
③ 墨魚汁 …… 20 公克
④ 水 …… 100 公克
⑤ 中卷（15 公分）…… 250 公克
⑥ 海鹽 …… 適量
⑦ 橄欖油 b …… 適量
⑧ 橄欖油 c …… 適量
⑨ 培根（切條）…… 20 公克
⑩ 蒜頭（切碎）…… 5 公克
⑪ 甜豆仁 …… 20 公克
⑫ 芥藍菜泥 …… 適量
（作法請參考 P.33。）
⑬ 紅酸模 …… 適量
⑭ 食用花 …… 5 朵

◆ 海膽美乃滋

⑮ 美乃滋 …… 40 公克
⑯ 海膽醬 …… 20 公克

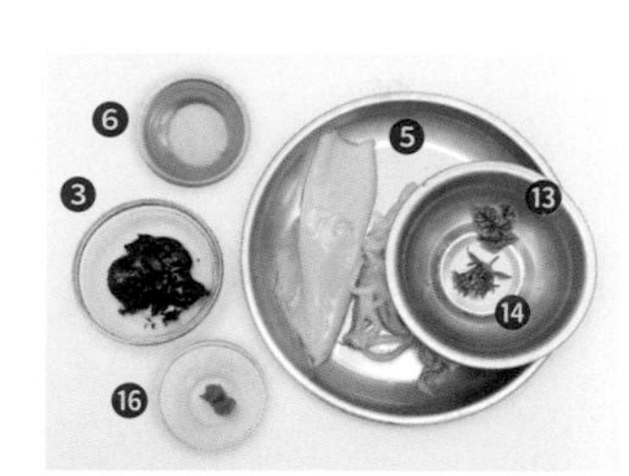

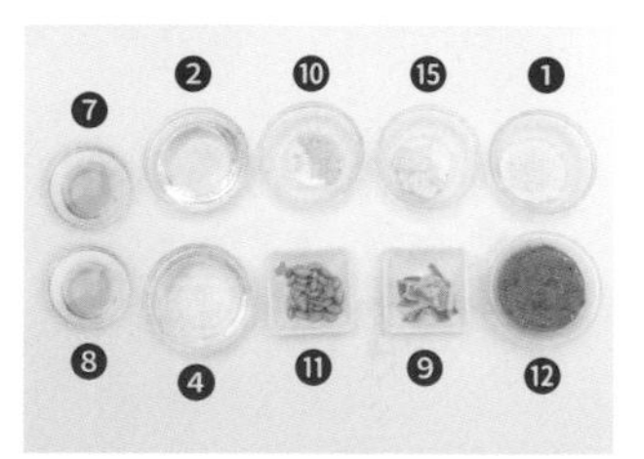

STEP BY STEP 步驟

前置作業

01 將甜豆仁、紅酸模洗淨；蒜頭去皮切碎；培根切條，備用。

02 將中卷清洗，備用。（註：中卷處理方法請參考 P.166-P.167。）

03 在碗內倒入美乃滋、海膽醬，拌勻，並將醬汁裝入擠花袋內，為海膽美乃滋，備用。

04 準備一個直徑 10 公分的圓形幕斯圈。

墨魚蕾絲餅製作

05 取一量杯，倒入低筋麵粉、橄欖油 a、墨魚汁、水。

06 用手持料理棒打勻，為墨魚蕾絲餅麵糊，備用。

07 在鍋中倒入墨魚蕾絲餅的麵糊，煎至表面冒泡，起鍋，完成墨魚蕾絲餅製作，備用。

烹煮

08 在中卷表面撒上少許海鹽調味。

09 在鍋中倒入橄欖油 b 後加熱，放入中卷，煎至上色後盛盤，完成中卷製作。

10 取另一空鍋，倒入橄欖油 c 後加熱，加入培根條、蒜碎、甜豆仁，炒香，備用。（註：可加入無鹽奶油，以增添香氣。）

11 待稍涼後，將中卷切圈，備用。

盛盤

12 取一圓盤，放上圓形慕斯圈，倒入芥藍菜泥。

13 將圓盤放在容器上，輕敲數下，以讓芥藍菜泥變平整。（註：輕敲時須雙手扶著慕斯圈。）

14 以鑷子夾取中卷圈，直立擺放在芥藍菜泥上。

15 加入甜豆仁、培根條。

16 將圓形慕斯圈拿起，以鑷子夾取墨魚蕾絲餅，平放在食材上方。

17 將海膽美乃滋以畫圈方式擠在墨魚蕾絲餅上。

18 將紅酸模、食用花擺放在墨魚蕾絲餅的上方，完成擺盤，即可享用。（註：可擺放接骨木花，以增添料理的顏色。）

::: PROCESS :::

03-1

03-2

美乃滋、海膽醬。

05-1

05-2

低筋麵粉、橄欖油 a。

05-3

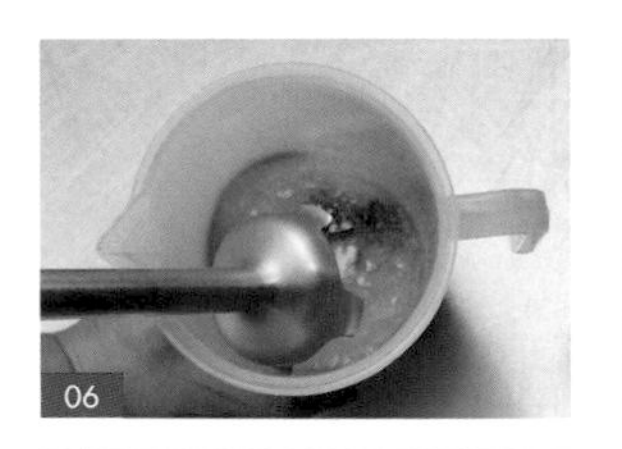
05-4

墨魚汁、水。

06

混合打勻。

07

墨魚蕾絲餅麵糊。

中卷以海鹽調味。

煎中卷。

西西里碳烤中卷與海膽醬佐芥藍菜泥製作動態影片 QRcode

橄欖油 c、培根條、蒜碎、甜豆仁。

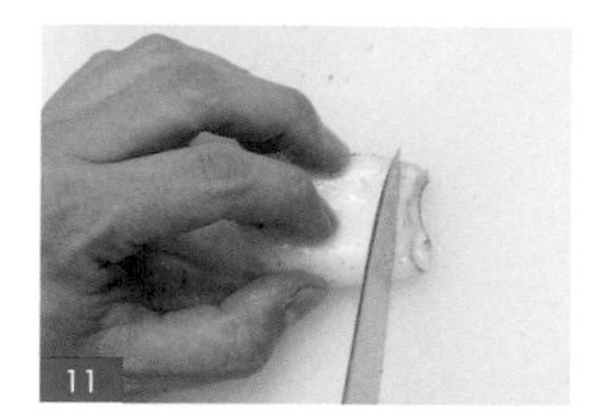

中卷切圈。

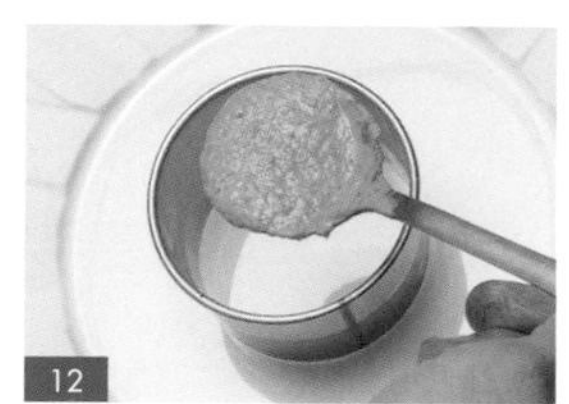

芥藍菜泥。

輕敲數下。

中卷圈。

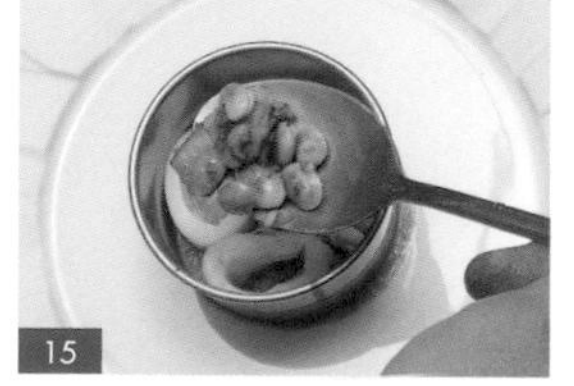

甜豆仁、培根條。

墨魚蕾絲餅。

海膽美乃滋。

擺盤。

- 燙芥藍菜時不用冰鎮，在攪碎時會更容易攪泥。
- 在煎中卷時，可不用放油，乾煎的味道會更香。

西西里龍蝦塔塔沙拉與玉米醬

Sicilian Lobster Salad with Corn Sauce

西西里龍蝦塔塔沙拉與玉米醬製作動態影片 QRcode

INGREDIENTS 材料

① 波士頓龍蝦 ……… 120 公克
② 馬士卡彭起司 ……… 30 公克
③ 瑞可達起司 ……… 30 公克
④ 黃檸檬（刨屑）……… 3 公克
⑤ 小茴香（切碎）……… 3 公克
⑥ 蘿蔔沙拉（小黃蘿蔔 1/2 支、小紅蘿蔔 1/2 支、山蘿蔔葉 2 朵）……… 適量（可視個人喜好調整）
⑦ 晚香玉筍 ……… 1 支
⑧ 紫地瓜脆片 ……… 1 片
（作法請參考 P.269。）

◆ 玉米醬

⑨ 橄欖油 ……… 適量
⑩ 洋蔥（切丁）……… 50 公克
⑪ 玉米 ……… 100 公克
⑫ 牛奶 ……… 400 公克
⑬ 細砂糖 ……… 適量
⑭ 海鹽 ……… 適量

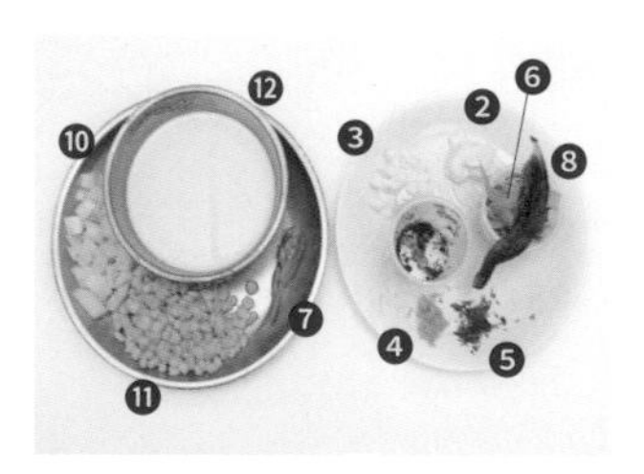

STEP BY STEP 步驟

前置作業

01 準備一個直徑 10 公分的圓形慕斯圈。

02 將小茴香洗淨切碎；洋蔥去皮切丁；刨下黃檸檬皮屑，備用。

玉米醬製作

03 在鍋中倒入適量的橄欖油，加入洋蔥丁、玉米，炒香後加入牛奶，煮滾，並倒入食物調理機打至泥狀。（註：須煮至玉米軟化，才能在絞碎時釋出甜味。）

04 以濾網為輔助，過濾雜質。

05 加入細砂糖、少許海鹽，拌勻，完成玉米醬製作。

龍蝦處理

06 將水煮滾後，放入波士頓龍蝦煮 8 分鐘後撈出，冰鎮，為龍蝦。

07 從龍蝦的身體轉開，取身體，預留頭部。

08 用剪刀剪開龍蝦兩側的硬殼，並撕開整層硬殼，取出龍蝦尾肉。

09 將龍蝦尾肉斜切，備用。

10 取龍蝦的頭部，拔除兩隻螯後，個別從關節處剪開，為龍蝦螯。

11 將龍蝦關節剪開一小部分，從側邊剪掉硬殼，取出龍蝦關節肉，備用。

12 用剪刀稍微剪開 A、B 兩點（如圖示），並用刀子敲開螯、與螯夾分開，取出龍蝦螯肉，備用。

13 將螯夾掰開，取出龍蝦螯夾肉，備用。（註：若螯夾較大，可用刀子敲開，再取出龍蝦螯夾肉。）

14 將龍蝦關節肉、龍蝦螯肉、龍蝦螯夾肉切碎，為龍蝦肉碎。

組合、盛盤

15 取一鋼盆，倒入龍蝦肉碎、馬士卡彭起司、瑞可達起司、黃檸檬皮屑、小茴香碎，拌勻，為龍蝦塔塔。

16 取一圓盤，倒入玉米醬，用湯匙底部在盤子上畫圈圈，以讓玉米醬變平整。

17 放上圓形慕斯圈，將龍蝦塔塔平鋪在圓形慕斯圈裡。

18 以鑷子夾取已斜切龍蝦尾肉，擺放在龍蝦塔塔上。

19 將蘿蔔沙拉、晚香玉筍，擺放在已斜切龍蝦尾肉上。

20 將圓形慕斯圈拿起，夾取紫地瓜脆片，平放在晚香玉筍上，擺盤完成，即可享用。

::: PROCESS :::

03-1

03-2

03-3

03-4

橄欖油、洋蔥丁、玉米、牛奶，打至泥狀。

04

濾除雜質。

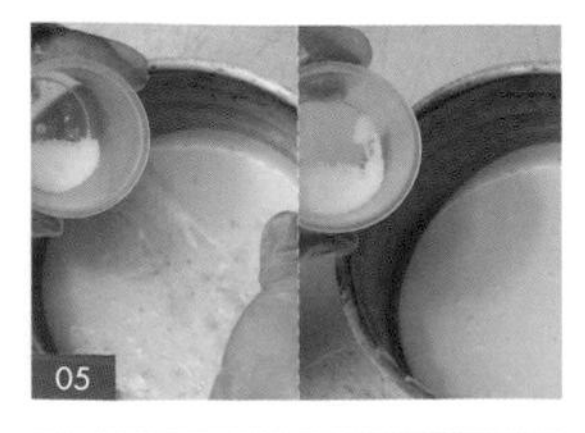
05

細砂糖、海鹽。

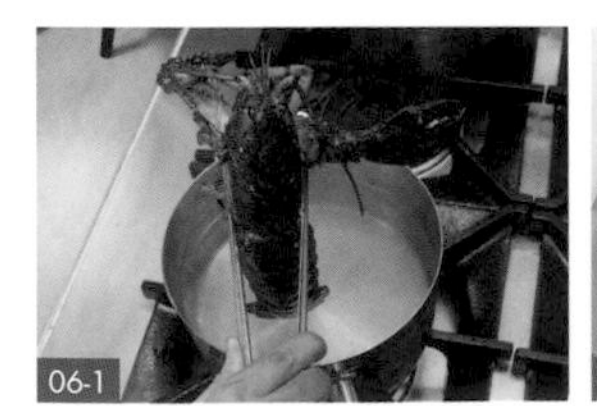
06-1

06-2

螯夾
螯
關節

煮波士頓龍蝦、冰鎮。

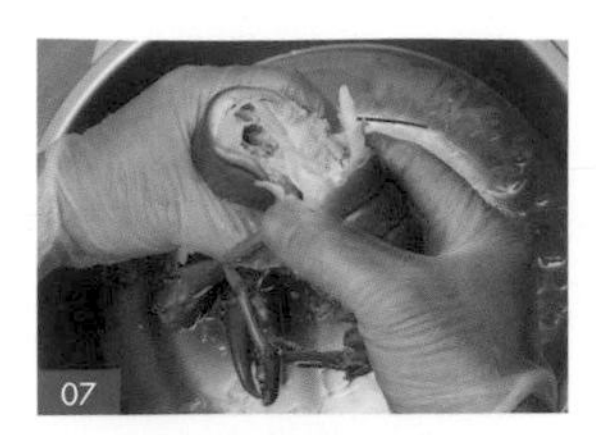

轉龍蝦身體。

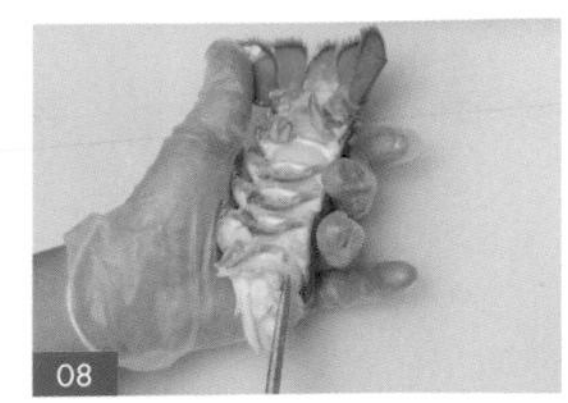

剪硬殼。

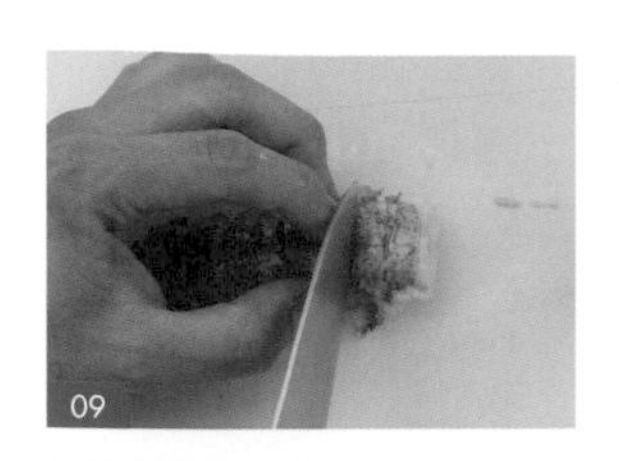

斜切龍蝦尾肉。

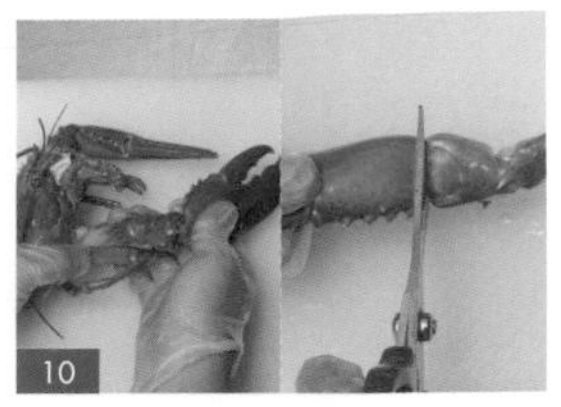

拔除螯、剪開關節處。

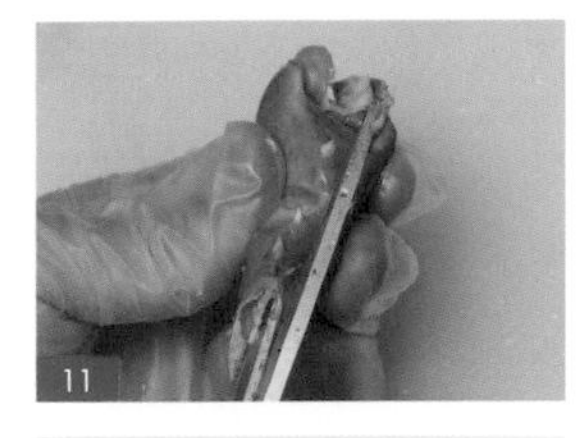

取龍蝦關節肉。

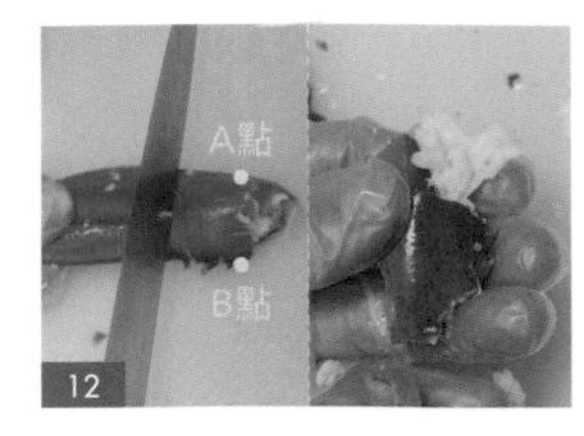

敲開螯、取螯肉。

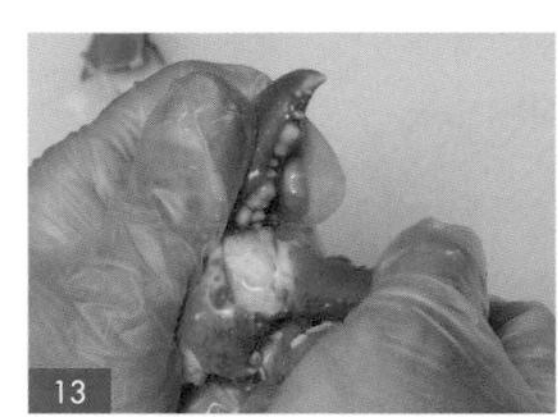

掰開螯夾。

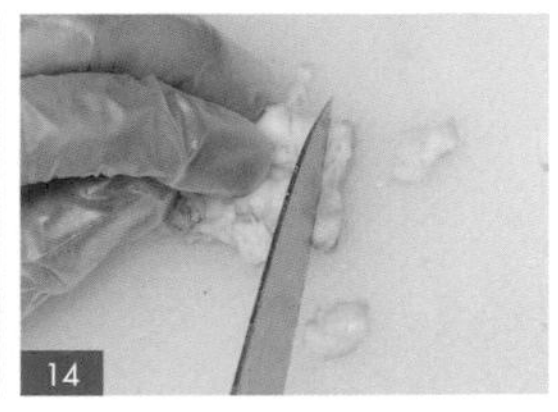

切碎龍蝦肉。

龍蝦肉碎、馬士卡彭起司、瑞可達起司、黃檸檬皮屑、小茴香碎。

玉米醬。

龍蝦塔塔。

已斜切龍蝦尾肉。

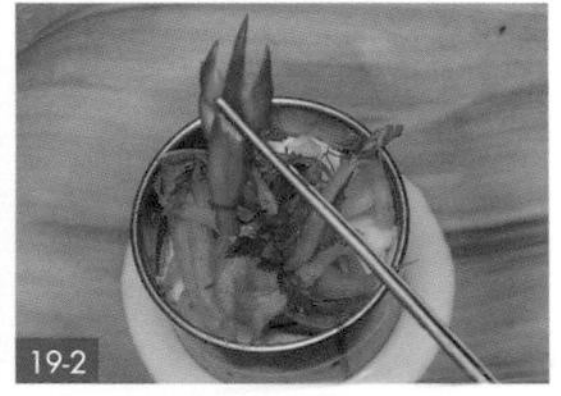

蘿蔔沙拉、晚香玉筍。

20

紫地瓜脆片。

出菜前，才能將材料混合在一起，不然容易出水。

馬德里嫩燉牛舌沙拉佐巴西里莎莎醬與黑蒜美乃滋

Madrid Beef Tongue Salad with Parsley Salsa and Black Garlic Mayonnaise

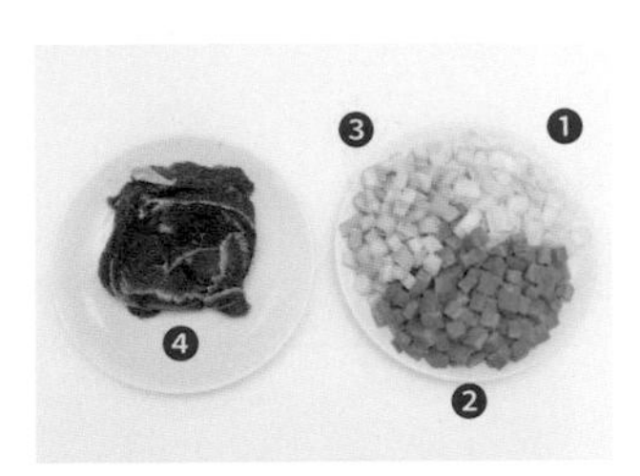

INGREDIENTS 材料

① 洋蔥（切丁）…… 120 公克
② 紅蘿蔔（切丁）…… 150 公克
③ 西芹（切丁）…… 200 公克
④ 牛舌 …… 120 公克
⑤ 無鹽奶油 …… 3 公克
⑥ 百里香 …… 1 支
⑦ 巴西里莎莎醬 …… 適量
（作法請參考 P.34。）
⑧ 綜合沙拉 …… 適量
⑨ 櫻桃蘿蔔（切片）…… 2 片
⑩ 糖果甜菜（切片）…… 1 片
⑪ 黑蒜美乃滋 …… 適量
（作法請參考 P.35。）

STEP BY STEP 步驟

前置作業

01 將洋蔥、紅蘿蔔去皮切丁；西芹洗淨切丁；櫻桃蘿蔔、糖果甜菜洗淨切片；牛舌、百里香洗淨。

02 將黑蒜美乃滋裝入塑膠罐中，後續會較易擠出圓點。

烹煮

03 準備一鍋水，倒入洋蔥丁、紅蘿蔔丁、西芹丁、牛舌，燉煮 1.5 小時後取出，拿走外面的舌苔。（註：將舌苔去除，使牛舌有軟嫩的口感。）

04 將牛舌切成 2 公分的厚度，為牛舌塊。

05 在另一空鍋，倒入無鹽奶油，搖晃鍋子使無鹽奶油融化，加入牛舌塊、百里香。

06 將牛舌塊煎至呈褐色，盛盤，備用。

馬德里嫩燉牛舌沙拉佐巴西里莎莎醬與黑蒜美乃滋製作動態影片 QRcode

盛盤

07 取圓盤，放上牛舌塊為底，再將另個牛舌塊斜放在側邊。

08 將巴西里莎莎醬舀起，以兩支湯匙修飾成橄欖球形後，放在牛舌塊上。

09 以些許綜合沙拉、櫻桃蘿蔔片、糖果甜菜片裝飾。

10 將黑蒜美乃滋以三角形的形狀，點綴在牛舌塊的兩側，即可享用。

::: PROCESS :::

洋蔥丁、紅蘿蔔丁、西芹丁、牛舌。

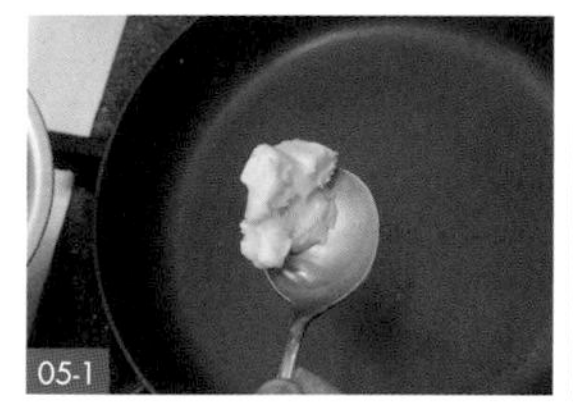

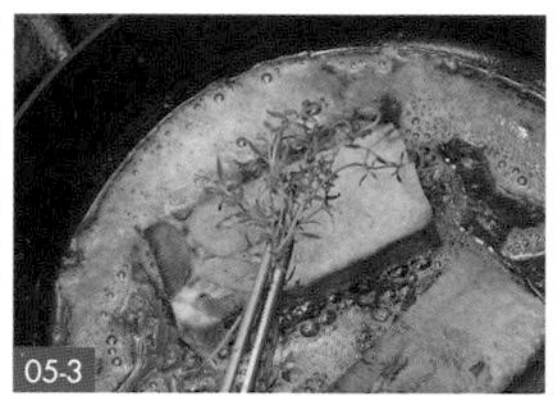

無鹽奶油、牛舌塊、百里香。

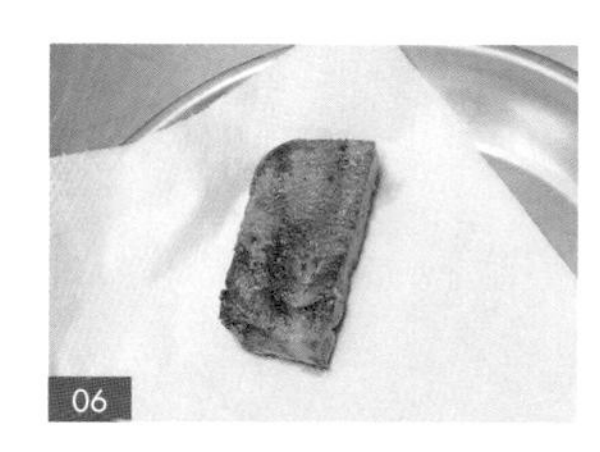

牛舌塊盛盤。

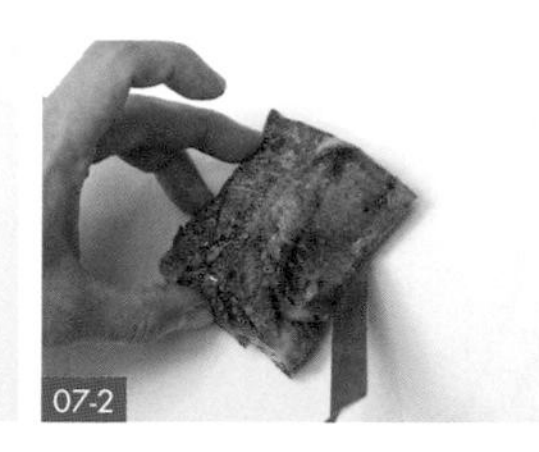

放上牛舌塊。

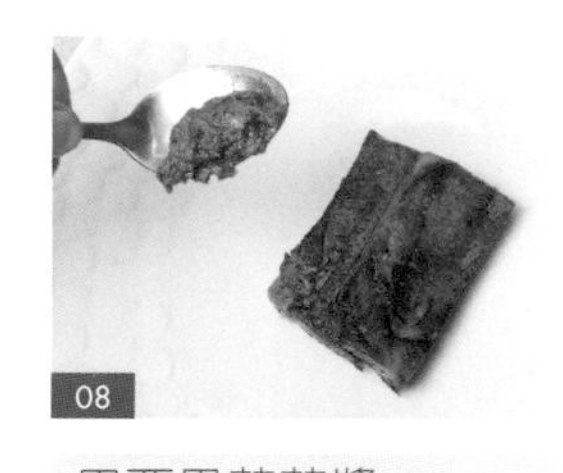

巴西里莎莎醬。

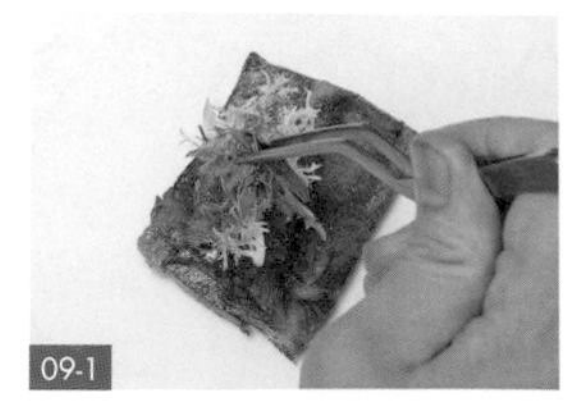

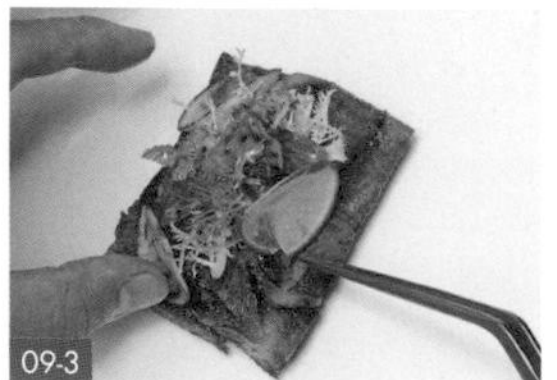

裝飾。

黑蒜美乃滋。

地中海炙燒鮪魚、番茄橄欖沙拉佐檸檬黃瓜醬

Pan-fried Tuna, Tomato Olive Salad with Lemon Cucumber Vinegar

INGREDIENTS 材料

① 聖女番茄 ……… 2 個
② 海鹽 ……… 適量
③ 細砂糖 ……… 適量
④ 胡椒粉 ……… 適量
⑤ 法國麵包（切丁）……… 3 個
⑥ 生食鮪魚 ……… 80 公克
⑦ 義大利黑醋 ……… 10 公克
⑧ 白芝麻 ……… 10 公克
⑨ 橄欖油 ……… 適量
⑩ 黃瓜羅勒醬 ……… 適量
（作法請參考 P.46。）
⑪ 切半小黃番茄 ……… 2 個
⑫ 對切黑橄欖 ……… 2 顆
⑬ 酸豆 ……… 5 顆
⑭ 雪豆苗 ……… 3 支

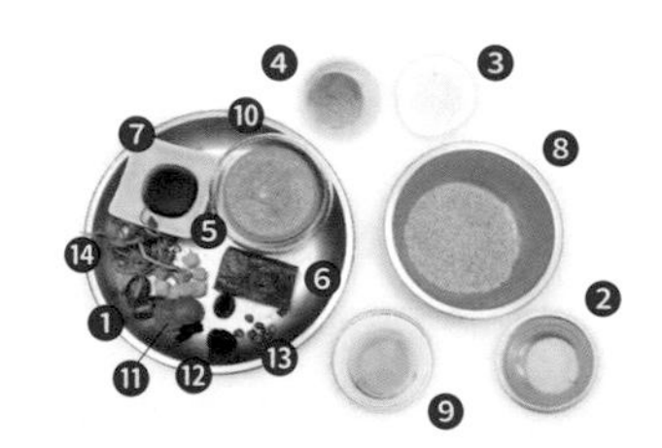

STEP BY STEP 步驟

前置作業

01 將聖女番茄對切加入少許海鹽、細砂糖、胡椒粉，放進烤箱，以上下火 120 度，烤 5 分鐘後取出，為風乾番茄。

02 將小黃番茄洗淨對切；風乾番茄、黑橄欖對切；雪豆苗、酸豆洗淨。

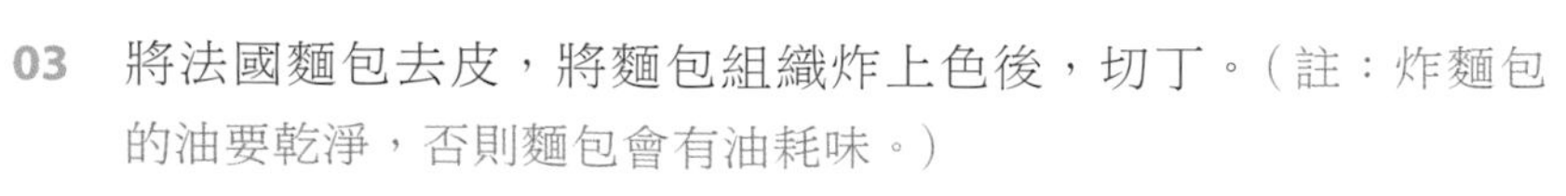

03 將法國麵包去皮，將麵包組織炸上色後，切丁。（註：炸麵包的油要乾淨，否則麵包會有油耗味。）

鮪魚塊烹煮

04 在生食鮪魚的四邊沾上義大利黑醋、白芝麻，為醃製鮪魚。

05 在鍋中倒入橄欖油，加入醃製鮪魚煎數分鐘，盛盤。（註：只須表面上色，中間保持生的部分，口感較佳。）

06 將醃製鮪魚切塊，為鮪魚塊。

地中海炙燒鮪魚、番茄橄欖沙拉佐檸檬黃瓜醬製作動態影片 QRcode

盛盤

07 取圓盤，倒入黃瓜羅勒醬，拿起盤底，用手由下往上拍數下，以讓醬汁變平整。

08 將鮪魚塊直排擺放在黃瓜羅勒醬上。

09 以鑷子夾取對切風乾番茄、對切小黃番茄，個別擺放在鮪魚塊的四個邊角。

10 夾取對切黑橄欖，擺放在兩種番茄之間。

11 夾取酸豆，擺放在黑橄欖兩側。

12 將法國麵包丁擺放在黃瓜羅勒醬上。

13 夾取雪豆苗擺放在鮪魚塊上，即可享用。

::: PROCESS :::

生食鮪魚、義大利黑醋、白芝麻。

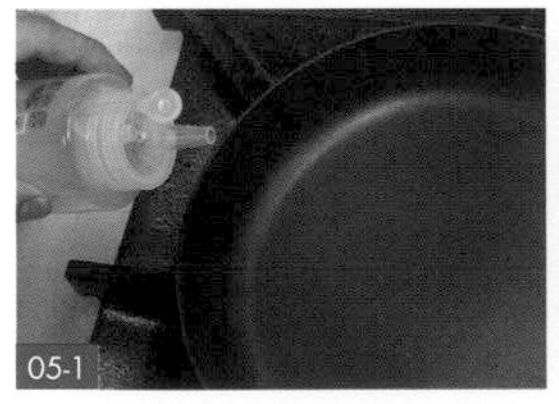

橄欖油、煎醃製鮪魚。

醃製鮪魚切塊。

黃瓜羅勒醬。

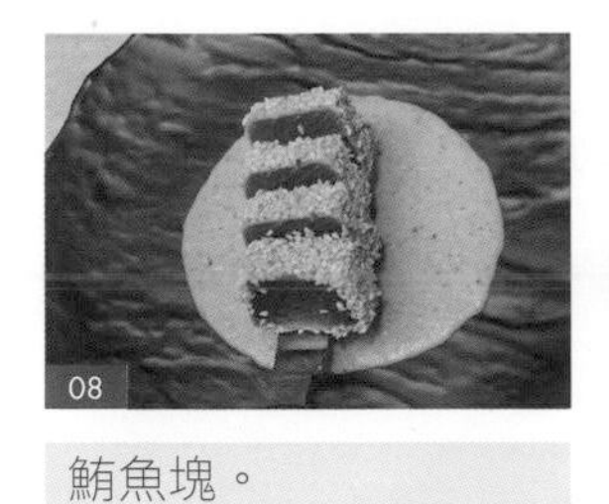

鮪魚塊。

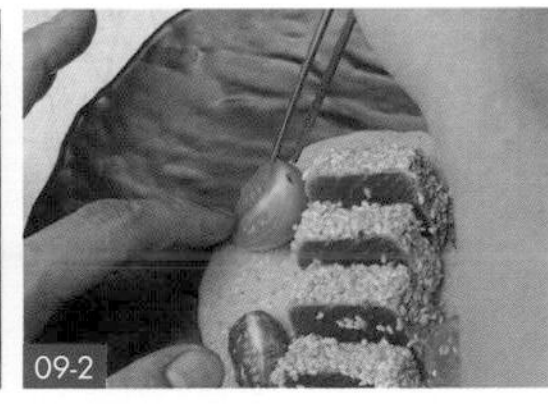

對切風乾番茄、對切小黃番茄。

對切黑橄欖。

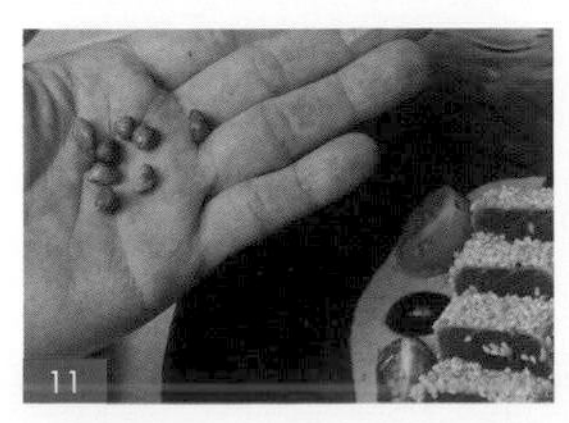

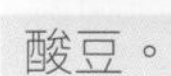

酸豆。

法國麵包丁。

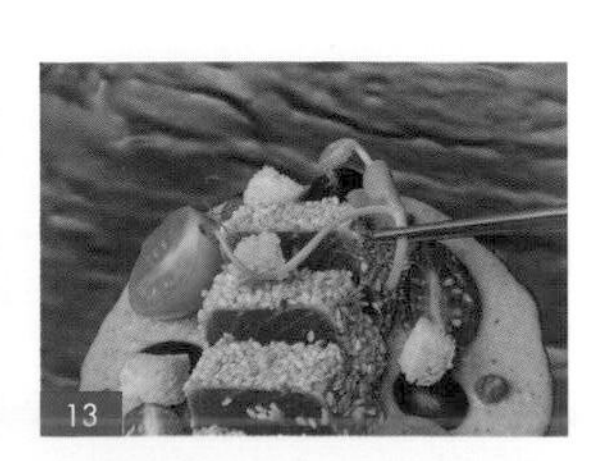

擺盤。

焗烤千層茄子與番茄醬汁

Roasted Eggplant with Tomato Sauce

INGREDIENTS 材料

①	羊乳酪	30 公克
②	摩扎瑞拉起司	10 公克
③	帕瑪森乳酪粉	10 公克
④	黃檸檬（刨屑）	5 公克
⑤	百里香（切碎）	5 公克
⑥	日本圓茄（切片）	150 公克
⑦	番茄醬汁	50 公克（作法請參考 P.38。）
⑧	綠捲鬚生菜	5 支
⑨	羅勒	2 片
⑩	食用花	少許

STEP BY STEP 步驟

前置作業

01 將日本圓茄去皮，切成 0.5 公分的片狀；百里香洗淨切碎；刨下黃檸檬皮屑；羅勒、綠捲鬚生菜、食用花洗淨。

焗烤千層茄子製作

02 在碗內倒入羊乳酪、摩扎瑞拉起司、帕瑪森乳酪粉、黃檸檬皮屑、百里香碎，拌勻，為起司內餡。

03 將起司內餡裝進擠花袋，並將內餡往裡面推，在尖端剪開一個小開口，將內餡推至切口處，備用。

04 在砧板上平鋪保鮮膜，依序疊放日本圓茄片。

焗烤千層茄子
與番茄醬汁
製作動態影片
QRcode

焗烤千層茄子製作

05 將起司內餡擠在日本圓茄片上。

06 捲起保鮮膜，包覆日本圓茄片，順勢捲成圓柱形，用刀子切開多餘的保鮮膜。

07 放進烤箱以上下火 180 度，烤 10 分鐘後出爐，以刀子切去焗烤千層茄子的頭尾，並去除保鮮膜，完成焗烤千層茄子製作。

盛盤

08 取圓盤，倒入番茄醬汁，拿起盤子，用手由下往上拍盤底，以讓醬汁變平整。

09 將焗烤千層茄子放在番茄醬汁上。

10 以鑷子夾取綠捲鬚生菜、羅勒、食用花，完成擺盤後，即可享用。

::: PROCESS :::

02-1

02-2

02-3

02-4

羊乳酪、摩扎瑞拉起司、帕瑪森乳酪粉、黃檸檬皮屑、百里香碎。

03-1

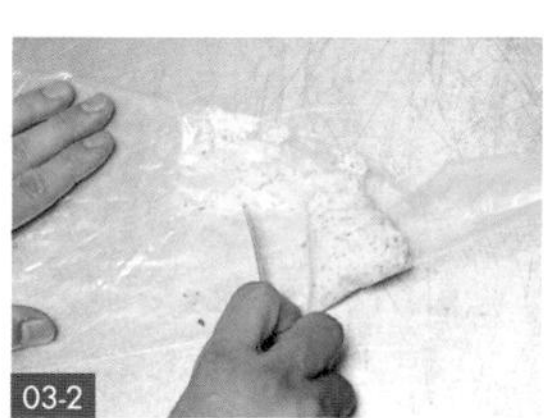
03-2

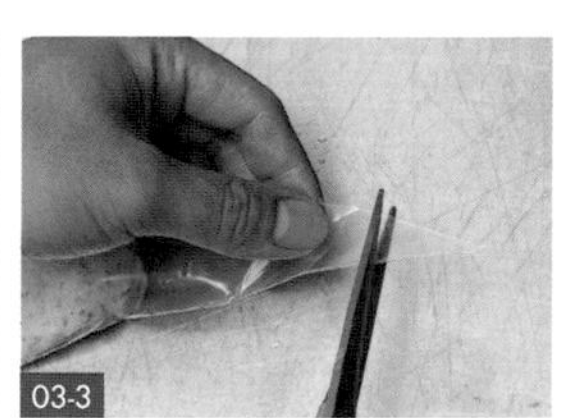
03-3

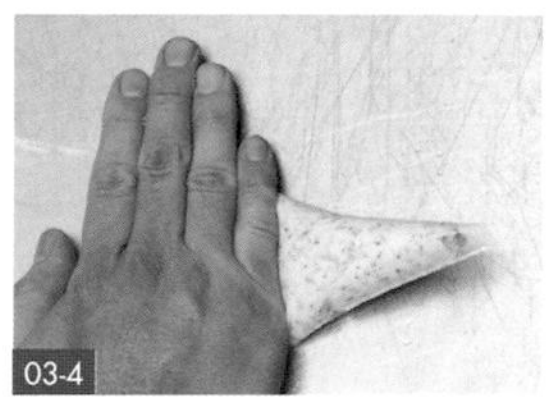
03-4

裝進擠花袋後將內餡往內推，剪開尖端並推至切口處。

04-1

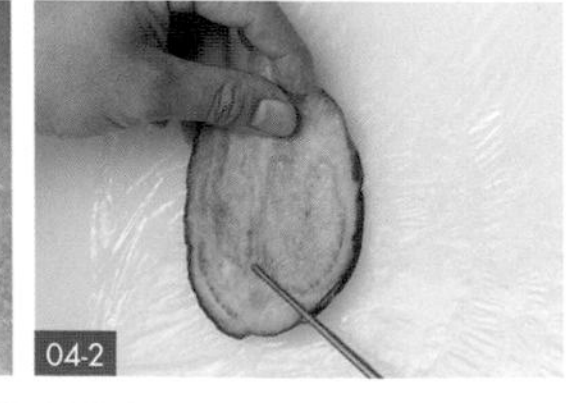
04-2

平鋪保鮮膜、日本圓茄片。

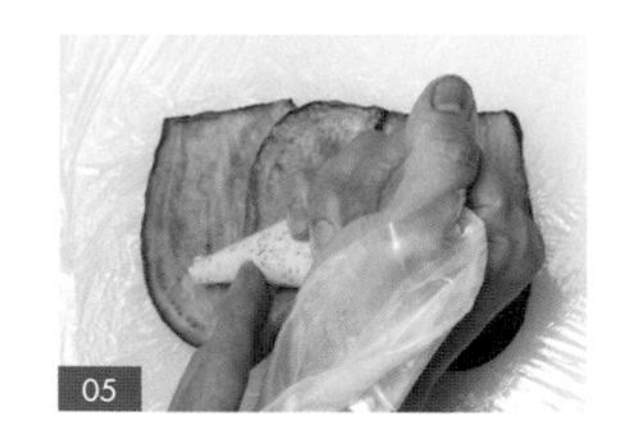
05

起司內餡。

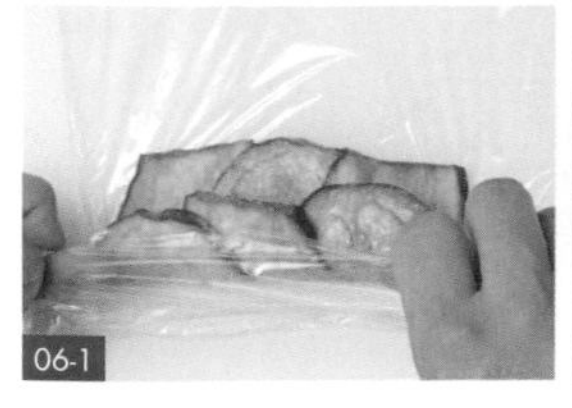

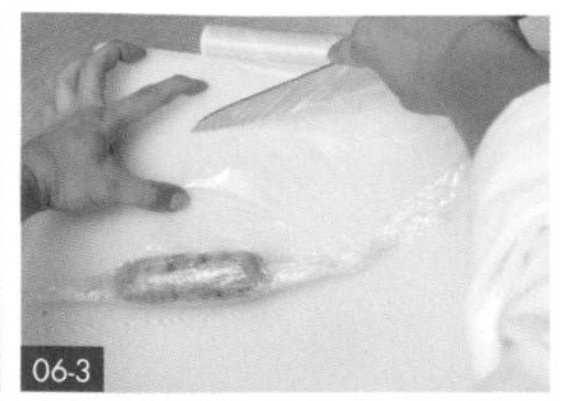

捲緊、切開保鮮膜。

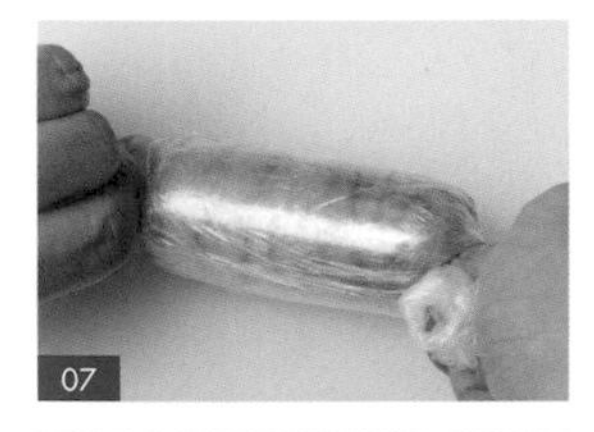

烤日本圓茄捲。

番茄醬汁、拍盤底。

焗烤千層茄子。

擺盤。

紅椒藜麥盅沙拉佐杏仁甜椒醬

Capsicum Quinoa Salad with Almond Sauce

紅椒藜麥盅沙拉佐杏仁甜椒醬製作動態影片 QRcode

INGREDIENTS 材料

① 鹽水 …… 適量
② 熟藜麥 …… 60 公克
③ 核桃碎 …… 20 公克
④ 黃檸檬汁 …… 10 公克
⑤ 橄欖油 a …… 20 公克
⑥ 奶油起司（常溫軟化）…… 40 公克
⑦ 紅甜椒罐頭 …… 65 公克
⑧ 紅甜椒醬汁 …… 適量（作法請參考 P.36。）
⑨ 醃漬朝蘇薊 …… 40 公克
⑩ 芝麻葉 …… 5 支
⑪ 綠捲鬚生菜 …… 5 支
⑫ 橄欖油 b …… 適量

STEP BY STEP 步驟

前置作業

01 將奶油起司放置常溫軟化。

02 將藜麥以鹽水煮 12 分鐘後取出，冷卻。（註：冷卻後才能混合其他食材，否則很容易壞掉。）

03 將芝麻葉、綠捲鬚生菜洗淨。

藜麥餡製作

04 在碗內倒入藜麥、核桃碎、黃檸檬汁、橄欖油 a、奶油起司，拌勻，為藜麥餡。

05 將藜麥餡放入擠花袋，打單結後，在尖端剪一個小開口，備用。

組合、盛盤

06 將藜麥餡填入紅甜椒罐頭內，約 8 分滿。

07 將紅甜椒醬汁直線淋在盤子上，放上紅甜椒。

08 在紅甜椒罐頭上方擺放醃漬朝鮮薊。

09 將芝麻葉、綠捲鬚生菜較嫩的部位，均勻擺放在四周。（註：可取生菜中心處。）

10 將橄欖油 b 淋在表面，完成擺盤，即可享用。

::: PROCESS :::

藜麥、核桃碎、黃檸檬汁、橄欖油 a、奶油起司。

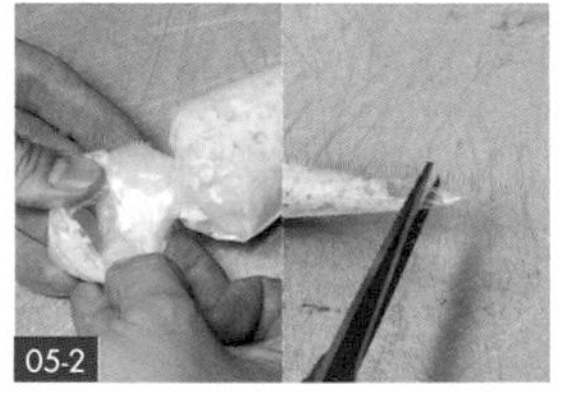

放入擠花袋後打結，並剪一小開口。

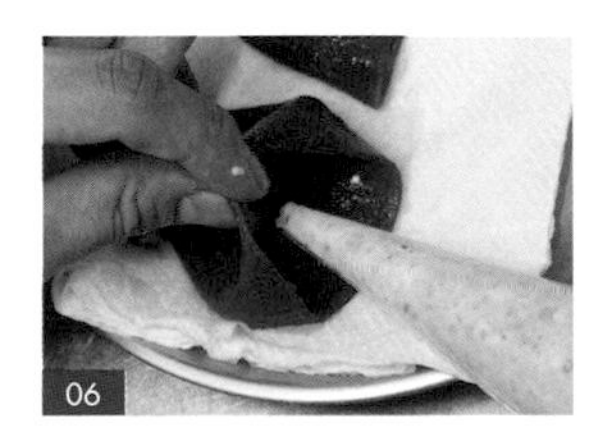

填入藜麥餡。

紅甜椒醬汁、紅甜椒。

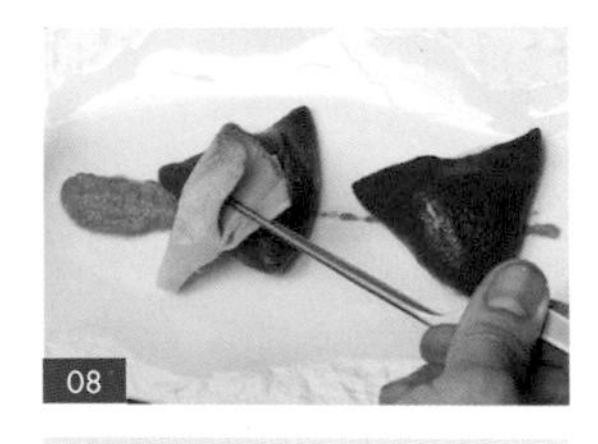

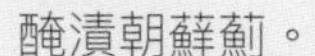

醃漬朝鮮薊。

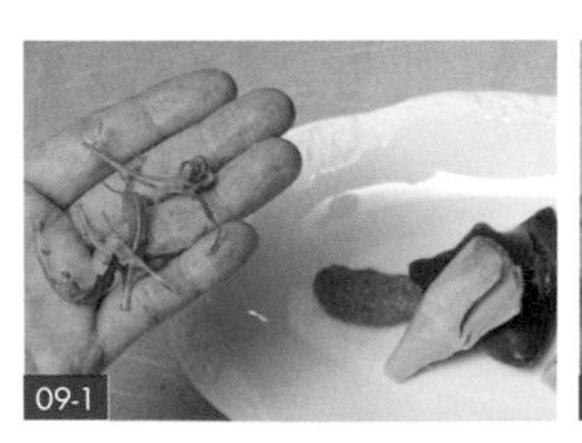

擺盤。

10

淋橄欖油 b。

出餐前，可以進烤箱烤一下，讓食材微溫，之後吃起來的味道會更好。

CHAPTER. **FOUR**

經典主廚例湯

Classic Chef's Soup

::: 經典主廚例湯 CLASSIC CHEF'S SOUP :::

義式番茄麵包濃湯

Cream of Tomato Bread Soup

義式番茄麵包濃湯製作動態影片 QRcode

INGREDIENTS 材料

① 橄欖油 ⋯⋯ 適量
② 蒜頭（切碎）⋯⋯ 20 公克
③ 洋蔥（切碎）⋯⋯ 120 公克
④ 番茄糊 ⋯⋯ 30 公克
⑤ 牛番茄（切丁）⋯⋯ 600 公克
⑥ 雞高湯 ⋯⋯ 300 公克
⑦ 百里香 ⋯⋯ 6 支
⑧ 動物性鮮奶油 a ⋯ 100 公克
⑨ 歐式麵包 ⋯⋯ 1 個
⑩ 動物性鮮奶油 b ⋯⋯ 適量
⑪ 風乾番茄 ⋯⋯ 8 公克
（作法請參考 P.106。）

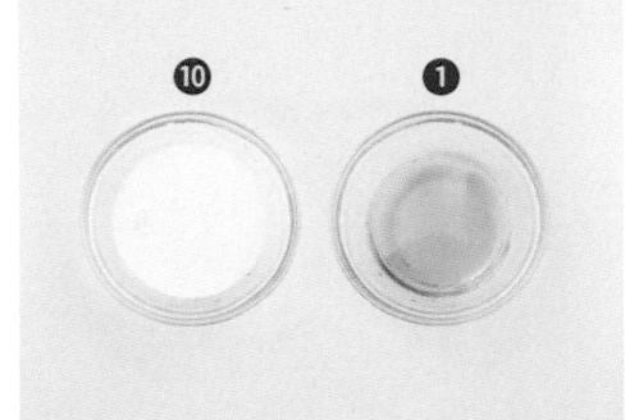

STEP BY STEP 步驟

前置作業

01 將蒜頭、洋蔥去皮切碎；牛番茄洗淨切丁。

02 將百里香洗淨，備用。（註：可用棉繩綁起來，較易取出。）

03 歐式麵包切開 1/6 處，送進烤箱以上下火 180 度烘烤 5 分鐘，將麵包體烤乾，備用。（註：建議選用歐式圓形麵包體，裝湯時較不易破裂。）

番茄濃湯製作

04 在鍋中倒入橄欖油、蒜碎、洋蔥碎，爆香。

05 加入番茄糊，拌炒均勻。

06 倒入牛番茄丁、雞高湯、百里香，燉煮 30 分鐘。

07 取出百里香，將鍋中食材倒入食物調理機，打至泥狀。

08 移至爐上加熱，一邊攪拌一邊倒入動物性鮮奶油 a，離火，盛盤，為番茄濃湯。

組合、盛盤

09 取一圓盤，放上歐式麵包，並倒入番茄濃湯。

10 淋上些許動物性鮮奶油 b 作為點綴。

11 以鑷子夾取風乾番茄，擺放在番茄濃湯上，完成擺盤，即可享用。（註：可在盤子內放入聖女番茄，作為點綴。）

::: PROCESS :::

橄欖油、蒜碎、洋蔥碎。

番茄糊。

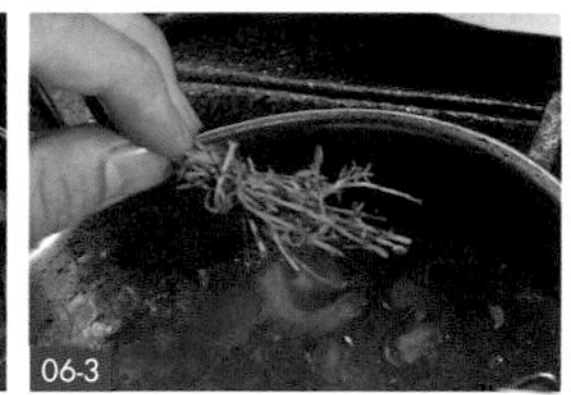

牛番茄丁、雞高湯、百里香。

取出百里香，打至泥狀。

倒入動物性鮮奶油 a。

歐式麵包、番茄濃湯。

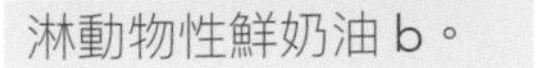

淋動物性鮮奶油 b。

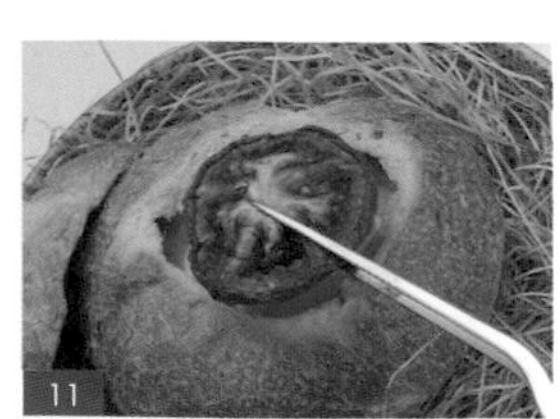

風乾番茄。

奶油甜豆仁濃湯佐水波蛋與魚子醬

Creamy Green Peas Soup with Poached Egg and Caviar

INGREDIENTS 材料

① 水	1000 公克
② 白醋	100 公克
③ 海鹽 a	10 公克
④ 全蛋	1 顆
⑤ 橄欖油	30 公克
⑥ 蒜頭（切碎）	30 公克
⑦ 洋蔥（切碎）	50 公克
⑧ 月桂葉	2 片
⑨ 百里香	2 支
⑩ 馬鈴薯（切片）	240 公克
⑪ 雞高湯	200 公克
⑫ 青豆仁	300 公克
⑬ 薄荷	10 公克
⑭ 動物性鮮奶油	100 公克
⑮ 海鹽 b	適量
⑯ 胡椒粉	適量
⑰ 魚子醬	5 公克
⑱ 金箔（裝飾）	適量

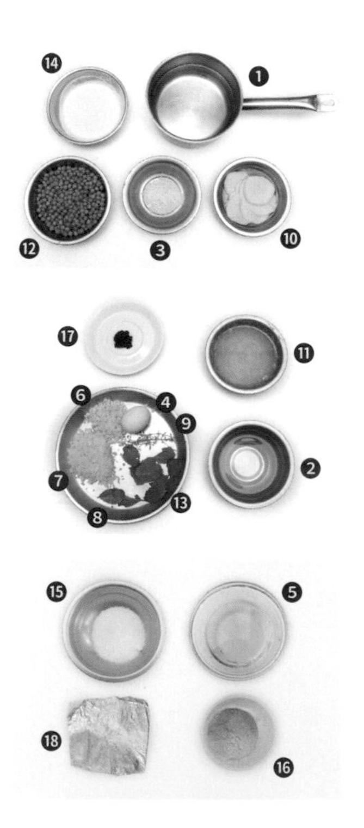

奶油甜豆仁濃湯佐水波蛋與魚子醬製作動態影片 QRcode

STEP BY STEP 步驟

前置作業

01 將洋蔥、蒜頭去皮切碎；馬鈴薯去皮切片。（註：烹煮前，可讓馬鈴薯先泡水，以防氧化變黑。）

02 將月桂葉、百里香、薄荷洗淨；月桂葉及百里香用棉繩綁住，為香料束。（註：較方便取出香料。）

水波蛋製作

03 將水加熱至 65 度，倒入白醋、海鹽 a，拌勻。

04 一邊在水中攪拌，一邊打入全蛋，讓全蛋能成形，1 分鐘後撈起，為水波蛋，備用。（註：在攪拌過程中，須注意不要碰到蛋，以免讓整顆蛋散掉。）

青豆湯製作

05 在鍋中倒入橄欖油，加入蒜碎、洋蔥碎、香料束、馬鈴薯片、雞高湯，燉煮 8 分鐘至馬鈴薯軟爛。

06 加入青豆仁、薄荷，稍微拌勻。

07 取出香料束。

08 將鍋中食材倒入食物調理機稍微攪打後，加入動物性鮮奶油，打至泥狀。

09 以濾網為輔助，濾除雜質。

10 移至爐中加熱，加入少許海鹽 b、胡椒粉，攪拌均勻後，即完成青豆湯製作。

組合、盛盤

11 取一圓盤，倒入青豆湯。

12 將水波蛋放在青豆湯上。

13 以挖球器挖一勺魚子醬放在水波蛋上。

14 以鑷子夾取金箔，擺放在魚子醬上作為裝飾，即可享用。

::: PROCESS :::

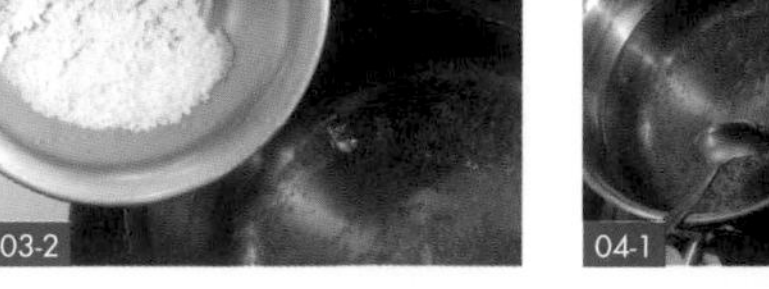

水、白醋、海鹽 a。

煮水波蛋。

橄欖油、蒜碎、洋蔥碎、香料束。

馬鈴薯片、雞高湯。

青豆仁、薄荷。

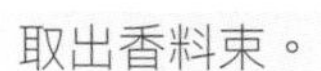
取出香料束。

倒入鍋中食材、動物性鮮奶油。

09

濾除雜質。

海鹽 b、胡椒粉。

水波蛋。

魚子醬。

金箔。

- 當青豆湯如果沒有馬上食用，建議冰鎮，以防變色。
- 水波蛋的外型如果不夠圓，可用剪刀修飾。
- 煮水波蛋的水不能煮沸，不然蛋會有坑洞，不會光滑、漂亮。

普利亞鄉村蔬菜湯

Puglia Minestrone Soup

普利亞鄉村蔬菜湯製作動態影片 QRcode

INGREDIENTS 材料

① 橄欖油 …… 30 公克
② 洋蔥（切丁）…… 50 公克
③ 紅蘿蔔（切丁）…… 30 公克
④ 月桂葉 …… 2 片
⑤ 西芹（切丁）…… 30 公克
⑥ 南瓜（切丁）…… 120 公克
⑦ 海鹽 …… 適量
⑧ 雞高湯 …… 500 公克
⑨ 高麗菜（切片）…… 30 公克
⑩ 馬鈴薯（切丁）…… 240 公克
⑪ 甜豆仁 …… 30 公克
⑫ 熱那亞青醬 …… 30 公克（作法請參考 P.47。）
⑬ 菠菜（切段）…… 50 公克

STEP BY STEP 步驟

前置作業

01 將洋蔥、紅蘿蔔、馬鈴薯、南瓜去皮切丁；將西芹洗淨切丁；高麗菜洗淨切片，備用。（註：切蔬菜丁若大小一致，整體菜餚會大大加分。）

02 將月桂葉、甜豆仁洗淨；菠菜洗淨切段，備用。

蔬菜湯製作

03 在鍋中倒入橄欖油加熱，依序加入洋蔥丁、紅蘿蔔丁、月桂葉、西芹丁、南瓜丁，拌炒。

04 加入海鹽、雞高湯、高麗菜片、馬鈴薯丁、甜豆仁、熱那亞青醬、菠菜段，煮滾。

05 盛盤，即可享用。（註：盛盤前，須將月桂葉撈出。）

::: PROCESS :::

橄欖油、洋蔥丁、紅蘿蔔丁。

月桂葉、西芹丁、南瓜丁。

海鹽、雞高湯、高麗菜片。

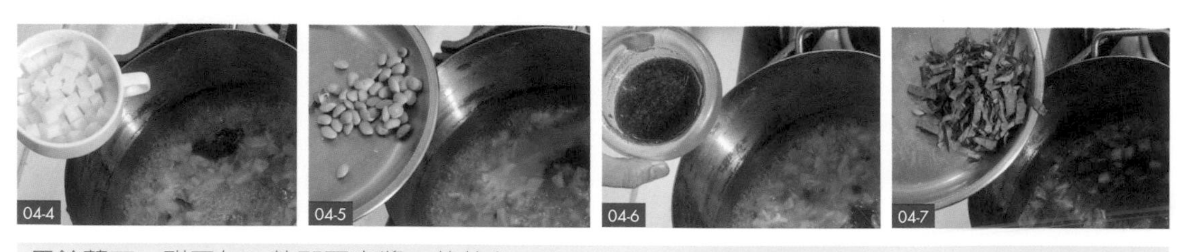

馬鈴薯丁、甜豆仁、熱那亞青醬、菠菜段。

風乾伊比利火腿與奶油洋蔥湯

Creamy Onion Soup with Iberico Ham

風乾伊比利火腿與奶油洋蔥湯製作動態影片 QRcode

INGREDIENTS 材料

① 橄欖油	適量	⑦ 雞高湯	200 公克
② 蒜頭（切碎）	20 公克	⑧ 馬鈴薯（切片）	240 公克
③ 月桂葉	1 片	⑨ 動物性鮮奶油	80 公克
④ 百里香	1 支	⑩ 無鹽奶油	20 公克
⑤ 洋蔥（切丁）	30 公克	⑪ 伊比利火腿（對切）	1 片
⑥ 海鹽	適量	⑫ 山蘿蔔葉	適量

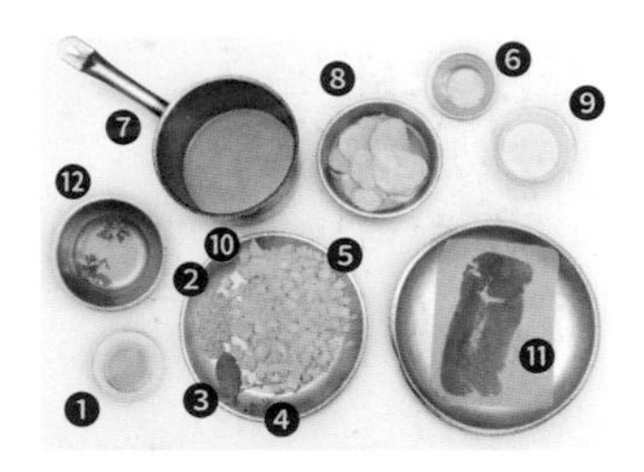

STEP BY STEP 步驟

前置作業

01 將烘焙紙平鋪在烤盤上，並將伊比利火腿放上烘焙紙，以上下火 150 度，烘烤 8 分鐘至酥脆，對切，備用。

02 將洋蔥去皮切丁；馬鈴薯去皮切片；蒜頭去皮切碎；山蘿蔔葉洗淨，備用。

03 將月桂葉、百里香洗淨，用棉繩綁在一起，為香料束。（註：較方便取出香料。）

奶油洋蔥湯製作

04 取一空鍋，倒入橄欖油、蒜碎，爆香。

05 加入香料束、洋蔥丁，拌炒。（註：不能將洋蔥炒上色，否則會影響湯品的顏色。）

06 加入少許海鹽、雞高湯、馬鈴薯片。

07 煮至馬鈴薯變軟，再以鑷子夾起香料束，並將鍋中的材料倒入食物調理機中，稍微攪打均勻後，打開蓋子，加入動物性鮮奶油。

08 攪打數分鐘後，加入無鹽奶油，打至濃稠狀，盛盤。

組合、盛盤

09 將湯倒入盤中。

10 將對切伊比利火腿脆片擺放在湯上。

11 將山蘿蔔葉擺放在伊比利火腿脆片上，即可享用。

::: PROCESS :::

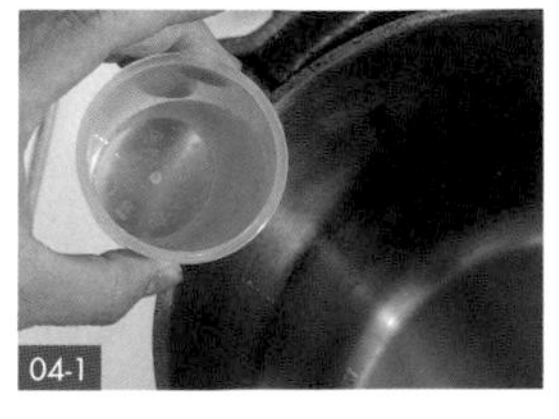
04-1

04-2

橄欖油、蒜碎。

05-1

05-2

香料束、洋蔥丁。

06-1

06-2

06-3

海鹽、雞高湯、馬鈴薯片。

07-1

07-2

07-3

取出香料束，再倒入鍋中食材、動物性鮮奶油。

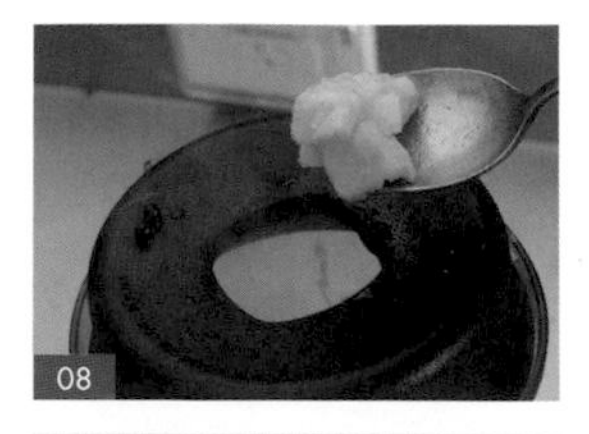
08

無鹽奶油。

09

倒入湯。

10

對切伊比利火腿脆片。

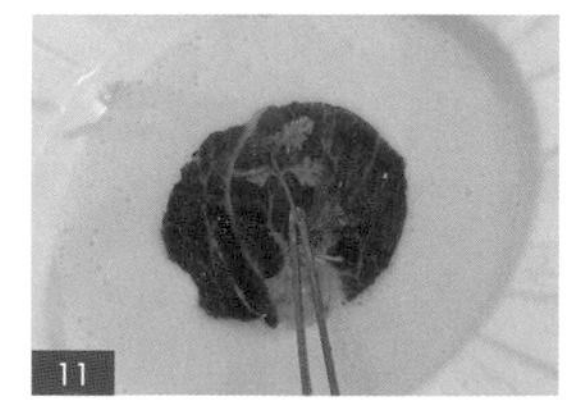
11

擺盤。

當伊比利火腿受潮軟化，可以放回烤箱，再次烤乾。

::: 經典主廚例湯 CLASSIC CHEF'S SOUP :::

松露卡布奇諾蘑菇湯

Truffle Cappuccino Mushroom Soup

在義大利廚師們的嘗試下，傳統的烹飪法已然被顛覆。在傳統義大利餐廳內，卡布奇諾不再只是一種咖啡的名稱，還可以成為一道前湯，搭配麵包一起，給人一種經典卻不失新意的味覺體驗。卡布奇諾咖啡是義大利人的一大發明，與一般的咖啡不同，它由義大利特濃咖啡和蒸汽泡沫牛奶相混合而成。卡布奇諾的得名，將卡布奇諾入菜，並非是將卡布奇諾咖啡倒入湯中，而是在湯的上面也蓋上一層奶泡，令其口感更具層次。

INGREDIENTS 材料

① 橄欖油 …… 30 公克
② 洋蔥（切碎） …… 120 公克
③ 月桂葉 …… 2 片
④ 百里香 …… 2 支
⑤ 蒜苗（取中段處切段） …… 1 支
⑥ 蘑菇（切片） …… 30 公克
⑦ 香菇（切片） …… 30 公克
⑧ 杏鮑菇（切片） …… 30 公克
⑨ 雞高湯 …… 300 公克
⑩ 馬鈴薯（切片） …… 240 公克
⑪ 動物性鮮奶油 …… 120 公克
⑫ 海鹽 …… 適量
⑬ 胡椒粉 …… 適量
⑭ 麵包片 …… 1 片
⑮ 松露（刨絲） …… 3 公克
⑯ 牛奶 …… 50 公克
⑰ 豆蔻粉（裝飾） …… 適量

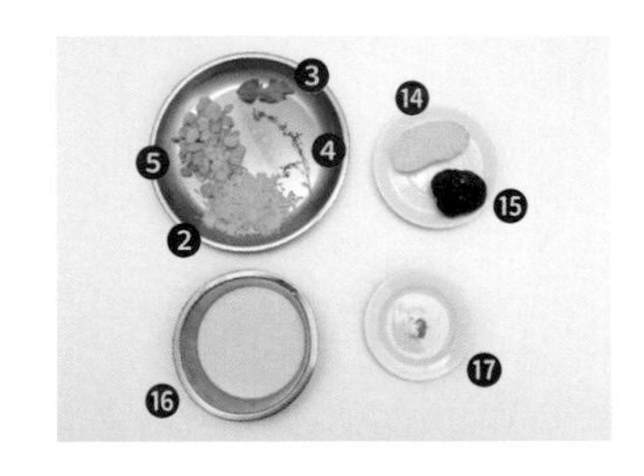

STEP BY STEP 步驟

前置作業

01 將洋蔥去皮切碎；蒜苗切中段；蘑菇、香菇、杏鮑菇洗淨切片；馬鈴薯去皮切片。

02 將月桂葉、百里香洗淨，並以棉繩綁住，為香料束，備用。（註：較方便取出香料。）

松露卡布奇諾蘑菇湯製作動態影片 QRcode

蘑菇湯製作

03 在鍋中倒入橄欖油，加入洋蔥碎、香料束、蒜苗中段，拌炒。

04 加入蘑菇片、香菇片、杏鮑菇片炒至金黃色。

05 倒入雞高湯、馬鈴薯片，燉煮 15 分鐘至馬鈴薯完全軟化後，撈起 2 匙蔬菜，取出香料束。

06 將鍋中剩餘的材料倒入食物調理機，稍微攪打後，打開蓋子加入動物性鮮奶油，打至細泥狀後，倒入鍋中。（註：加入動物性鮮奶油可讓湯品的口感更綿密。）

07 移至爐上加熱，加入少許海鹽、胡椒粉拌勻後，離火，為蘑菇湯，備用。

組合、盛盤

08 在空盤中放入麵包片，並在麵包片上放上步驟 5 撈出的蔬菜。

09 在蔬菜上方，將松露刨成絲，為麵包松露，備用。

10 將牛奶加熱至沸騰，用電動攪拌棒攪至出現濃密的泡沫，為奶泡。

11 將蘑菇湯倒入馬克杯內。（註：約 8 分滿。）

12 將奶泡放在蘑菇湯上方，並撒上豆蔻粉。

13 將麵包松露平放在馬克杯的杯緣，完成擺盤，即可享用。

::: PROCESS :::

橄欖油、洋蔥碎、香料束、蒜苗中段。

蘑菇片、香菇片、杏鮑菇片。

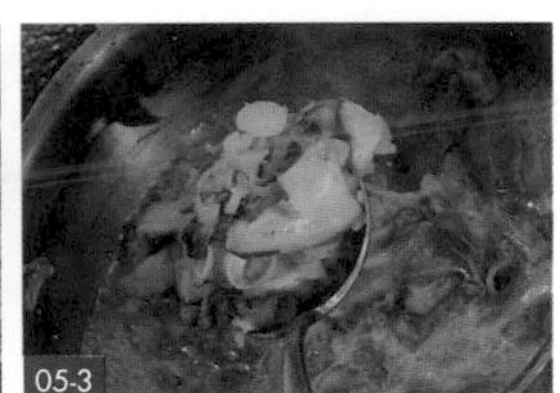

雞高湯、馬鈴薯片，撈起 2 匙蔬菜。

倒入鍋中剩餘食材、動物性鮮奶油。

海鹽、胡椒粉。

放上蔬菜。

松露刨絲。

打牛奶泡沫。

倒蘑菇湯。

奶泡、豆蔻粉。

打牛奶泡沫時，杯子要敲一下，讓杯內的泡沫更細緻，口感會更好。

::: 經典主廚例湯 CLASSIC CHEF'S SOUP :::

馬賽龍蝦漁夫湯

Bouillabaisse Lobster Soup

馬賽龍蝦漁夫湯製作動態影片 QRcode

INGREDIENTS 材料

① 橄欖油 a …… 適量
② 乾蔥（切碎）…… 20 公克
③ 洋蔥（切碎）…… 120 公克
④ 月桂葉 …… 2 片
⑤ 蒜苗（取中段處切段）…… 20 公克
⑥ 紅蘿蔔（切丁）…… 50 公克
⑦ 番茄糊 …… 50 公克
⑧ 低筋麵粉 …… 50 公克
⑨ 白蘭地 …… 30 公克
⑩ 義大利番茄罐頭 …… 300 公克
⑪ 蛤蜊汁 …… 200 公克
⑫ 無鹽奶油（切塊）…… 50 公克
⑬ 動物性鮮奶油 …… 120 公克
⑭ 橄欖油 b …… 適量
⑮ 對切聖女番茄 …… 15 公克
⑯ 甜豆仁 …… 10 公克
⑰ 海鹽 …… 適量
⑱ 熟波士頓龍蝦 …… 1/2 隻
⑲ 櫻桃蘿蔔（切片後裝飾）…… 適量
⑳ 山蘿蔔葉（裝飾）…… 適量

STEP BY STEP 步驟

前置作業

01 將無鹽奶油放置常溫軟化，切塊。

02 將乾蔥、洋蔥去皮切碎；蒜苗切中段；紅蘿蔔去皮切丁；聖女番茄洗淨對切；櫻桃蘿蔔洗淨切片。

03 將月桂葉、甜豆仁、山蘿蔔葉洗淨，備用。

番茄海鮮湯製作

04 在鍋中倒入橄欖油 a，加入乾蔥碎、洋蔥碎、月桂葉、蒜苗中段、紅蘿蔔丁，拌炒。

05 倒入番茄糊、低筋麵粉、白蘭地，炒香。

06 加入義大利番茄罐頭後，一邊攪拌一邊倒入蛤蜊汁，燉煮至沸騰，離火，為番茄海鮮湯，備用。

烹煮、盛盤

07 將番茄海鮮湯中的月桂葉取出，倒入食物調理機並稍微攪打後，打開蓋子，加入無鹽奶油塊、動物性鮮奶油，關上蓋子，打至濃稠狀，盛盤，為番茄海鮮濃湯。

08 在鍋中倒入橄欖油 b，放入對切聖女番茄、甜豆仁、少許海鹽，稍微拌炒後盛盤。

09 波士頓龍蝦處理完成後，將波士頓龍蝦肉切塊，為龍蝦肉塊。（註：波士頓龍蝦處理的作法請參考 P.100。）

10 取一圓盤，以鑷子夾取龍蝦肉塊，擺放在圓盤上。

11 將對切聖女番茄斜放在龍蝦肉塊上。

12 將甜豆仁擺放在龍蝦肉塊的四周。

13 將番茄海鮮濃湯沿著圓盤的外圍倒入盤中。

14 以鑷子夾取櫻桃蘿蔔片、山蘿蔔葉裝飾，擺盤完成後即可享用。

::: PROCESS :::

04-1

04-2

04-3

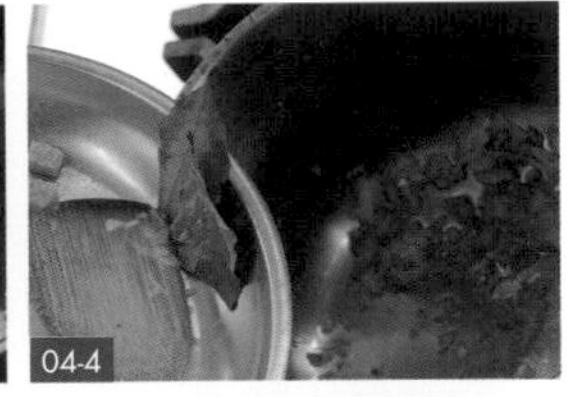
04-4

橄欖油 a、乾蔥碎、洋蔥碎、月桂葉。

04-5

蒜苗中段、紅蘿蔔丁。

05-1

05-2

05-3

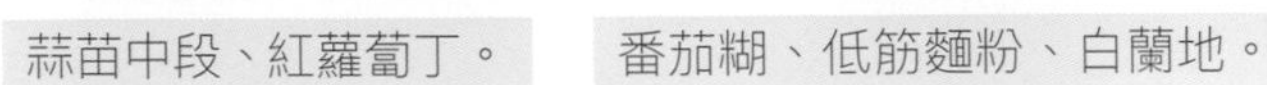
番茄糊、低筋麵粉、白蘭地。

06-1

06-2

義大利番茄罐頭、蛤蜊汁。

取出月桂葉、倒入番茄海鮮湯、無鹽奶油塊、動物性鮮奶油。

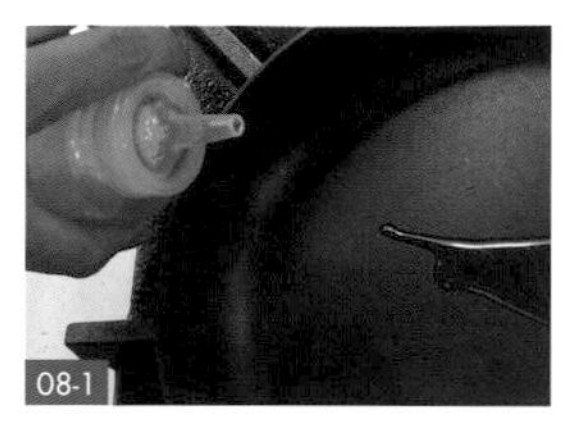

橄欖油 b、對切聖女番茄、甜豆仁、海鹽。

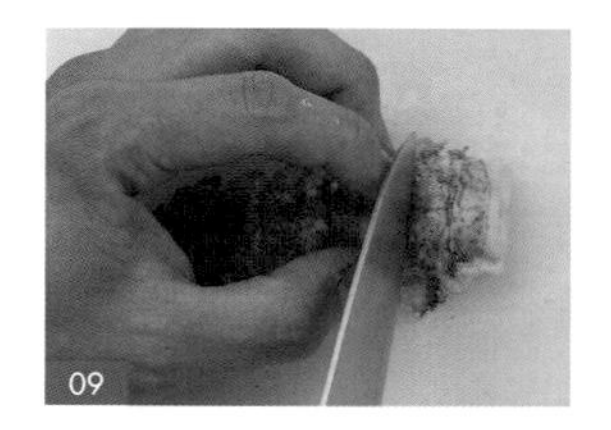

龍蝦肉切塊。

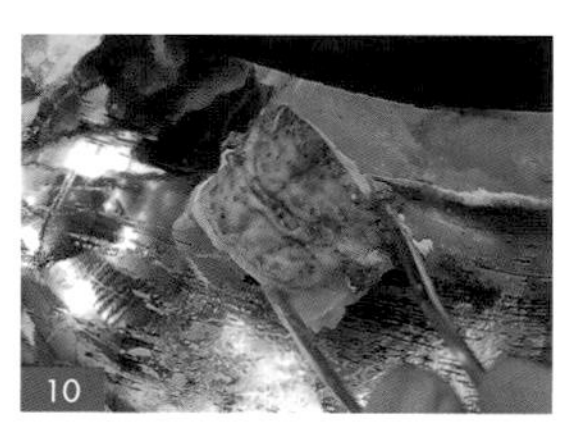

龍蝦肉塊。

對切聖女番茄。

甜豆仁。

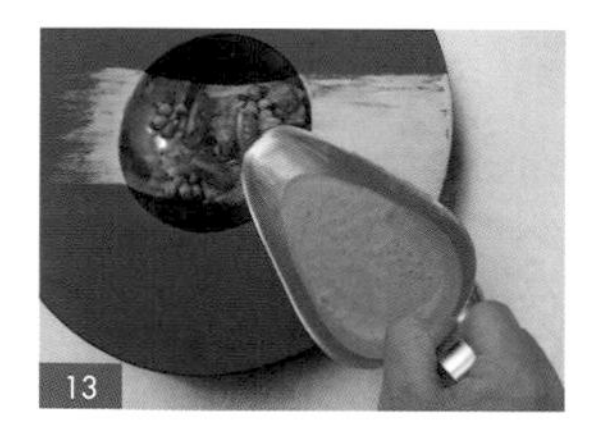

番茄海鮮濃湯。

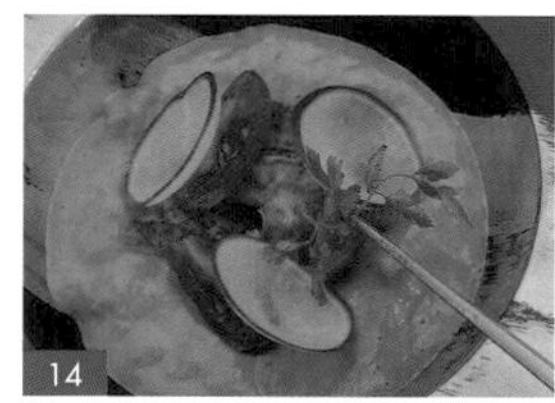

擺盤。

- 番茄糊、白蘭地跟低筋麵粉拌炒時，一定要將麵粉味炒掉，不然會破壞湯的風味。
- 番茄糊酸味要炒掉，不然整體會太酸。

北海道干貝與南瓜濃湯

Hokkaido Scallop with Pumpkin Soup

北海道干貝與南瓜濃湯製作動態影片 QRcode

INGREDIENTS 材料

① 橄欖油 …… 適量
② 洋蔥（切丁） …… 50 公克
③ 紅蘿蔔（切丁） …… 30 公克
④ 蒜苗（取中段處切段） …… 30 公克
⑤ 月桂葉 a …… 1 片
⑥ 南瓜 b（切片） …… 250 公克
⑦ 馬鈴薯（切片） …… 240 公克
⑧ 雞高湯 …… 300 公克
⑨ 無鹽奶油 a …… 20 公克
⑩ 南瓜 a（切丁） …… 50 公克
⑪ 月桂葉 b …… 1 片
⑫ 海鹽 a …… 適量
⑬ 無鹽奶油 b …… 適量
⑭ 北海道干貝 …… 60 公克
⑮ 海鹽 b …… 適量
⑯ 動物性鮮奶油 …… 100 公克
⑰ 海鹽 c …… 適量
⑱ 胡椒粉 …… 適量
⑲ 山蘿蔔葉 …… 適量

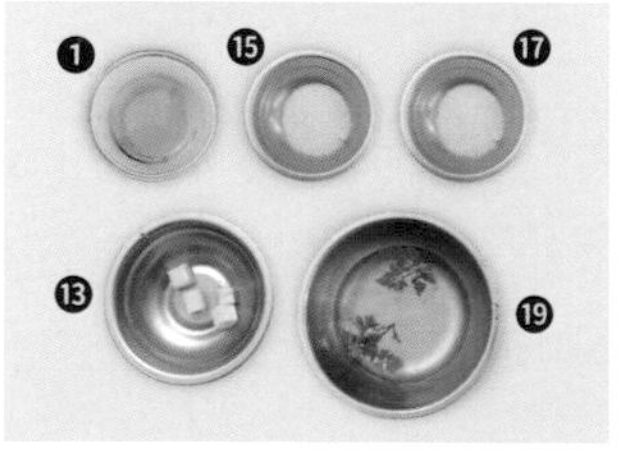

STEP BY STEP 步驟

前置作業

01 將洋蔥、紅蘿蔔、南瓜 b 去皮切片；南瓜 a 去皮切丁；蒜苗切中段；馬鈴薯去皮切片，備用。

02 將月桂葉 a、月桂葉 b、山蘿蔔葉洗淨，備用。

烹煮

鍋 1

03 在鍋中倒入橄欖油、洋蔥丁、紅蘿蔔丁、蒜苗中段、月桂葉 a，拌炒。

04 倒入南瓜片 b、馬鈴薯片、雞高湯，煮 40 分鐘，為南瓜湯，備用。

鍋 2

05 在另一鍋中加入無鹽奶油 a、南瓜丁 a、月桂葉 b、海鹽 a，炒香，盛盤，為炒南瓜丁，備用。

鍋3

06 再另取一個鍋，加入無鹽奶油 b，可搖晃鍋子使無鹽奶油 b 融化。

07 將北海道干貝放在融化的無鹽奶油 b 上，加入少許海鹽 b，煎至金黃色，翻面後關火，以讓北海道干貝吸收奶油香味，備用。（註：可放在墊有廚房紙巾的盤子上吸油。）

08 將南瓜湯倒入食物調理機，稍微攪打後，打開蓋子，再倒入動物性鮮奶油，關上蓋子，打至濃稠狀，為南瓜濃湯，倒入鍋中。

09 移至爐上加熱後，加入少許海鹽 c、胡椒粉調味，拌勻。

盛盤

10 取一圓盤，放上圓形慕斯圈，將炒南瓜丁平鋪在慕斯圈的底部。

11 以鑷子夾取北海道干貝，擺放在炒南瓜丁上。

12 將山蘿蔔葉擺放在北海道干貝上。

13 將圓形慕斯圈拿起，擺盤完成，即可搭配南瓜濃湯享用。

::: PROCESS :::

橄欖油、洋蔥丁、紅蘿蔔丁、蒜苗中段、月桂葉 a。

南瓜片 b、馬鈴薯片、雞高湯。

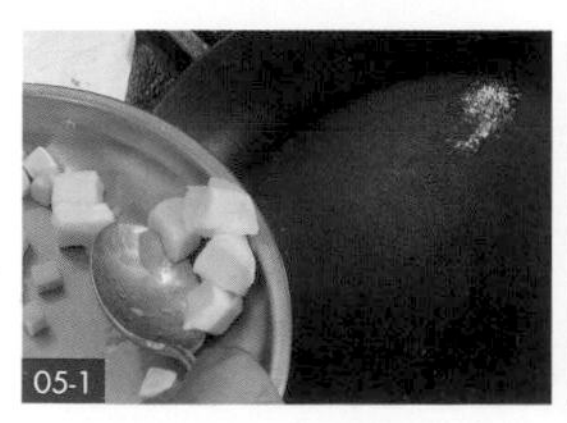

無鹽奶油 a、南瓜丁 a、月桂葉 b、海鹽 a。

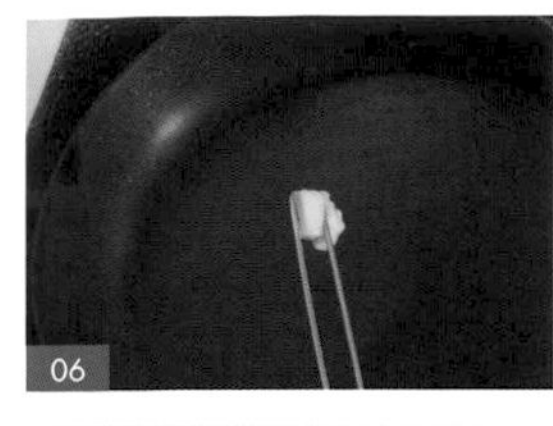

無鹽奶油 b 融化。

煎北海道干貝、海鹽 b 調味。

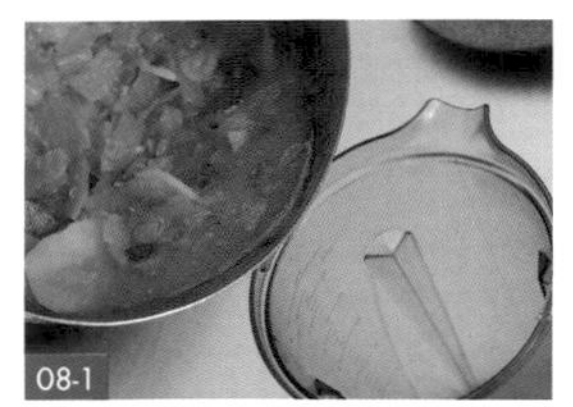

倒入南瓜湯、動物性鮮奶油。

海鹽 c、胡椒粉。

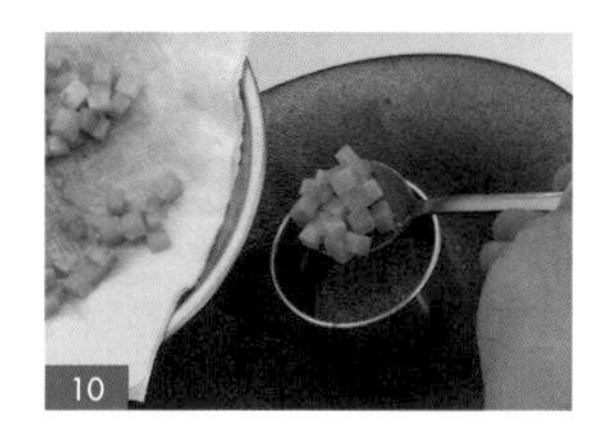

炒南瓜丁。

北海道干貝。

裝飾。

- 生食級北海道干貝建議不要煎到全熟，7 分熟是最好吃的程度。
- 當蔬菜料炒熟時，可以拿起一些作為湯料，可增加口感。

- 本身濃湯會呈現甜分，所以調味時要多注意。
- 不要用鐵鍋煮湯，因為鐵中的鏽會掉色，會影響湯的顏色與風味。

奶油有機迷你蘿蔔濃湯

Creamy of Baby Carrot Soup

INGREDIENTS 材料

① 橄欖油 a …… 適量
② 蒜頭（切碎）…… 20 公克
③ 洋蔥（切丁）…… 30 公克
④ 月桂葉 …… 2 片
⑤ 紅蘿蔔（切丁）…… 250 公克
⑥ 西芹（切丁）…… 20 公克
⑦ 雞高湯 …… 300 公克
⑧ 馬鈴薯（切片）…… 140 公克
⑨ 橄欖油 b …… 適量
⑩ 彩色小蘿蔔（切段）…… 30 公克
⑪ 無鹽奶油 a …… 50 公克
⑫ 海鹽 a …… 適量
⑬ 無鹽奶油 b …… 20 公克
⑭ 動物性鮮奶油 a …… 80 公克
⑮ 海鹽 b …… 適量
⑯ 胡椒粉 …… 適量
⑰ 櫻桃蘿蔔（一切四）…… 適量
⑱ 山蘿蔔葉（裝飾）…… 適量
⑲ 動物性鮮奶油 b …… 少許

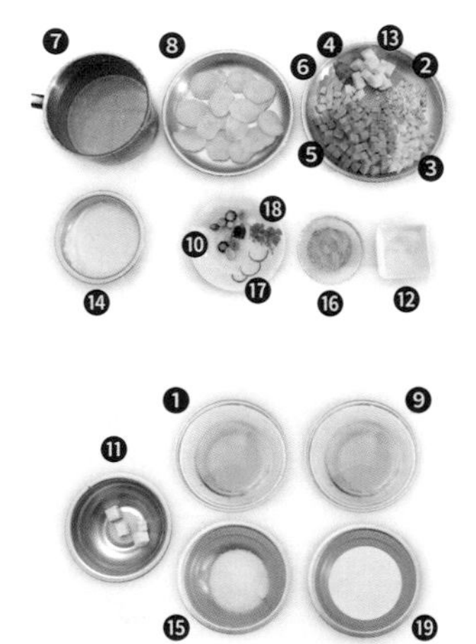

STEP BY STEP 步驟

前置作業

01 將蒜頭去皮切碎；西芹切丁；洋蔥、紅蘿蔔去皮切丁；馬鈴薯去皮切片；櫻桃蘿蔔洗淨後一切四；彩色小蘿蔔切段。

02 將彩色小蘿蔔段、月桂葉、山蘿蔔葉洗淨，備用。

奶油有機迷你蘿蔔濃湯製作動態影片 QRcode

烹煮

03 在鍋中倒入橄欖油 a、蒜碎、洋蔥丁，爆香。

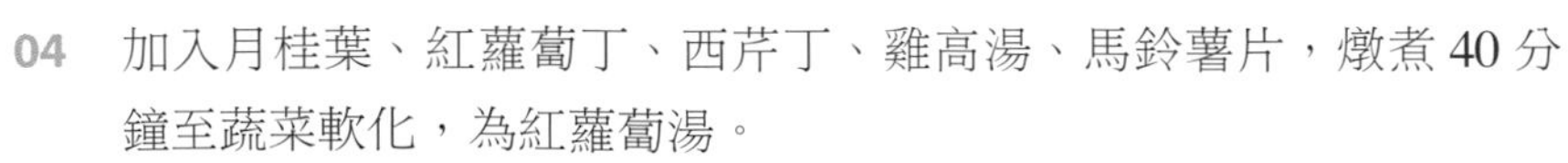

04 加入月桂葉、紅蘿蔔丁、西芹丁、雞高湯、馬鈴薯片，燉煮 40 分鐘至蔬菜軟化，為紅蘿蔔湯。

紅蘿蔔濃湯製作

05 取另一空鍋，倒入橄欖油 b，加入彩色小蘿蔔段、無鹽奶油 a、少許海鹽 a，稍微拌炒即可盛盤。（註：可在盤子底下墊廚房紙巾吸油。）

06 取出月桂葉，並將紅蘿蔔湯倒入食物調理機並稍微攪打後，打開蓋子，加入無鹽奶油 b、動物性鮮奶油 a，關上蓋子，打勻成濃湯，並倒入鍋中。

07 移至爐中加熱，加入少許海鹽 b、胡椒粉，拌勻，離火，為紅蘿蔔濃湯。（註：須注意不要加熱太久，否則口感會變粗。）

組合、盛盤

08 取一圓盤，以鑷子夾取彩色小蘿蔔段，直立擺放在盤子的右側。

09 依序取櫻桃蘿蔔片、山蘿蔔葉裝飾。

10 將紅蘿蔔濃湯倒入盤內，淋上些許動物性鮮奶油 b 以點綴，完成擺盤，即可享用。

::: PROCESS :::

橄欖油 a、蒜碎、洋蔥丁。

月桂葉、紅蘿蔔丁。

西芹丁、雞高湯、馬鈴薯片。

橄欖油 b、彩色小蘿蔔段、無鹽奶油 a、海鹽 a。

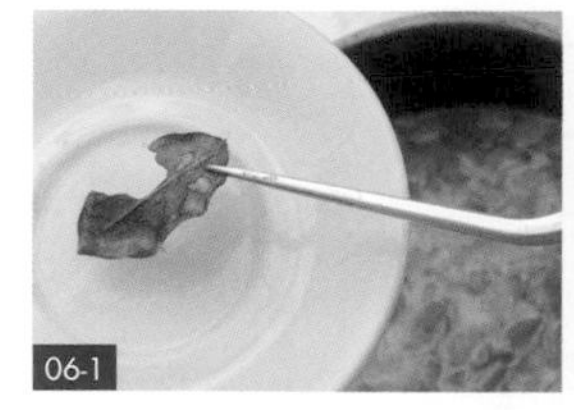

取出月桂葉、倒入紅蘿蔔湯、無鹽奶油 b、動物性鮮奶油 a。

海鹽 b、胡椒粉。

彩色小蘿蔔段。

櫻桃蘿蔔片、山蘿蔔葉。

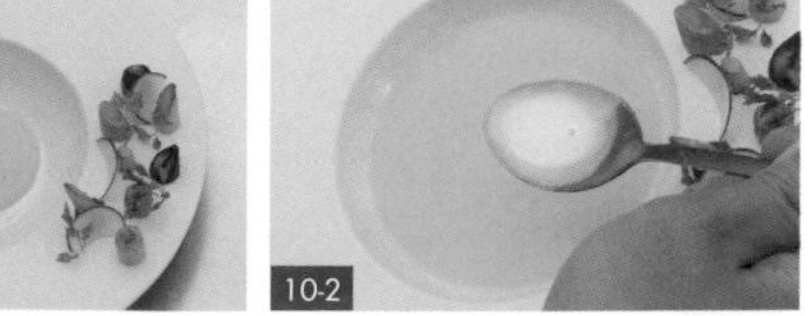

紅蘿蔔濃湯、動物性鮮奶油 b。

焗烤焦化洋蔥湯

French Onion Soup

INGREDIENTS 材料

① 法國麵包 …………… 1 片
② 切達起司（刨絲）… 15 公克
③ 葛瑞爾起司（刨絲）…………… 15 公克
④ 艾曼得起司（刨絲）… 5 公克
⑤ 橄欖油 …………… 適量
⑥ 洋蔥（切絲）…………… 3 顆
⑦ 海鹽 a …………… 適量
⑧ 雞高湯 a …………… 250 公克
⑨ 蒜頭（切片）…………… 30 公克
⑩ 月桂葉 …………… 2 片
⑪ 低筋麵粉 …………… 35 公克
⑫ 白蘭地 …………… 30 公克
⑬ 雞高湯 b …………… 250 公克
⑭ 海鹽 b …………… 適量
⑮ 胡椒粉 …………… 適量
⑯ 蝦夷蔥（切碎）…………… 2 公克

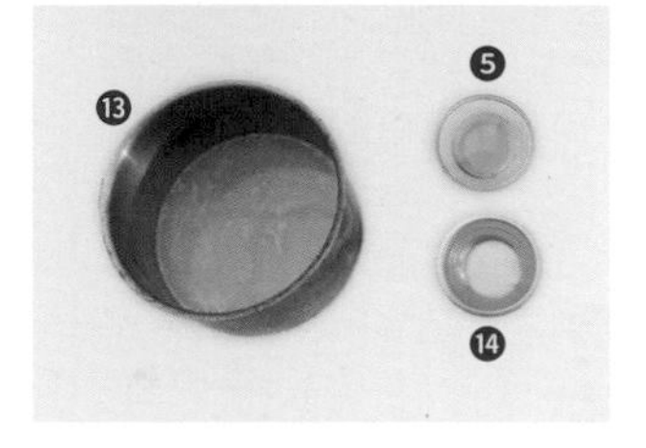

STEP BY STEP 步驟

前置作業

01 將切達起司、葛瑞爾起司、艾曼得起司刨絲。

02 將洋蔥去皮切絲；蒜頭去皮切片；蝦夷蔥切碎。

03 法國麵包片上依序放上切達起司絲、葛瑞爾起司絲、艾曼得起司絲，放進烤箱，以上下火 160 度烤 8 分鐘，取出，為焗烤麵包片。

焗烤焦化洋蔥湯
製作動態影片
QRcode

洋蔥湯製作

04 在鍋中倒入橄欖油、洋蔥絲，炒香。（註：可選擇進口洋蔥，因為能較快炒上色，且味道濃郁、口感滑順。）

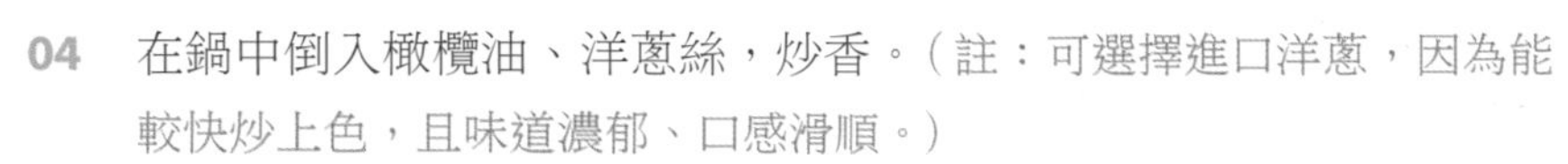

05 加入少許海鹽 a、雞高湯 a，以大火煮滾至收乾水分。

06 加入蒜片、月桂葉、低筋麵粉、白蘭地，拌炒至洋蔥絲呈褐色。

07 倒入雞高湯 b，加入少許海鹽 b、胡椒粉，為洋蔥湯。

盛盤

08　取陶瓷鍋，倒入洋蔥湯。

09　將蝦夷蔥碎撒在焗烤麵包片上，作為裝飾。

10　將焗烤麵包片放在洋蔥湯上，完成擺盤，即可享用。（註：若不馬上食用，可放在握把上，以免焗烤麵包片浸泡太久。）

::: PROCESS :::

切達起司絲、葛瑞爾起司絲、艾曼得起司絲。

橄欖油、洋蔥絲。

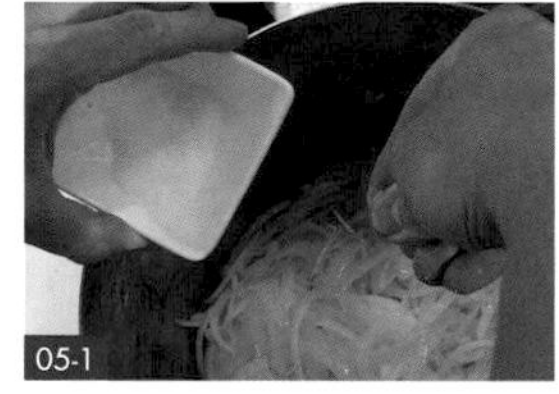

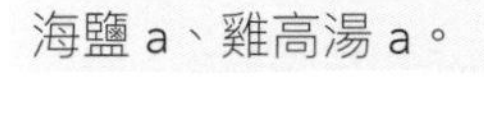
海鹽 a、雞高湯 a。

蒜片、月桂葉、低筋麵粉、白蘭地。

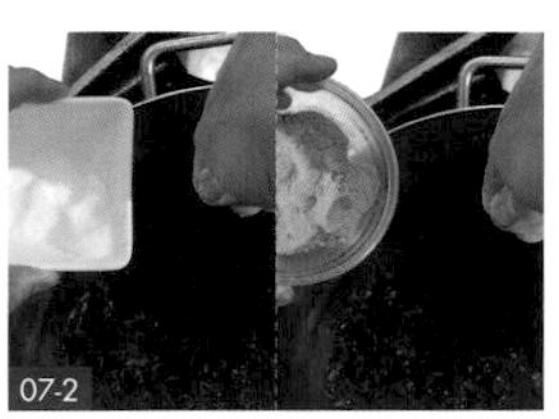

雞高湯 b、海鹽 b、胡椒粉。

洋蔥湯。

裝飾。

- 煮洋蔥湯加一點低筋麵粉，可以增加湯在嘴巴裡的黏稠度。
- 除了白蘭地，用雪利酒、馬莎拉酒替代也可以。

CHAPTER. **FIVE**

人氣義大利麵、燉飯與披薩

Popular Pasta, Risotto and Pizza

MINIMAL LIFE

AOP窮人的蒜香義大利麵

AOP Spaghetti Aglio Olio e Peperocino

AOP 窮人的蒜香義大利麵製作動態影片 QRcode

AOP 就是指 Aglio（蒜），Olio（油）Peperocino（辣椒）。每一家義大利餐廳，第一道義大利麵一定都會選擇最簡單的蒜炒義大利麵。可以看到大蒜、蘑菇都顯露於細圓麵之中。

INGREDIENTS 材料

材料	份量
① 鹽水	適量
② 熟義大利直條麵	80 公克
③ 草蝦	5 隻
④ 橄欖油	50 公克
⑤ 蒜頭（切片）	10 公克
⑥ 乾辣椒段	2 公克
⑦ 蘑菇（切片）	30 公克
⑧ 巴西里葉（切碎）	8 公克
⑨ 海鹽	適量
⑩ 胡椒粉	適量
⑪ 芝麻葉	3 公克

STEP BY STEP 步驟

前置作業

01 將蒜頭去皮切片；蘑菇洗淨切片；巴西里葉洗淨切碎；芝麻葉洗淨。

02 準備一鍋鹽水，放入義大利直條麵，煮滾 8 分鐘後，撈起，瀝乾水分，盛盤，備用。（註：煮麵水須保留。）

03 將草蝦的頭拔開，剝除蝦殼，以牙籤戳進蝦身，取出腸泥，洗淨，備用。

烹煮

04 在鍋中倒入橄欖油、草蝦，煎至 7 分熟。

05 加入蒜片、乾辣椒段、蘑菇片後，取出草蝦。

06 以小火慢慢煎香至蒜片呈淡金黃色。

07 加入 1 大匙煮麵水、義大利直條麵、草蝦、巴西里葉碎，翻炒。（註：鍋中的油分會跟義大利直條麵釋出的澱粉作用，變成有點濃稠的醬汁，可均勻附著在麵條上。）

08 翻炒數分鐘後，加入少許海鹽、胡椒粉，稍微拌炒後，關火。

盛盤

09 將義大利直條麵捲起放在盤子上，再放上鍋中食材、草蝦。

10 將芝麻葉放在義大利直條麵上，完成擺盤，即可享用。

::: PROCESS :::

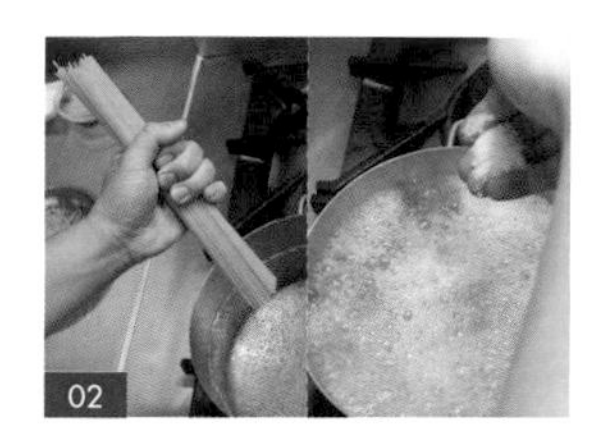

義大利直條麵、鹽水。

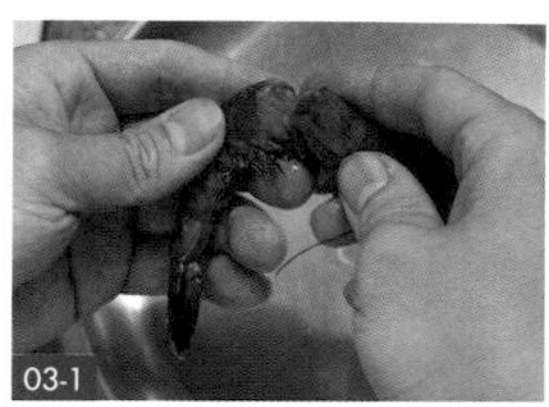

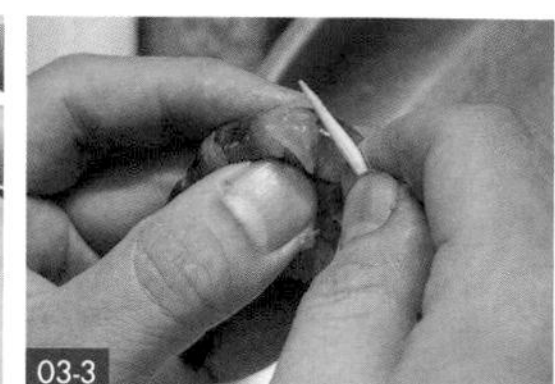

拔蝦頭、剝蝦殼、挑腸泥。

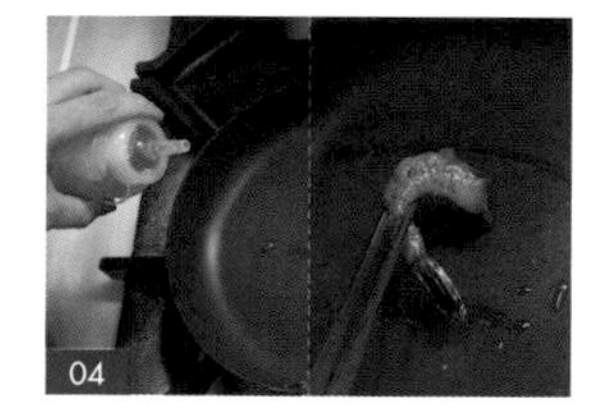

橄欖油、草蝦。

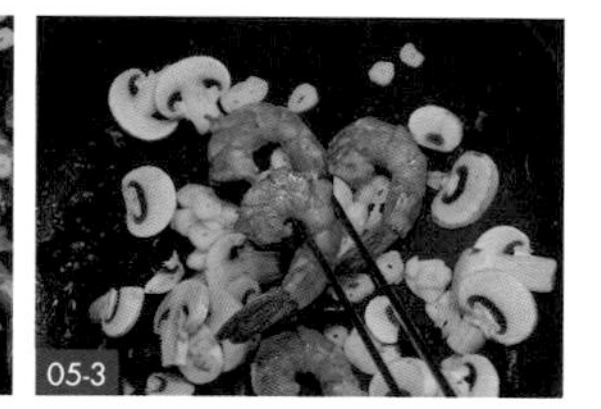

蒜片、乾辣椒段、蘑菇片、取出草蝦。

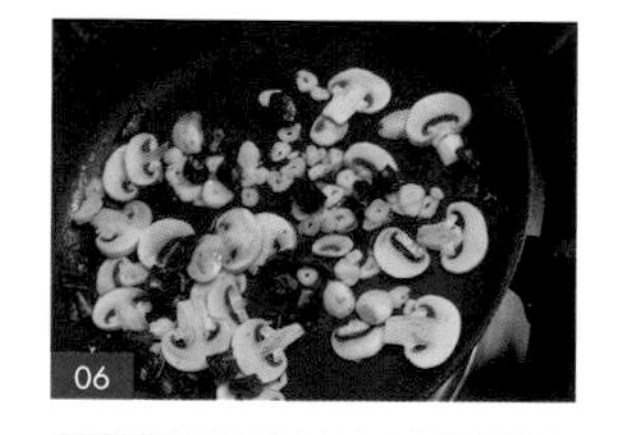

煎蒜片。

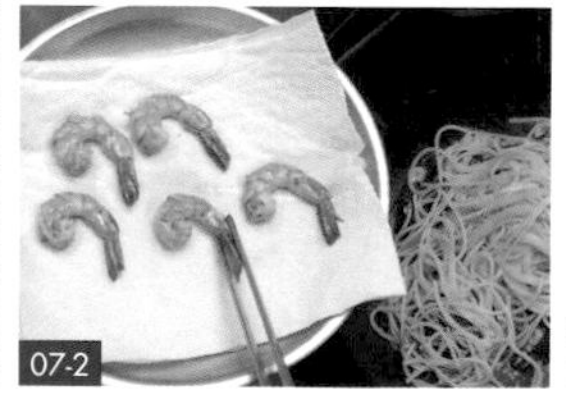

煮麵水、義大利直條麵、草蝦、巴西里葉碎。

海鹽、胡椒粉。

盛盤。

裝飾。

- 義大利麵煮得好吃的黃金比例是「水：義大利麵：鹽＝100：10：1」。
- 義大利麵可以拌些許橄欖油，是有效防止麵條相黏的方法。
- 可比義大利麵的包裝上標示時間再少煮1～2分鐘，少的時間可以讓麵在鍋內與醬汁結合。
- 煮麵的水不要倒掉，煮麵水可以讓醬汁更濃稠，更能幫助醬汁吸附在麵條上。

西西里龍蝦番茄義大利麵

Sicilian Lobseer Tomato Pasta

INGREDIENTS 材料

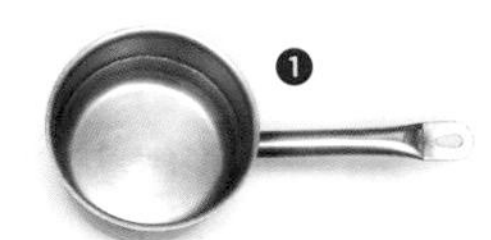

① 水	適量
② 海鹽	適量
③ 熟義大利直條麵	150 公克
④ 波士頓龍蝦	1 隻
⑤ 橄欖油	50 公克
⑥ 蒜頭（切片）	20 公克
⑦ 乾辣椒（切碎）	3 公克
⑧ 番茄醬汁	80 公克（作法請參考 P.38。）
⑨ 羅勒	少許

STEP BY STEP 步驟

前置作業

01 羅勒洗淨；將蒜頭去皮切片，乾辣椒切碎。

02 取一個大且深的鍋子，倒入水及少許海鹽煮滾，加入義大利直條麵煮 8 分鐘，撈起，瀝乾水分，盛盤，備用。（註：煮麵水須保留。）

龍蝦處理

03 將水煮滾後，放入波士頓龍蝦煮 8 分鐘後撈出，冰鎮，為龍蝦。

04 從龍蝦的身體轉開，取身體，預留頭部。

05 用剪刀剪開龍蝦兩側的硬殼，並撕開整層硬殼，取出龍蝦尾肉，並剪開尾殼，備用。（註：龍蝦尾殼須保留，以便後續的擺盤裝飾。）

06 取龍蝦的頭部，剪開兩隻螯。

西西里龍蝦番茄義大利麵製作動態影片 QRcode

07 個別從關節處剪開，再從側邊剪掉硬殼，取出龍蝦關節肉，重複該步驟，共取出 2 塊龍蝦關節肉，備用。

08 用剪刀稍微剪開螯的 A、B 兩點（如圖示），並用刀子敲開螯，剝開硬殼，取出龍蝦螯肉，重複該步驟，共取出 2 塊龍蝦螯肉，備用。（註：龍蝦螯肉為後續擺盤的裝飾，在取出時須小心，避免破壞龍蝦螯肉的完整性。）

09 將龍蝦關節肉、龍蝦尾肉切塊，為龍蝦肉塊，備用。

烹煮

10 在鍋中倒入橄欖油、蒜片、乾辣椒碎、1 大匙煮麵水、番茄醬汁、義大利直條麵，一邊煮一邊攪拌，避免麵條黏在一起。

11 加入龍蝦肉塊，並加入撕開的羅勒調味，關火。

盛盤

12 將捲好的義大利直條麵放在湯勺上，再移至盤子上。

13 將龍蝦肉塊放在義大利直條麵上。

14 將 2 個龍蝦螯肉各放在盤子上方，並放上龍蝦頭部，接著在下方放上尾巴硬殼，完成擺盤，即可享用。

::: PROCESS :::

03-1

03-2

水、煮波士頓龍蝦、冰鎮。

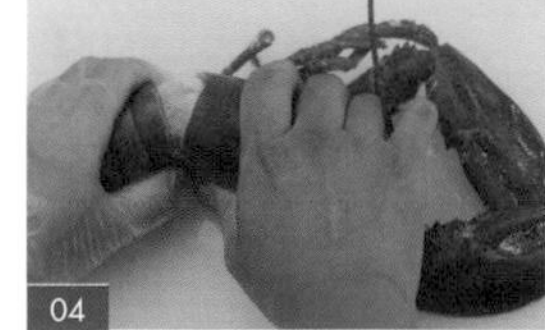

04 轉開身體。

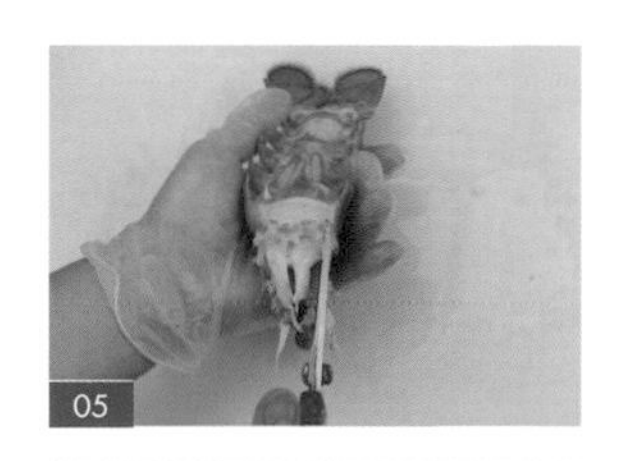

05 剪硬殼。

06

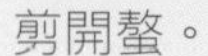

剪開螯。

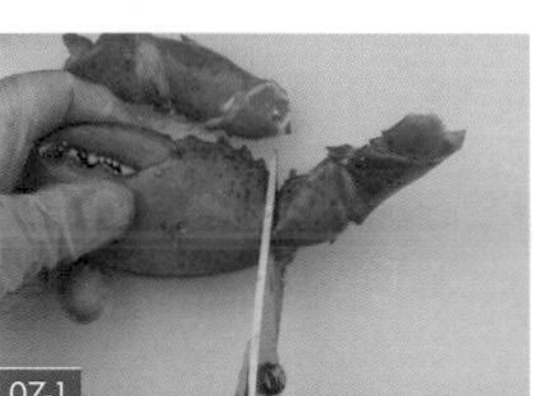

07-1

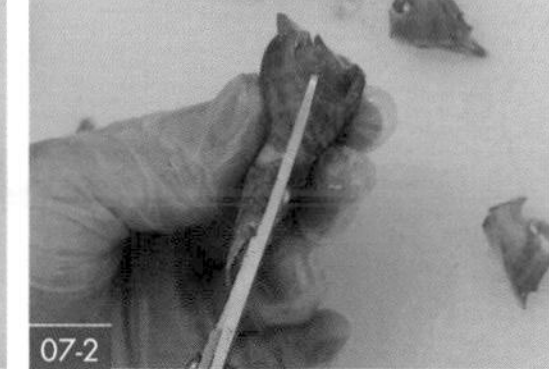

07-2

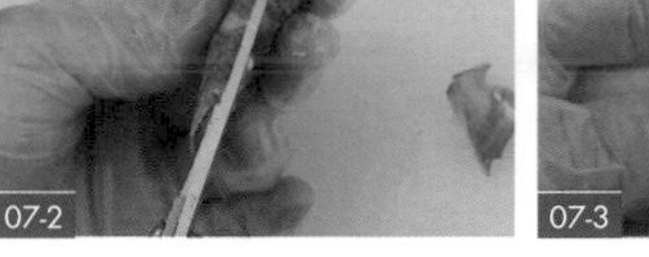

07-3

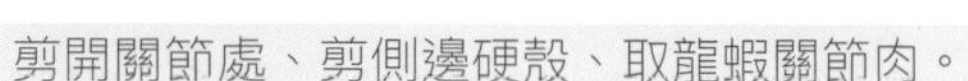

剪開關節處、剪側邊硬殼、取龍蝦關節肉。

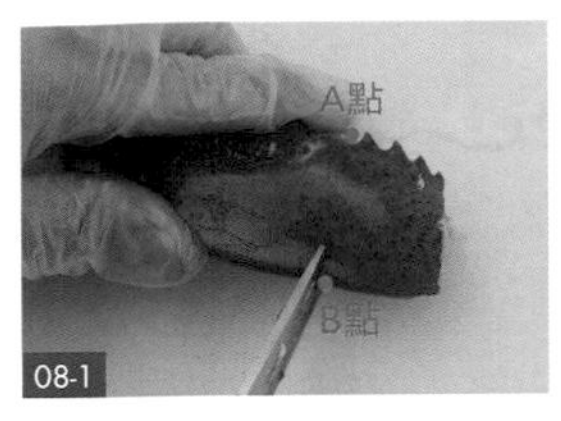

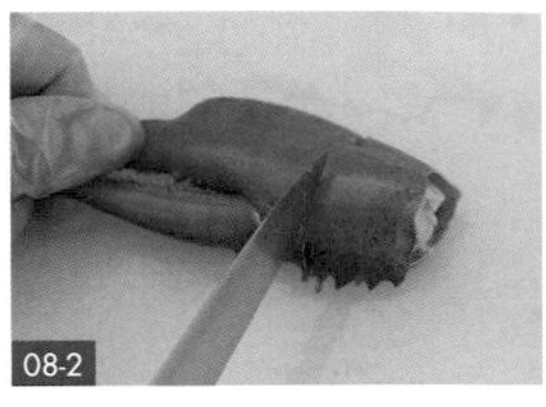

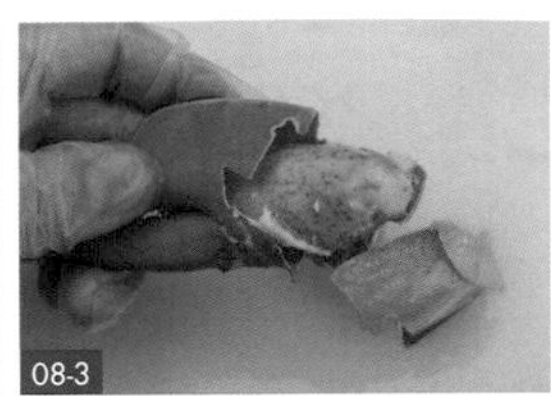

剪開 A、B 兩點，敲開螯、取龍蝦螯肉。

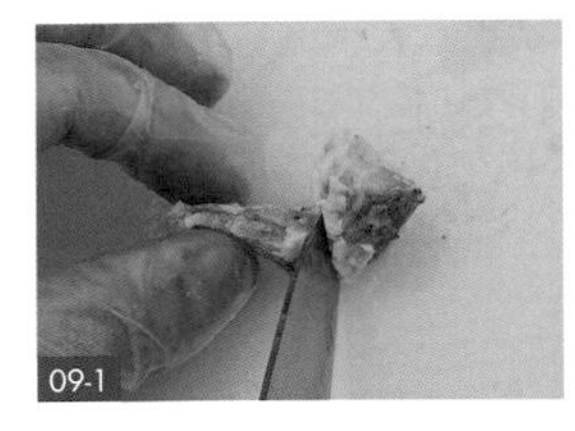

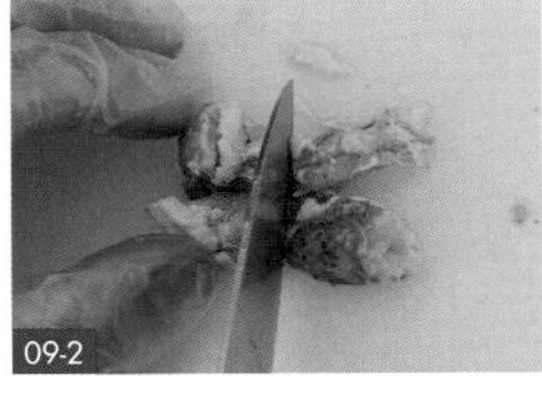

龍蝦關節肉、龍蝦尾肉切塊。

橄欖油、蒜片。

乾辣椒碎、煮麵水、番茄醬汁、義大利直條麵。

龍蝦肉塊、羅勒調味。

盛盤。

擺盤。

- 義大利麵煮得好吃的黃金比例就是「水：義大利麵：鹽＝ 100：10：1」。
- 義大利麵可以拌些許橄欖油，是有效防止麵條相黏的方法。
- 可比義大利麵的包裝上標示時間再少煮 1 ～ 2 分鐘，少的時間可以讓麵在鍋內與醬汁結合。
- 煮麵的水不要倒掉，煮麵水可以讓醬汁更濃稠，更能幫助醬汁吸附在麵條上。

帕瑪森乳酪蛋黃培根義大利麵

Spaghetti alla Carbonara

帕瑪森乳酪蛋黃培根義大利麵製作動態影片QRcode

INGREDIENTS 材料

① 水 …… 適量
② 海鹽 …… 適量
③ 義大利直條麵 …… 150 公克
④ 全蛋 …… 1 顆
⑤ 帕瑪火腿 …… 10 公克
⑥ 橄欖油 b …… 30 公克
⑦ 義大利培根(切條) …… 30 公克

◆ **蛋黃醬**

⑧ 帕瑪森乳酪 …… 40 公克
⑨ 蛋黃(打散) …… 3 顆
⑩ 橄欖油 a …… 10 公克

STEP BY STEP 步驟

前置作業

01 準備一鍋滾水，加入海鹽、義大利直條麵煮約 8 分鐘，撈起，瀝乾水分，盛盤，備用。(註：煮麵水須保留。)

02 將義大利培根切條，為培根條。

03 將蛋黃打散，為蛋黃液。

04 取開蛋器，戳在全蛋尖處後拉開卡榫，剝開四分之一處的蛋殼，倒出蛋白後，留生蛋黃，備用。(註：若有蛋殼殘留，可使用鑷子夾出。)

05 將烘焙紙放在派盤上後放上帕瑪火腿，再蓋上烘焙紙，取另一個派盤壓住，送進烤箱，以上下火 150 度，烤 8 分鐘，直至有脆度，為火腿脆片，可增加口感及香氣。

蛋黃醬製作

06 在碗內倒入帕瑪森乳酪、蛋黃液、橄欖油 a，拌勻，完成蛋黃醬製作。

烹煮、盛盤

07　在鍋中倒入橄欖油 b 加熱，加入培根條，以中小火煎香。

08　加入義大利直條麵、1 大匙煮麵水，快速翻炒均勻，離火，加入蛋黃醬，須一邊加入醬一邊快速拌炒至少 20 秒，避免蛋汁凝固，關火。（註：鍋中餘溫會讓蛋汁開始變稠，最後可附著在麵條上。）

09　取圓盤，在湯勺上捲好義大利直條麵後，放上火腿脆片，搭配生蛋黃，即可享用。（註：生蛋黃可增加口感。）

::: PROCESS :::

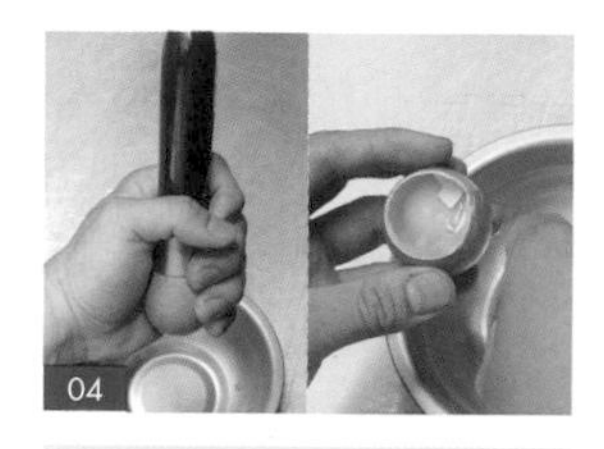

剝蛋殼、留生蛋黃。

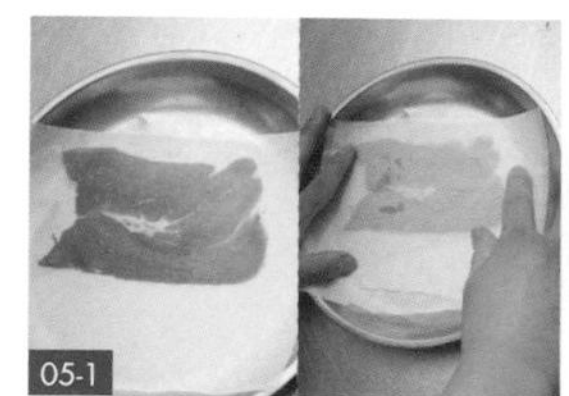

烤帕瑪火腿。

帕瑪森乳酪、蛋黃液、橄欖油 a。

煎培根條。

義大利直條麵、煮麵水、蛋黃醬。

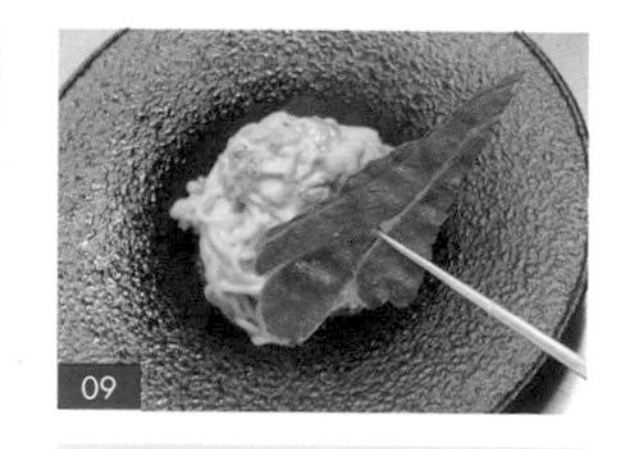

火腿脆片。

- 如果覺得蛋汁太生，可以將鍋子放回爐上，以小火繼續加熱使蛋汁稠化，記得要持續攪拌避免蛋汁凝固，達到醬汁附著在麵條上的程度即可盛盤。
- 如果想要醬汁更濃稠 ，可以加一些動物性鮮奶油。
- 可比義大利麵的包裝上標示時間再少煮 1 ～ 2 分鐘，少的時間可以讓麵在鍋內與醬汁混合。

焗烤波隆那肉醬筆管麵

Baked Penne Pasta with Bolognese Sauce

INGREDIENTS 材料

① 水 ⋯⋯ 適量
② 海鹽 ⋯⋯ 適量
③ 筆管麵 ⋯⋯ 120 公克
④ 橄欖油 ⋯⋯ 30 公克
⑤ 牛絞肉 ⋯⋯ 1000 公克
⑥ 洋蔥（切碎）⋯⋯ 40 公克
⑦ 紅蘿蔔（切碎）⋯⋯ 20 公克
⑧ 西芹（切碎）⋯⋯ 20 公克
⑨ 月桂葉 ⋯⋯ 1 片
⑩ 百里香 ⋯⋯ 2 支
⑪ 番茄糊 ⋯⋯ 80 公克
⑫ 紅酒 ⋯⋯ 200 公克
⑬ 義大利番茄罐頭 ⋯⋯ 1000 公克
⑭ 奧勒岡 ⋯⋯ 適量
⑮ 牛高湯 ⋯⋯ 200 公克
⑯ 切達起司絲 ⋯⋯ 30 公克
⑰ 帕瑪森乳酪粉 ⋯⋯ 30 公克

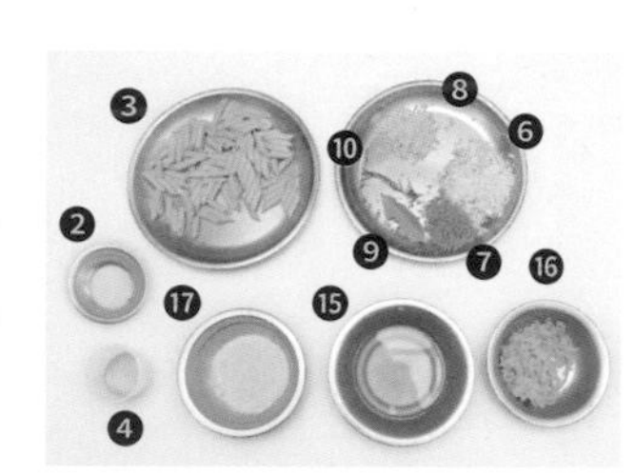

STEP BY STEP 步驟

前置作業

01 將洋蔥、紅蘿蔔去皮切碎；西芹洗淨切碎。

02 準備一鍋滾水，加入筆管麵煮 8 分鐘後，加入少許海鹽，撈起，瀝乾水分，盛盤，備用。（註：煮麵水須保留。）

焗烤波隆那肉醬筆管麵製作動態影片 QRcode

烹煮、盛盤

03 在鍋中倒入橄欖油、牛絞肉，炒香。

04 加入洋蔥碎、紅蘿蔔碎、西芹碎、月桂葉、百里香，炒軟。

05 加入番茄糊，稍微翻炒後，加入紅酒、義大利番茄罐頭、奧勒岡、牛高湯，燉煮 40 分鐘。

06 加入筆管麵、1 大匙煮麵水，拌炒均勻，為波隆那肉醬筆管麵，關火。

07 取一鑄鐵鍋，倒入波隆那肉醬筆管麵，再鋪上切達起司絲、帕瑪森乳酪粉，送進烤箱，以上下火 180 度，烤 5 分鍾，將表面烤上色，出爐後即可享用。

::: PROCESS :::

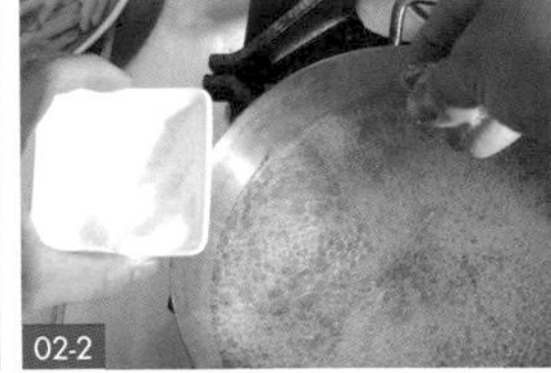

水、筆管麵、海鹽。

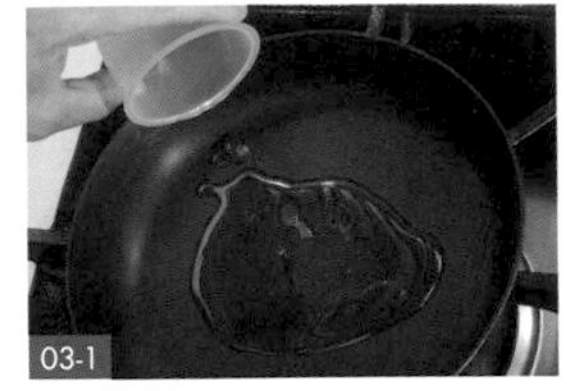

橄欖油、牛絞肉。

洋蔥碎、紅蘿蔔碎、西芹碎、月桂葉、百里香。

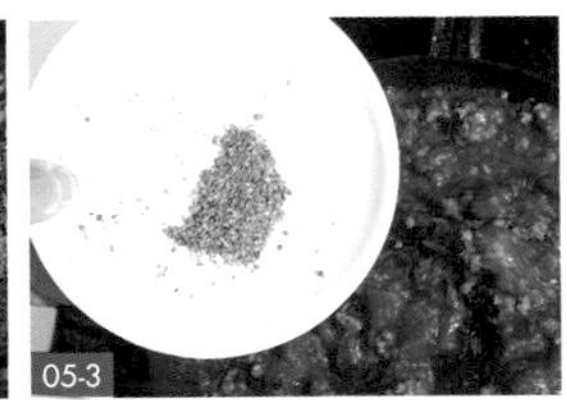

番茄糊、紅酒、義大利番茄罐頭、奧勒岡、牛高湯。

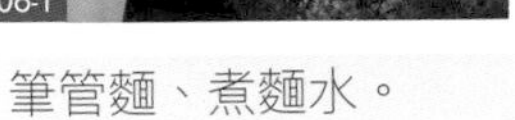

筆管麵、煮麵水。

切達起司絲、帕瑪森乳酪粉。

- 可比義大利麵的包裝上標示的時間再少煮 1 ～ 2 分鐘，少的時間可以讓麵在鍋內與醬汁混合。
- 因焗烤會再一次加熱，所以建議醬汁可再加多一點牛高湯，避免麵太乾。

香蒜蛤蜊
青醬螺旋麵

Fusilli Pasta, Fresh Clams, Garlic, with Pesto Sauce

INGREDIENTS 材料

① 水 …… 1000 公克
② 海鹽 a …… 30 公克
③ 蛤蜊 …… 12 個
④ 螺旋麵 …… 120 公克
⑤ 海鹽 b …… 適量
⑥ 橄欖油 a …… 25 公克
⑦ 橄欖油 b …… 25 公克
⑧ 蒜頭 b（切片）…… 20 公克
⑨ 乾辣椒段 …… 1 公克
⑩ 對切聖女番茄 …… 6 個
⑪ 動物性鮮奶油 …… 40 公克
⑫ 熱那亞青醬 …… 40 公克（作法請參考 P.47。）
⑬ 帕瑪森乳酪粉 a …… 30 公克
⑭ 帕瑪森乳酪粉 b …… 適量
⑮ 紅莧苗 …… 適量

◆ **香料麵包粉**

⑯ 麵包粉 …… 60 公克
⑰ 蒜頭 a（切碎）…… 15 公克
⑱ 奧勒岡 …… 2 公克

香蒜蛤蜊青醬
螺旋麵製作動態
影片 QRcode

STEP BY STEP 步驟

前置作業

01 準備 1000 公克的水和 30 公克的海鹽 a，放入蛤蜊 2 ～ 3 小時，讓蛤蜊完全吐沙。

02 將蒜頭 a 去皮切碎；蒜頭 b 去皮切片；聖女番茄洗淨對切。

03 準備一鍋滾水，加入螺旋麵煮 8 分鐘後加入少許海鹽 b，撈起，瀝乾水分，盛盤，備用。（註：煮麵水須保留。）

香料麵包粉製作

04 在鍋內倒入麵包粉，翻炒至呈金黃色後，加入蒜碎 a、奧勒岡，盛盤，放置冷卻，完成香料麵包粉製作。（註：炒麵包粉時微微上色就要起鍋，餘溫會讓顏色加深。）

烹煮

05 在鍋內倒入蛤蜊、橄欖油 a，煮至蛤蜊殼全開，取出。（註：當蛤蜊殼開時，就要將蛤蜊肉取出，以免越煮越小。）

06 以鑷子夾出蛤蜊肉，備用。

07 在另個鍋內倒入橄欖油 b、蒜片 b、乾辣椒段，爆香。

08 加入對切聖女番茄、1 大匙煮麵水、螺旋麵，稍微翻炒後，加入動物性鮮奶油。

09 拌炒均勻後，離火，加入熱那亞青醬、帕瑪森乳酪粉 a，快速拌勻，加入蛤蜊肉，為香蒜蛤蜊青醬螺旋麵。（註：當螺旋麵碰到熱那亞青醬、帕瑪森乳酪粉時，不能持續加熱，因為顏色會暗掉，沒有光澤。）

盛盤

10 取一圓盤，倒入香蒜蛤蜊青醬螺旋麵。

11 放上些許帕瑪森乳酪粉 b、紅莧苗，完成擺盤，即可享用。

::: PROCESS :::

螺旋麵、海鹽 b。

麵包粉、蒜碎 a、奧勒岡。

蛤蜊、橄欖油 a。

取蛤蜊肉。

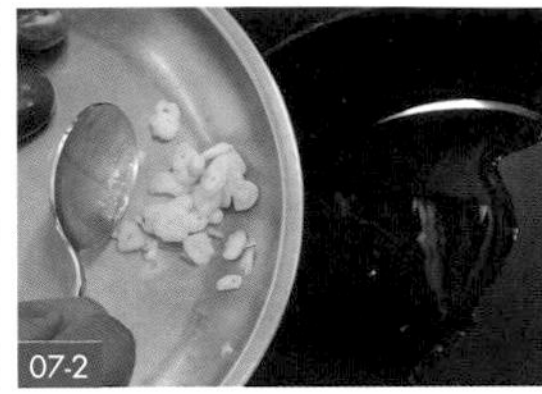

橄欖油 b、蒜片 b、乾辣椒段。

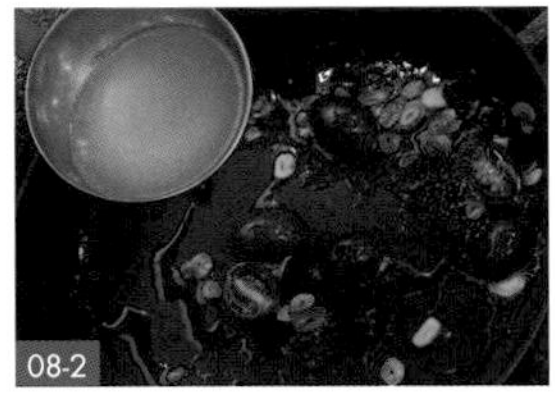

對切聖女番茄、煮麵水、螺旋麵、動物性鮮奶油。

熱那亞青醬、帕瑪森乳酪粉 a、蛤蜊肉。

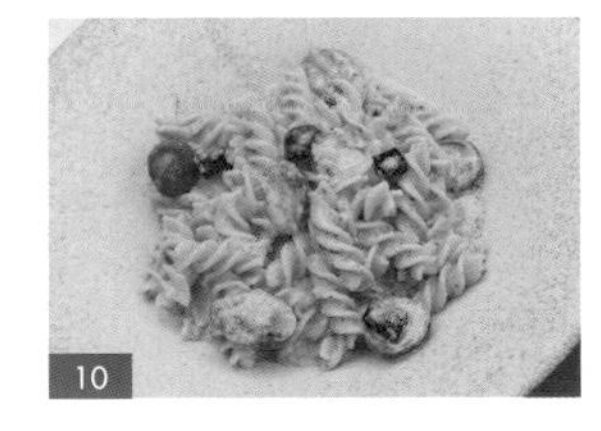

盛盤。

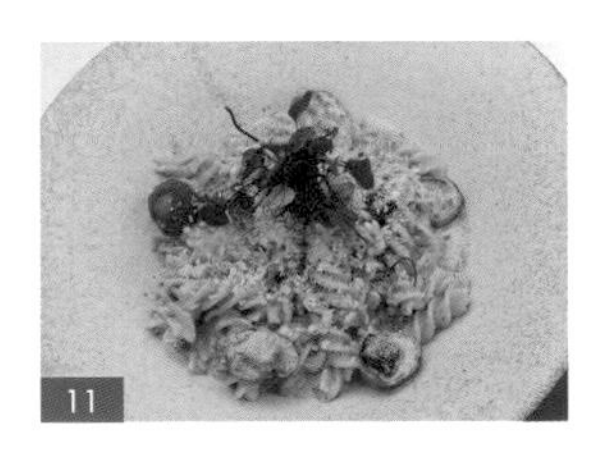

裝飾。

- 義大利麵煮得好吃的黃金比例就是「水：義大利麵：鹽＝ 100：10：1」。
- 義大利麵可以拌些許橄欖油，是有效防止麵條相黏的方法。
- 可比義大利麵的包裝上標示時間再少煮 1 ～ 2 分鐘，少的時間可以讓麵在鍋內與醬汁結合。
- 煮麵的水不要倒掉，煮麵水可以讓醬汁更濃稠，更能幫助醬汁吸附在麵條上。

義大利米要選擇陳年 1 年以上的米，保有澱粉質，口感較佳。

炭烤中卷與墨魚燉飯

Grilled Squid with INK Risotto

炭烤中卷與墨魚燉飯製作動態影片 QRcode

INGREDIENTS 材料

① 中卷（15 公分）…… 250 公克
② 橄欖油 a …… 50 公克
③ 蒜頭（切碎）…… 30 公克
④ 洋蔥（切碎）…… 30 公克
⑤ 義大利米 …… 100 公克
⑥ 無鹽奶油 …… 10 公克
⑦ 帕瑪森乳酪粉 …… 20 公克
⑧ 海鹽 …… 適量
⑨ 橄欖油 b …… 適量
⑩ 聖女番茄（對切）…… 3 個
⑪ 櫻桃蘿蔔（切薄片）…… 3 片
⑫ 山蘿蔔葉 …… 3 朵
⑬ 食用花 …… 3 朵

◆ 墨魚醬汁

⑭ 墨魚汁 …… 30 公克
⑮ 動物性鮮奶油 …… 40 公克
⑯ 海鮮高湯 …… 60 公克

STEP BY STEP 步驟

前置作業

01 將聖女番茄、櫻桃蘿蔔洗淨，備用。

02 將蒜頭、洋蔥去皮切碎；櫻桃蘿蔔切成薄片；聖女番茄對切，備用。

中卷處理

03 拔除中卷的頭部，拉出內殼，備用。

04 先撕開中卷側邊表皮後，再一手握著尾端，另一隻手撕開整層表皮。

05 用剪刀剪去雙眼。

06 將中卷頭部放入清水中，並將嘴巴拔除，撕開兩側的肉鰭，洗淨頭部，即完成中卷頭部的處理。

07 在水中洗淨中卷身體，取出裡面的內臟後撈起。

08 以刀在中卷身體劃刀，即完成中卷身體的處理。（註：不要完全切斷，在煎中卷時會捲成圈狀，有助於擺盤。）

墨魚燉飯製作

09 將墨魚汁、動物性鮮奶油倒入海鮮高湯中。

10 用手持料理棒混合打勻，盛盤，完成墨魚醬汁製作。

11 在鍋中倒入橄欖油 a，加入蒜碎、洋蔥碎，爆香。

12 加入義大利米、墨魚醬汁，並持續拌炒收汁。（註：若能預先將義大利米煮至半熟，則可減少 10 分鐘以上的烹煮時間。）

13 離火，加入無鹽奶油、帕瑪森乳酪粉，快速攪拌至乳化（濃稠狀），盛盤，完成墨魚燉飯製作，備用。

烹煮

14 在中卷表面撒上少許海鹽調味。

15 在鍋中倒入橄欖油 b，放入對切聖女番茄，稍微拌炒後盛盤。

16 將中卷頭部、身體放入鍋中，煎至上色後盛盤。

盛盤

17 取圓盤，放入墨魚燉飯，用手從盤底由下往上拍數下，以讓墨魚燉飯變平整。

18 將中卷頭部、身體放在墨魚燉飯上方。

19 以鑷子夾取對切聖女番茄，擺放在中卷身體的捲曲處。

20 夾取櫻桃蘿蔔片，斜放進中卷身體的內側。

21 在櫻桃蘿蔔片上放上山蘿蔔葉。

22 以鑷子夾取食用花，垂直放進中卷身體的彎曲處，完成擺盤，即可享用。

::: PROCESS :::

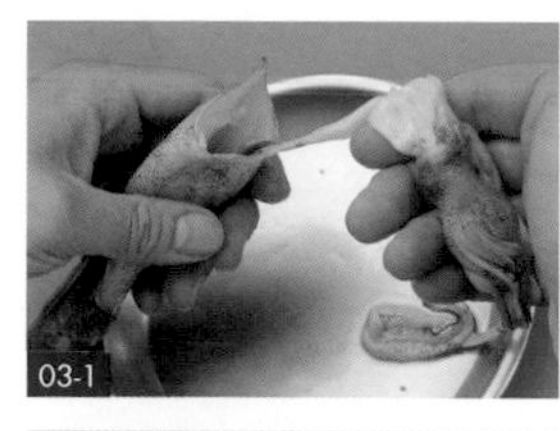

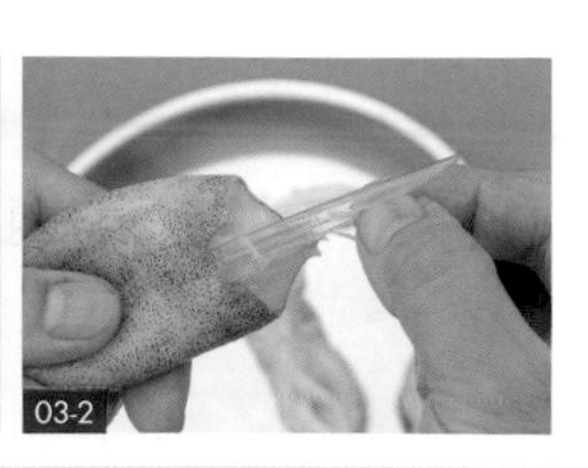

拔除頭部、拉出內殼。

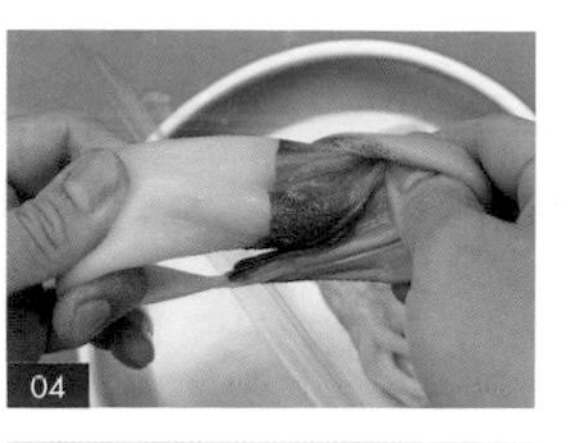

撕開表皮。

剪去雙眼。

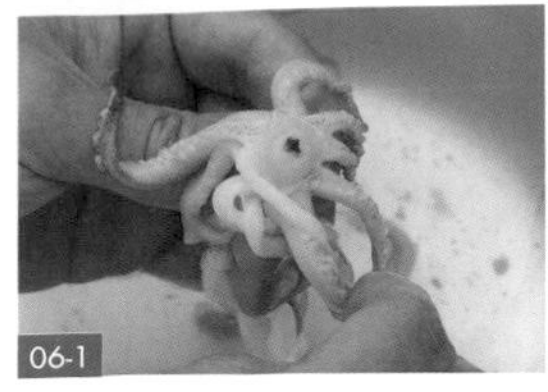

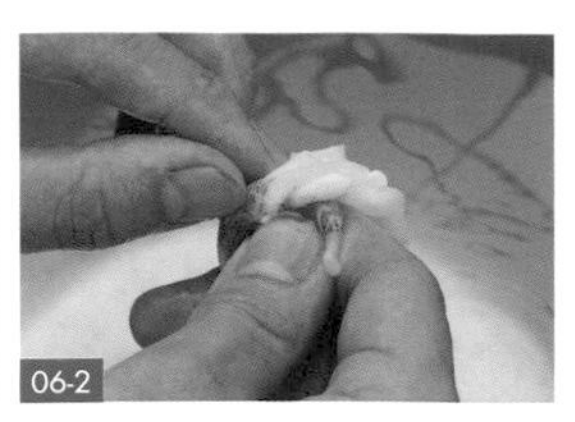

拔除嘴巴、撕開肉鰭。

取出內臟。

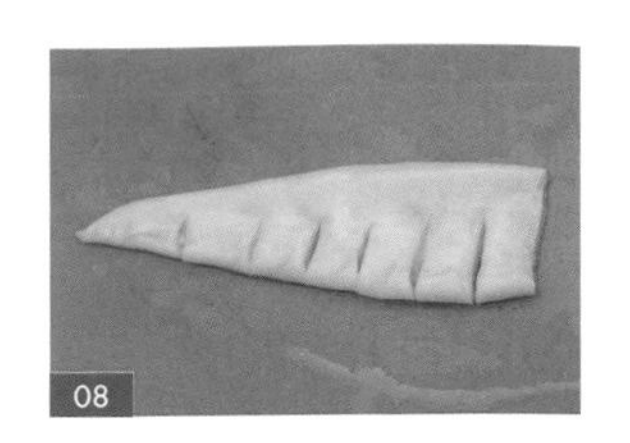

身體劃幾刀。

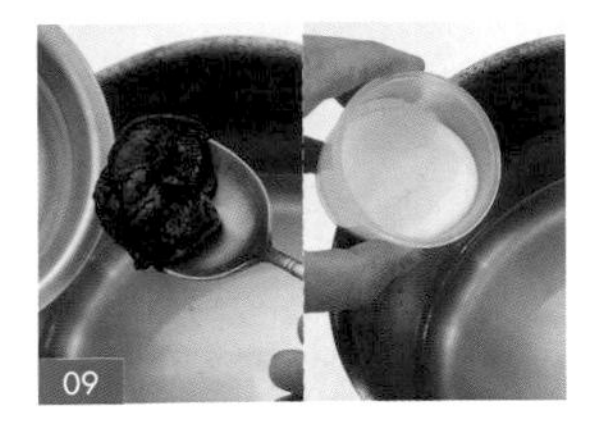

海鮮高湯、墨魚汁、動物性鮮奶油。

混合打勻。

橄欖油 a、蒜碎、洋蔥碎。

義大利米、墨魚醬汁。

無鹽奶油、帕瑪森乳酪粉。

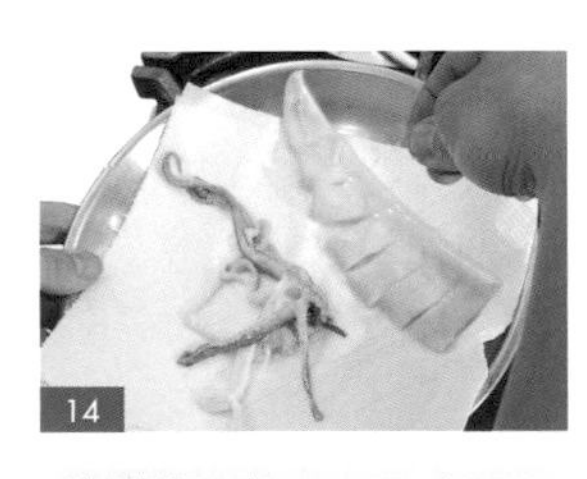

海鹽調味。

橄欖油 b、對切聖女番茄。

煎中卷。

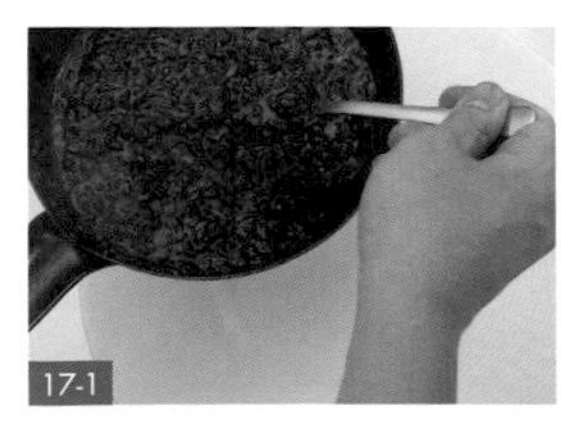

墨魚燉飯、拍底盤。

中卷頭部、身體。

對切聖女番茄。

櫻桃蘿蔔片。

山蘿蔔葉。

食用花。

::: 人氣燉飯 POPULAR RISOTTO :::

香煎鴨胸與風乾火腿佐陳醋附青醬燉飯

Pan-fried Duck Breast & Pesto Risotto with Dried Ham and Aged Balsamic

INGREDIENTS 材料

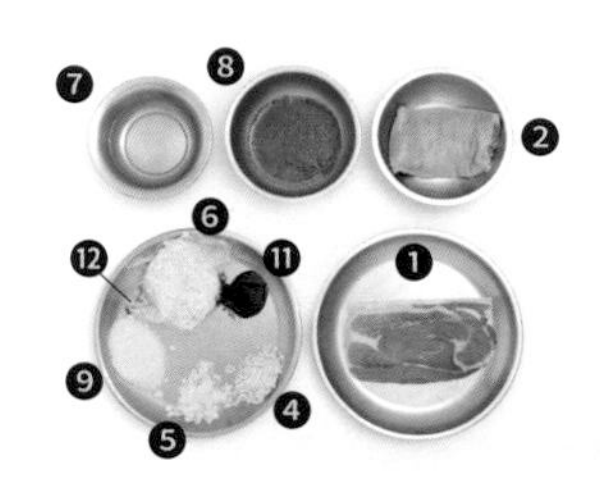

① 帕瑪火腿 ······ 5 公克
② 櫻桃鴨胸 ······ 150 公克
③ 海鹽 ······ 適量
④ 蒜頭（切碎）······ 20 公克
⑤ 洋蔥（切碎）······ 20 公克
⑥ 義大利米 ······ 80 公克
⑦ 雞高湯 ······ 130 公克
⑧ 熱那亞青醬 ······ 30 公克（作法請參考 P.47。）
⑨ 帕瑪森乳酪粉 ······ 20 公克
⑩ 無鹽奶油（切塊）······ 適量
⑪ 義大利陳年醋膏 ······ 5 公克
⑫ 食用花 ······ 3 朵
⑬ 山蘿蔔葉 ······ 適量

香煎鴨胸與風乾火腿佐陳醋附青醬燉飯製作動態影片 QRcode

STEP BY STEP 步驟

前置作業

01 將洋蔥、蒜頭去皮切碎，備用。

02 將帕瑪火腿放在烘焙紙與派盤上，再重複一次動作後，送進烤箱，以上下火 150 度，烤 8 分鐘至有脆度，為風乾火腿脆片。

03 將無鹽奶油放置常溫軟化，切塊。

煙燻鴨胸製作

04 斜切鴨胸表面，逆向再斜切成菱形狀。（註：不須切斷鴨胸。）

05 在斜切鴨胸的兩面撒上少許海鹽，以調味。

06 將斜切鴨胸的表皮朝下，放在鍋中乾煎數分鐘後，將逼出來的鴨油倒入步驟 7 的鍋子，繼續乾煎 5 分鐘至另一面呈粉色，盛盤，完成煙燻鴨胸製作。（註：若表皮已上色，可將鴨胸翻面。）

青醬燉飯製作

07 在鍋中加入蒜碎、洋蔥碎，爆香。（註：運用鴨油，可增添香氣。）

08 倒入義大利米、雞高湯，拌炒至水分收乾。（註：若能預先將義大利米煮至半熟，則可減少 10 分鐘以上的烹煮時間。）

09 離火，加入熱那亞青醬、帕瑪森乳酪粉、無鹽奶油塊，拌炒，完成青醬燉飯製作。（註：須快速攪拌至乳化，口感會較好。）

組合、盛盤

10 將煙燻鴨胸切小塊。

11 取圓盤，放入青醬燉飯，用手從盤底由下往上拍數下，以讓燉飯變平整。

12 以鑷子夾取煙燻鴨胸肉塊，平均擺放在青醬燉飯上。

13 將風乾火腿斜放在煙燻鴨胸肉塊上。

14 在煙燻鴨胸肉塊間淋義大利陳年醋膏。

15 以鑷子夾取山蘿蔔葉、食用花裝飾後，即可享用。

::: PROCESS :::

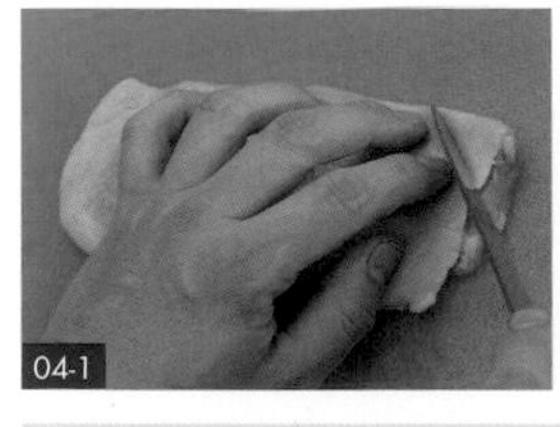

04-2

斜切鴨胸表面、逆向斜切。

鴨胸以海鹽調味。

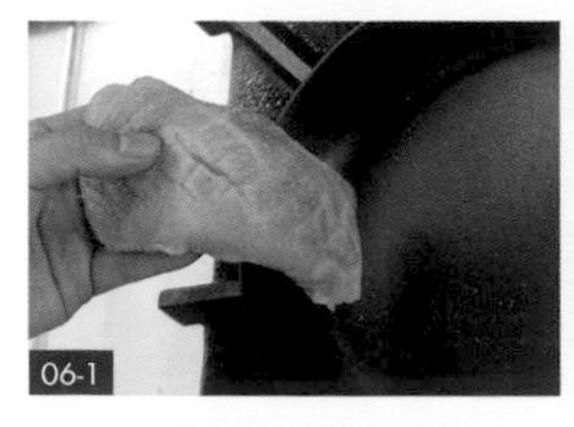

表皮乾煎、逼出油。

步驟 6 逼出來的油、蒜碎、洋蔥碎。

義大利米、雞高湯。

熱那亞青醬、帕瑪森乳酪粉、無鹽奶油塊。

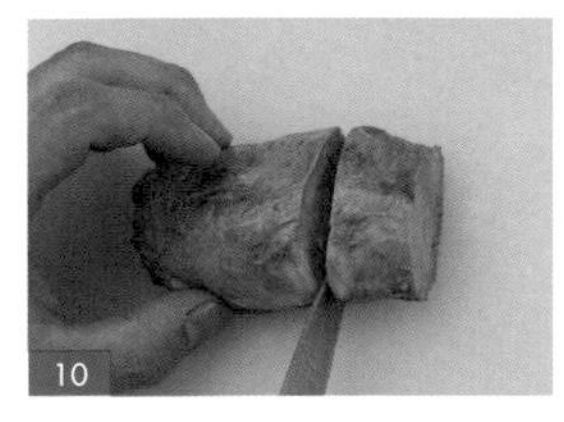

煙燻鴨胸切小塊。

青醬燉飯、拍底盤。

煙燻鴨胸肉塊。

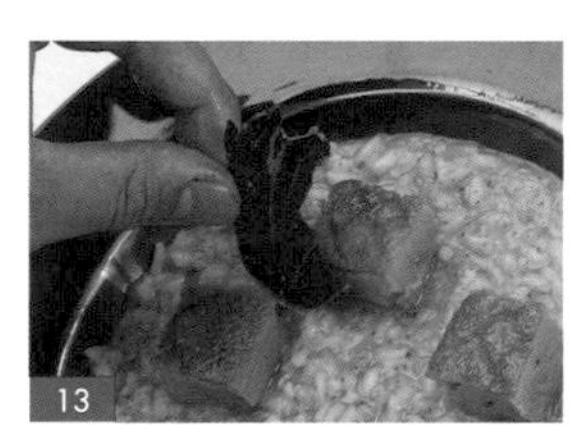

風乾火腿。

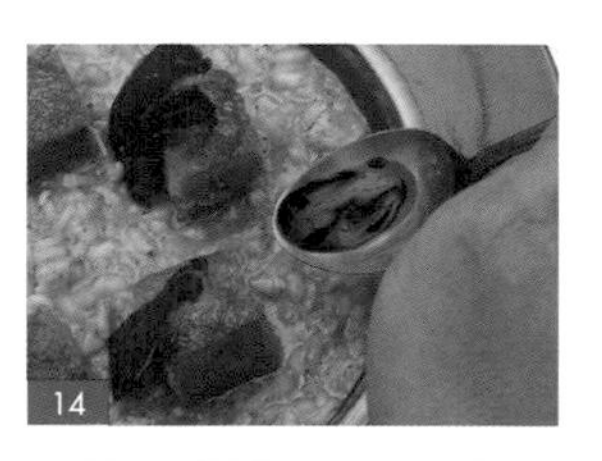

義大利陳年醋膏。

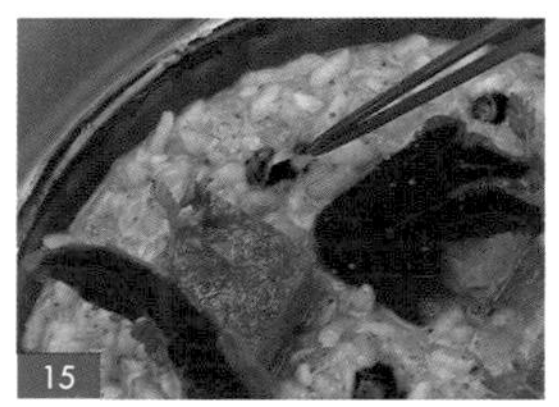

擺盤。

北海道干貝海膽燉飯與香檳檸檬醬

Hokkaido Scallop with Sea Urchin Risotto and Champagne Lemon Sauce

INGREDIENTS 材料

① 義大利米 ⋯⋯ 60公克
② 水 a ⋯⋯ 適量
③ 橄欖油 a ⋯⋯ 適量
④ 蒜頭（切碎）⋯⋯ 30公克
⑤ 洋蔥（切碎）⋯⋯ 30公克
⑥ 海鮮高湯 ⋯⋯ 130公克
⑦ 海膽 ⋯⋯ 10公克
⑧ 無鹽奶油 ⋯⋯ 10公克
⑨ 北海道干貝 ⋯⋯ 3個
⑩ 海鹽 ⋯⋯ 適量
⑪ 橄欖油 b ⋯⋯ 適量
⑫ 酸豆 ⋯⋯ 3顆
⑬ 山蘿蔔葉 ⋯⋯ 3朵

◆ 奶油檸檬醬

⑭ 水 b ⋯⋯ 800公克
⑮ 細砂糖 ⋯⋯ 50公克
⑯ 動物性鮮奶油 ⋯⋯ 250公克
⑰ 玉米粉 ⋯⋯ 10公克
⑱ 鹿角菜膠 ⋯⋯ 2公克
⑲ 黃檸檬汁 ⋯⋯ 50公克

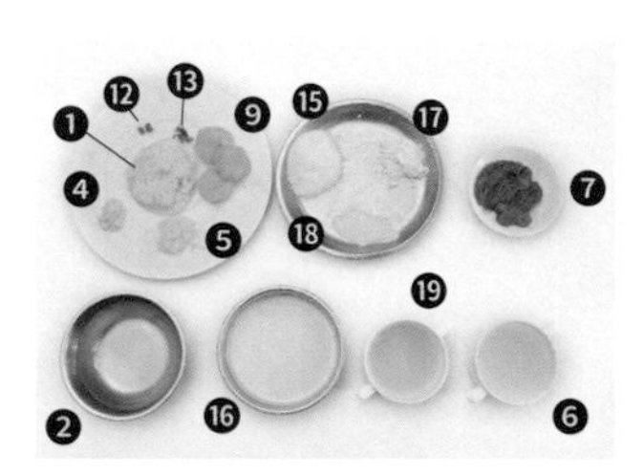

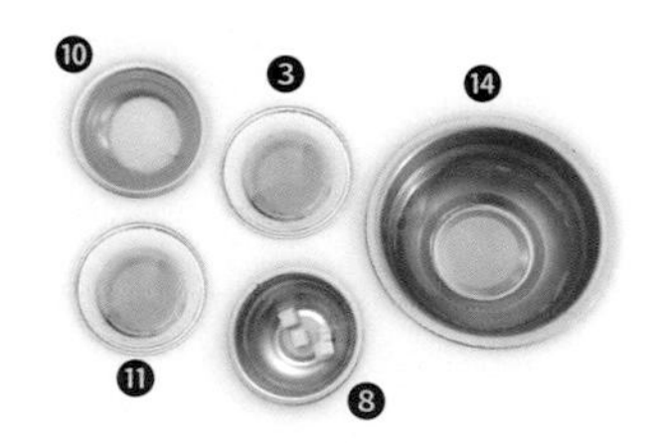

STEP BY STEP 步驟

前置作業

01 將酸豆、山蘿蔔葉洗淨，備用。

02 將洋蔥、蒜頭去皮切碎，備用。

北海道干貝海膽燉飯與香檳檸檬醬製作動態影片QRcode

海膽燉飯製作

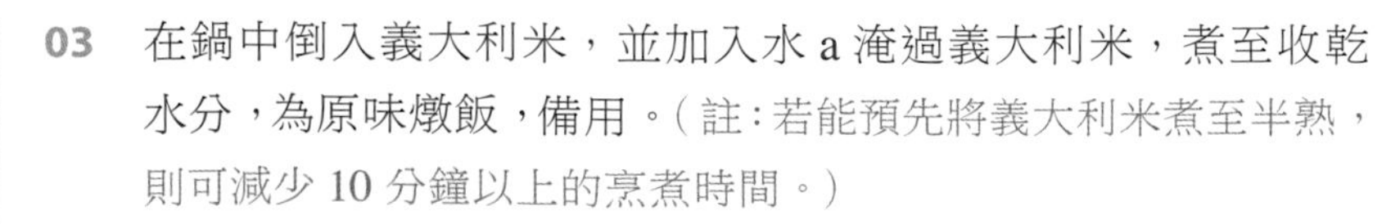

03 在鍋中倒入義大利米，並加入水 a 淹過義大利米，煮至收乾水分，為原味燉飯，備用。（註：若能預先將義大利米煮至半熟，則可減少10分鐘以上的烹煮時間。）

04 另取一個平底鍋，倒入橄欖油 a，加入蒜碎、洋蔥碎，爆香。

05 倒入原味燉飯，分次加入海鮮高湯，煮至水分稍微收乾。

06 加入海膽，拌炒至收乾水分。

07 加入無鹽奶油，拌炒均勻，完成海膽燉飯製作，盛盤。

奶油檸檬醬製作

08 在鍋中倒入水 b、細砂糖，拌至細砂糖融化。

09 加入動物性鮮奶油、玉米粉、鹿角菜膠，用打蛋器拌勻，煮至沸騰，關火。（註：因為會越來越濃稠，所以需要不斷攪拌，避免燒焦。）

10 一邊攪拌一邊倒入黃檸檬汁，完成奶油檸檬醬製作。

北海道干貝製作

11 在北海道干貝表面撒上少許海鹽調味。

12 在鍋中倒入橄欖油 b，放上北海道干貝，煎至金黃色，完成北海道干貝製作，盛盤。（註：生食級的北海道干貝建議不要煎到全熟，7 分熟是最好吃的程度。）

擺盤

13 取圓盤，放入海膽燉飯，並用手從盤底由下往上拍數下，以讓燉飯變平整。

14 將奶油檸檬醬以畫圈的方式淋在海膽燉飯上。

15 以抹刀鏟起北海道干貝，擺放在奶油檸檬醬上。

16 鏟起海膽擺放在北海道干貝之間。

17 以鑷子夾取酸豆、山蘿蔔葉裝飾，擺盤完成後，即可享用。

::: PROCESS :::

03-2

義大利米、水 a。

橄欖油 a、蒜碎、洋蔥碎。

原味燉飯、海鮮高湯。

海膽。

07

無鹽奶油。

水 b、細砂糖。

動物性鮮奶油、玉米粉、鹿角菜膠。

黃檸檬汁。

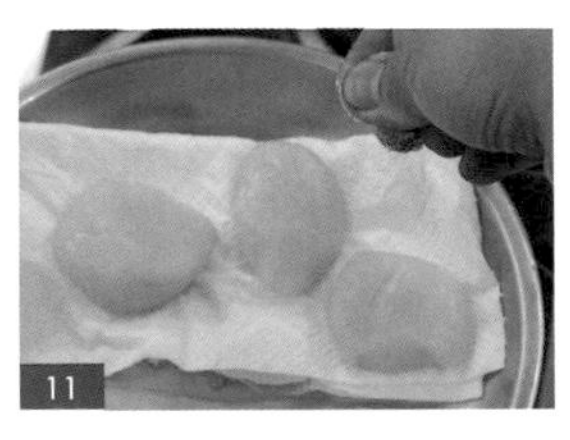

北海道干貝以海鹽調味。

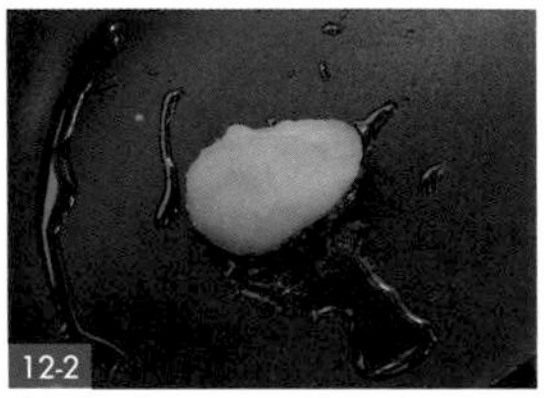

橄欖油 b、北海道干貝。

海膽燉飯、拍底盤。

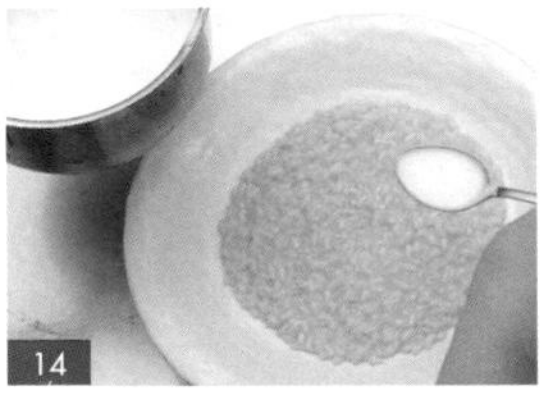

奶油檸檬醬。

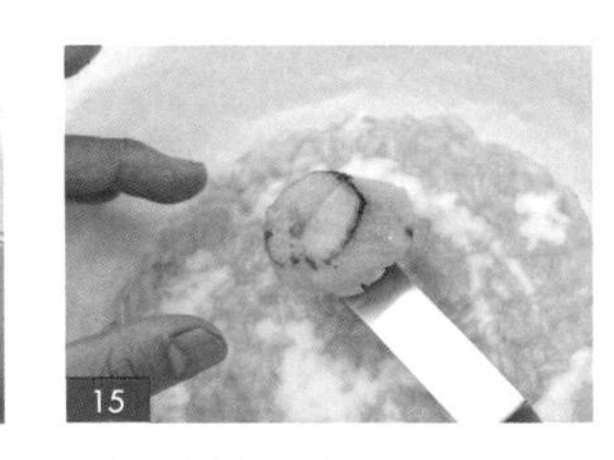

北海道干貝。

海膽。

裝飾。

用奶油檸檬醬在畫圈時，可以用擠瓶或擠花袋，會比較漂亮。

香煎雞腿捲佐紅火龍果燉飯與帕達諾菠菜醬

Pan-fried Chicken Roll with Red Dragon Risotto and Padano Spinach Sauce

INGREDIENTS 材料

① 去骨雞腿 …… 60 公克
② 海鹽 …… 適量
③ 橄欖油 …… 適量
④ 洋蔥（切碎）…… 30 公克
⑤ 蒜頭（切碎）…… 30 公克
⑥ 義大利米 …… 60 公克
⑦ 無鹽奶油 …… 20 公克
⑧ 帕瑪森乳酪粉 b …… 10 公克
⑨ 黃檸檬汁 …… 5 公克
⑩ 玉米苗 …… 3 支

◆ **燉飯醬汁**

⑪ 紅火龍果（對切）…… 150 公克
⑫ 水 …… 50 公克

◆ **帕達諾菠菜醬**

⑬ 動物性鮮奶油 …… 50 公克
⑭ 牛奶 …… 150 公克
⑮ 熟菠菜（切碎）…… 100 公克
⑯ 帕瑪森乳酪粉 a …… 150 公克

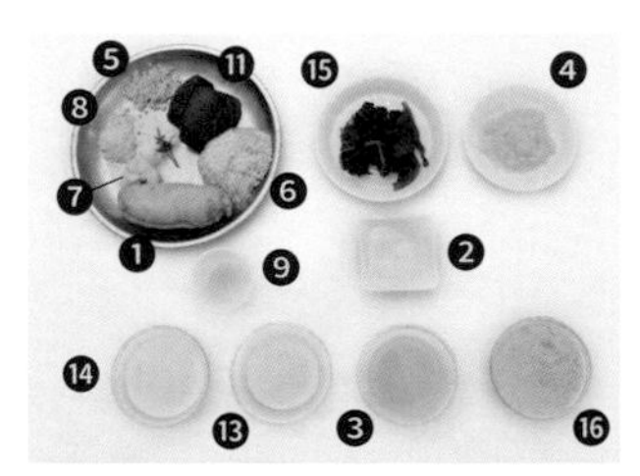

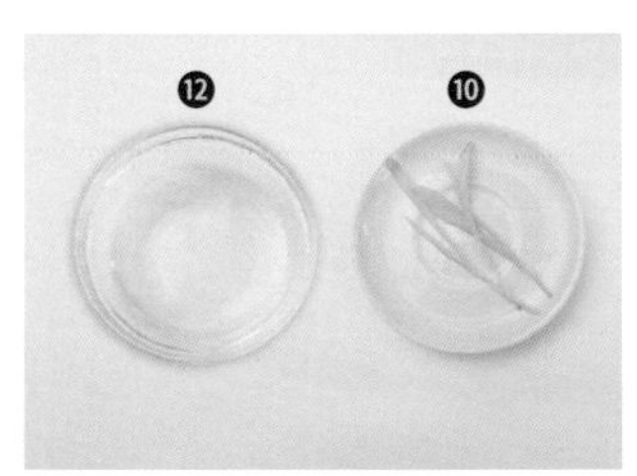

STEP BY STEP 步驟

前置作業

01 將玉米苗、菠菜洗淨，備用。

02 將菠菜川燙後切碎；紅火龍果去皮對切；洋蔥、蒜頭去皮切碎。

雞腿捲製作

03 在砧板上平鋪一張保鮮膜，將去骨雞腿的表皮朝下放在保鮮膜上，並在表面撒上少許海鹽調味。

04 將去骨雞腿往上摺一層後，用保鮮膜順勢將去骨雞腿往上捲，先往右再往左捲數層成圓柱形，為雞腿捲。

香煎雞腿捲佐紅火龍果燉飯與帕達諾菠菜醬製作動態影片 QRcode

05 將雞腿捲包緊後，用刀子切開多餘的保鮮膜，並用雙手旋緊兩端保鮮膜，以暫時固定，各打一個單結，蒸 20 分鐘後取出，切去頭尾以讓外觀好看，備用。

燉飯醬汁製作

06 取料理杯，放入紅火龍果塊、水，用手持料理棒攪勻。

07 以濾網為輔助，濾除顆粒較粗的雜質，一邊過濾一邊用湯匙輕壓濾網，以讓醬汁過篩，為燉飯醬汁，備用。

帕達諾菠菜醬製作

08 將動物性鮮奶油、牛奶、菠菜碎倒入鍋中，在爐上稍微加熱，關火，為菠菜醬。

09 取食物調理機，倒入帕瑪森乳酪粉 a、菠菜醬，攪打至泥狀，完成帕達諾菠菜醬製作，備用。

紅火龍果燉飯製作

10 在鍋中倒入適量的橄欖油 a，放入蒸過的雞腿捲，煎至上色後，盛盤，切塊，為雞腿捲塊。（註：須注意鍋子不能有水，否則在煎時會噴油。）

11 不換鍋，運用步驟 10 的雞油，加入洋蔥碎、蒜碎，爆香。

12 加入義大利米稍微拌炒後，再分次加入燉飯醬汁，拌炒至醬汁約收乾一半的量。（註：若能預先將義大利米煮至半熟，則可減少 10 分鐘以上的烹煮時間。）

13 加入無鹽奶油、帕瑪森乳酪粉 b、黃檸檬汁，拌炒均勻，為紅火龍果燉飯。

組合、盛盤

14 取圓盤，放上直徑 10 公分的圓形慕斯圈，在慕斯圈底部鋪滿紅火龍果燉飯。（註：雙手可同時扶著圓盤及圓形慕斯圈，在桌上輕敲幾下，以讓燉飯變平整。）

15 將雞腿捲塊擺放在紅火龍果燉飯上。

16 將帕達諾菠菜醬以逆時針的方式淋在圓形慕斯圈外。

17 將圓形慕斯圈拿起，將玉米苗斜放在雞腿捲塊上，即可享用。

::: PROCESS :::

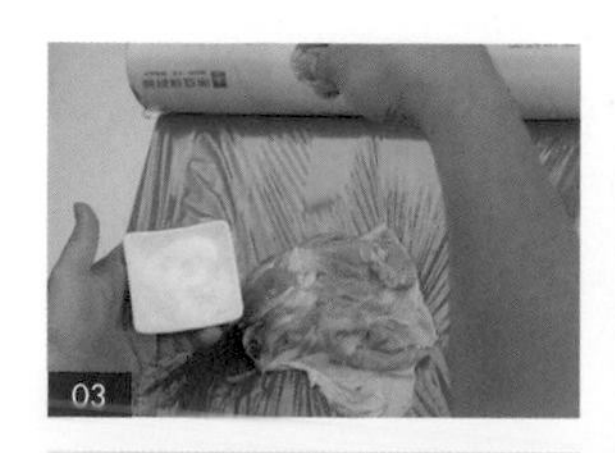
03

去骨雞腿以海鹽調味。

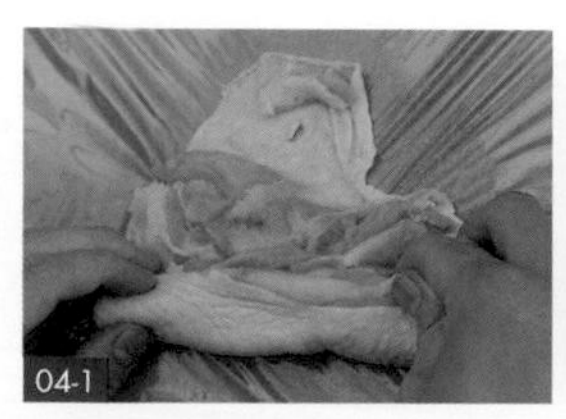
04-1

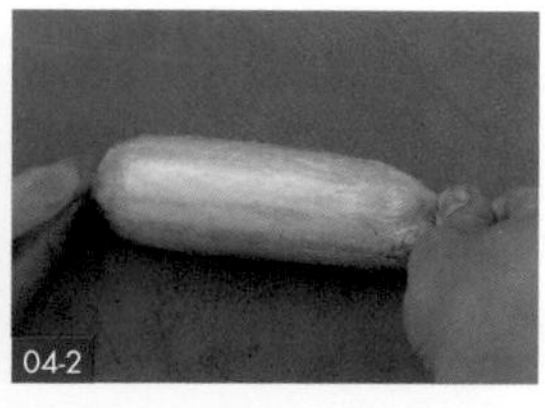
04-2

包覆去骨雞腿、捲緊。

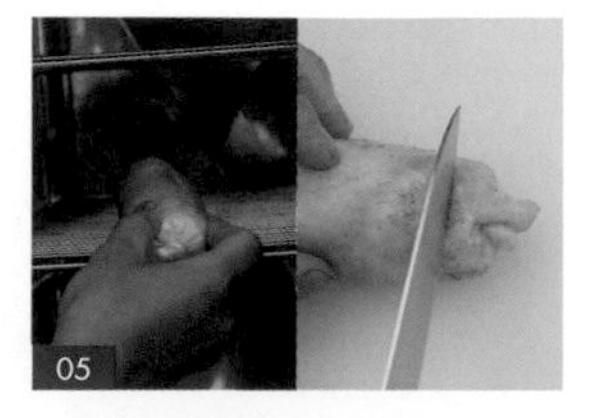
05

蒸雞腿捲、切頭尾。

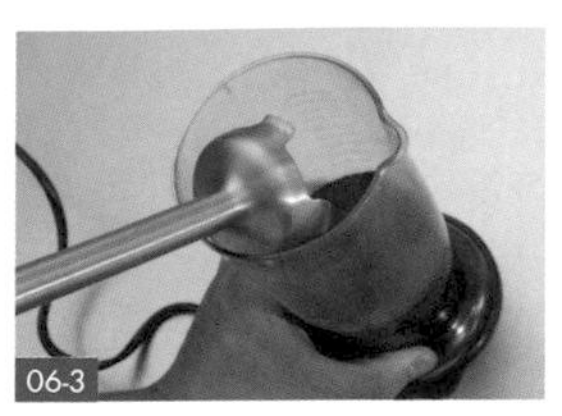

紅火龍果塊、水、攪打均勻。

過篩。

動物性鮮奶油、牛奶、菠菜碎。

帕瑪森乳酪粉 a、菠菜醬。

橄欖油、蒸過的雞腿捲。

步驟 10 的雞油、洋蔥碎、蒜碎。

義大利米、燉飯醬汁。

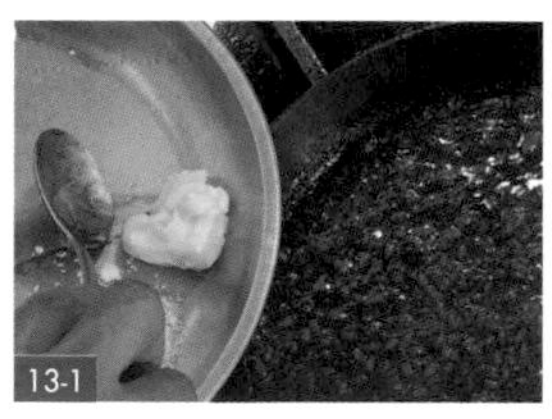

無鹽奶油、帕瑪森乳酪粉 b、黃檸檬汁。

紅火龍果燉飯。

雞腿捲塊。

帕達諾菠菜醬。

裝飾。

慕斯圈的大小會決定於燉飯的多寡，帕達諾菠菜醬一定要最後放，因為可以修飾燉飯的圓形。

- 海鮮高湯可以與番紅花，一起泡開 10 分鐘，使風味更均勻，能與飯結合。
- 烤熟的海鮮、雞腿肉塊放在飯上後，請勿再移動，不然移動的位置，會呈現下塌的感覺。

::: 人氣燉飯 POPULAR RISOTTO :::

西班牙海鮮飯

Spanish Seafood Paella

西班牙海鮮飯
製作動態影片
QRcode

INGREDIENTS 材料

① 番紅花 5 公克
② 海鮮高湯 a 60 公克
③ 橄欖油 a 適量
④ 雞腿肉 125 公克
⑤ 海鹽 a 適量
⑥ 橄欖油 b 適量
⑦ 草蝦 7 隻
⑧ 章魚 5 隻
⑨ 蛤蜊 8 個
⑩ 黑殼淡菜 6 個
⑪ 海鮮高湯 b 60 公克
⑫ 橄欖油 c 適量
⑬ 洋蔥（切碎） 30 公克
⑭ 蒜頭（切碎） 20 公克
⑮ 紅甜椒（切丁） 80 公克
⑯ 義大利米 200 公克
⑰ 海鮮高湯 c 60 公克
⑱ 匈牙利紅椒粉 5 公克
⑲ 海鹽 b 適量
⑳ 胡椒粉 適量
㉑ 義大利番茄罐頭 60 公克
㉒ 黃檸檬（切半） 1 顆
㉓ 巴西里葉（切碎） 1 公克

STEP BY STEP 步驟

前置作業

01 將黃檸檬切去頭尾，再切半，將半顆檸檬切成一開五，去籽，為黃檸檬角。（註：若不去籽，則較影響口感。）

02 將草蝦的頭拔開，剝除蝦殼，以牙籤戳進蝦身，取出腸泥，洗淨，備用。

03 將洋蔥、蒜頭去皮切碎；紅甜椒洗淨切丁；巴西里葉洗淨切碎，備用。（註：巴西里葉可用香菜代替。）

烹煮食材

同時

04 將番紅花加入海鮮高湯 a，煮滾後離火。（註：番紅花可用鬱金香粉代替。）

05 在另個鍋中倒入橄欖油 a，並先將雞腿肉以少許海鹽 a 調味，再將調味過的雞腿肉表皮朝下，放在鍋中煎至雞皮呈金黃色。

06 將雞腿肉翻面，並繼續煎，直至雙面上色後，取出盛盤。

烹煮海鮮食材

07 在鍋中倒入橄欖油 b，加入草蝦，煎至雙面呈橘紅色，盛盤。

08 不換鍋，放入章魚，煎至雙面上色，盛盤。

09 不換鍋，放入蛤蜊、黑殼淡菜、海鮮高湯 b，煮數分鐘後，盛盤。

海鮮燉飯製作

10 取另一空鍋，倒人橄欖油 c、洋蔥碎、蒜碎，爆香。

11 加入紅甜椒丁、義大利米，並分次倒入海鮮高湯 c，拌炒。

12 加入匈牙利紅椒粉，拌炒均勻。（註：匈牙利紅椒粉可用煙燻紅椒粉代替。）

13 加入少許海鹽 b、胡椒粉、義大利番茄罐頭，煮至水分收乾，盛盤，完成海鮮燉飯製作。

組合、盛盤

14 將雞腿肉直向切塊，再轉向切塊，為雞腿肉塊。（註：從有肉的那一面切塊，可保持完整性。）

15 取平底鍋，放入海鮮燉飯，用手從鍋底由下往上拍數下，以讓燉飯變平整。

16 以鑷子夾取黑殼淡菜，斜放在燉飯上。

17 夾取草蝦，蝦尾朝外，擺放在黑殼淡菜旁邊。

18 夾取章魚，橫放在草蝦旁邊。

19 夾取蛤蜊，擺放在燉飯上。

20 將雞腿肉塊依序擺放在燉飯的外圍後，蓋上鋁箔紙，放進烤箱，以上下火 180 度烤 3 分鐘。（註：若海鮮都未熟，則多須烤 2 分鐘。）

21 從烤箱取出後，將黃檸檬角斜放在海鮮的中間。

22 將巴西里葉碎依序撒在海鮮上，即可享用。

::: PROCESS :::

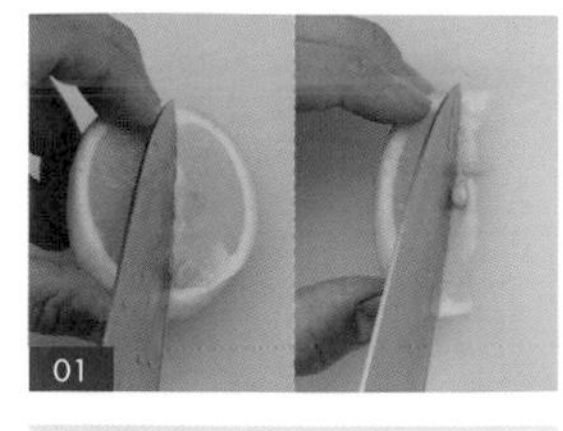

黃檸檬切一開五、去籽。

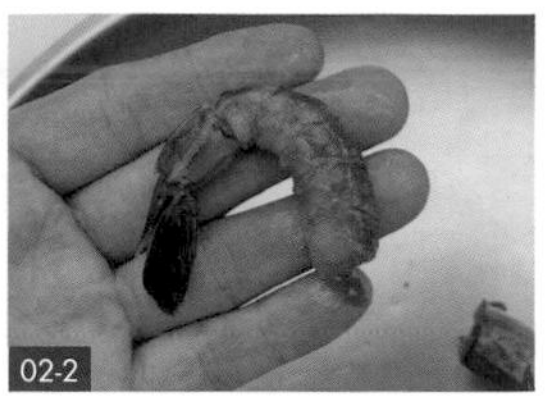

草蝦處理。

海鮮高湯 a、番紅花。

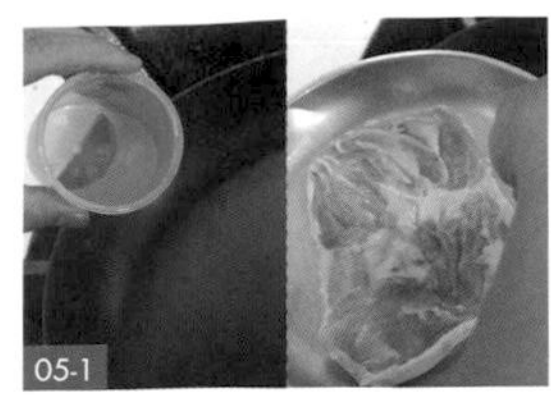

橄欖油 a、雞腿肉以海鹽 a 調味，煎雞腿肉。

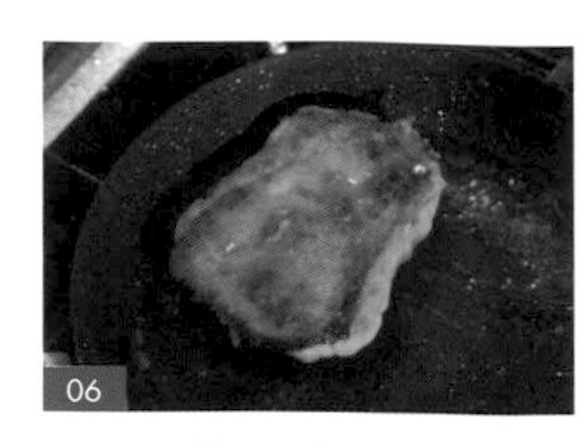

雞皮雙面上色。

橄欖油 b、草蝦。

章魚。

蛤蜊、黑殼淡菜，海鮮高湯 b。

橄欖油 c、洋蔥碎、蒜碎。

紅甜椒丁、義大利米。

匈牙利紅椒粉。

海鹽 b、胡椒粉、義大利番茄罐頭。

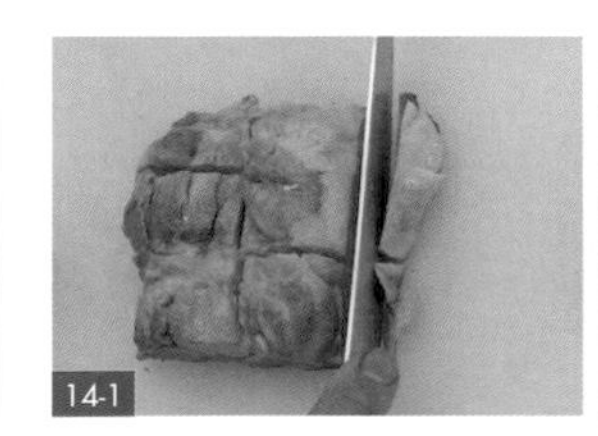
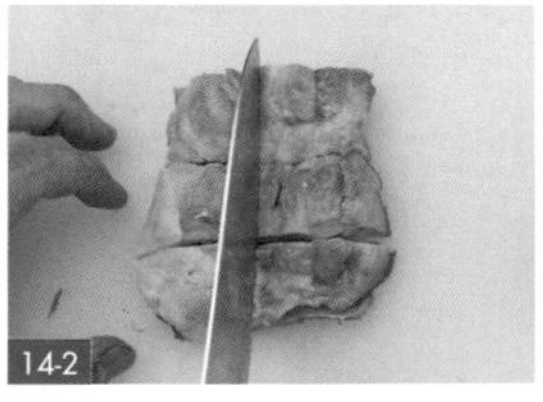

雞腿肉切塊。

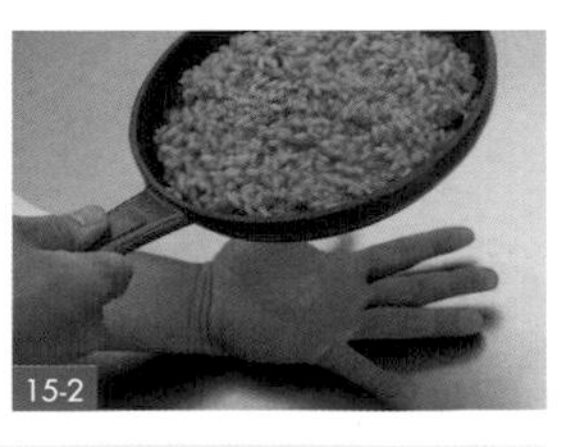

海鮮燉飯、拍鍋底。

黑殼淡菜。

草蝦。

章魚。

蛤蜊。

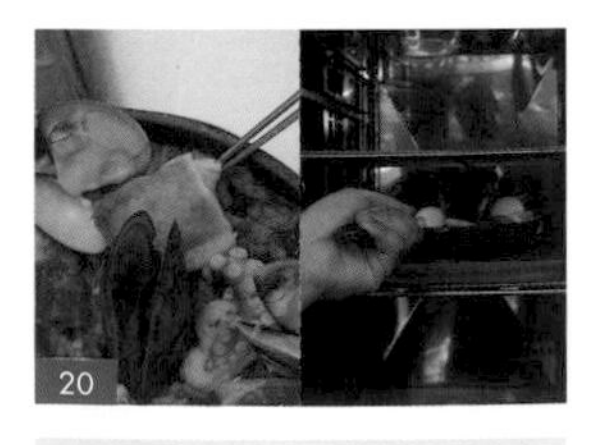

雞腿肉塊、烘烤。

擺盤。

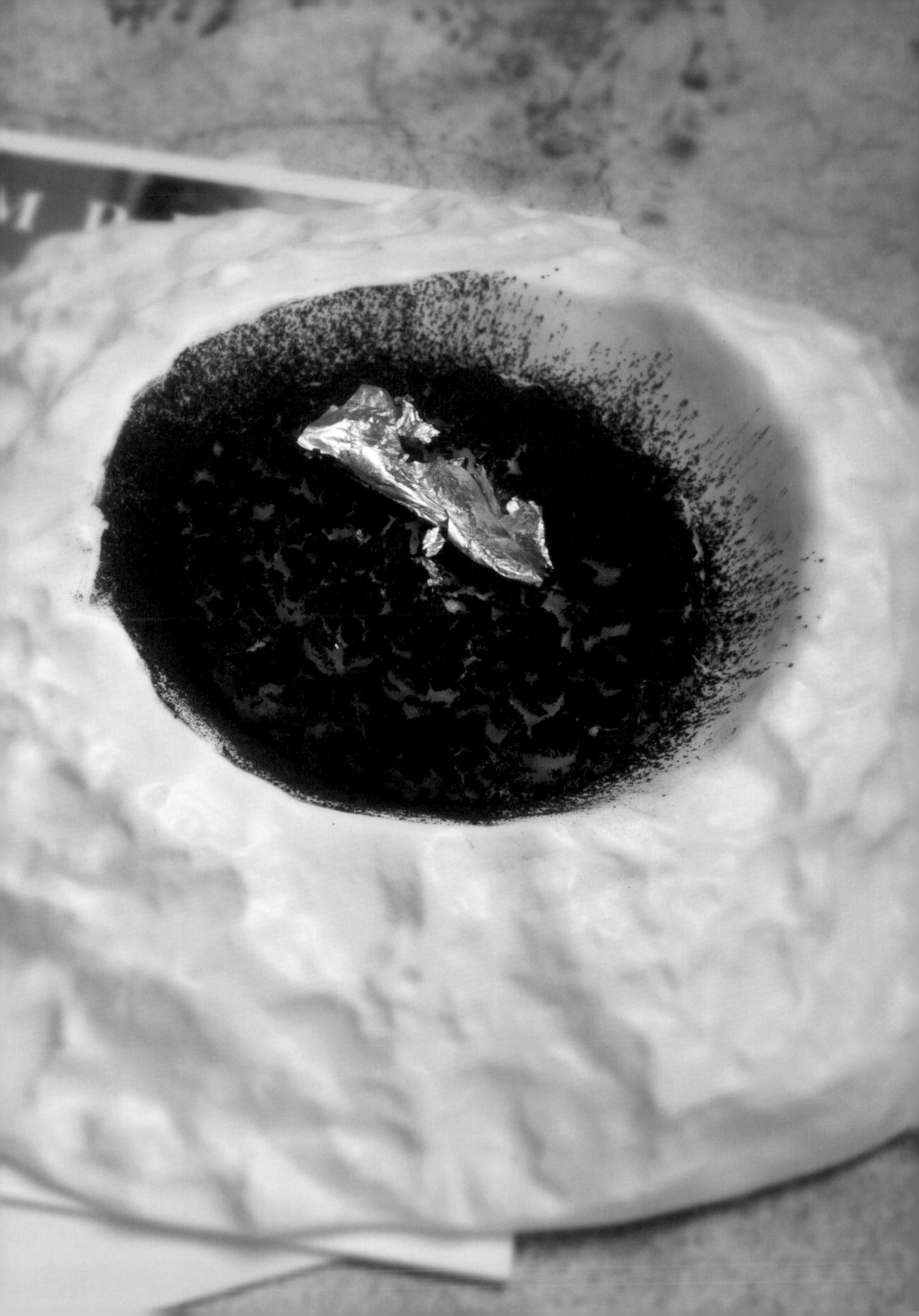

提拉米蘇起司燉飯

Tiramisu Cheese Risotto

INGREDIENTS 材料

① 橄欖油	適量	⑦ 帕瑪森乳酪粉	15 公克
② 洋蔥（切碎）	30 公克	⑧ 無鹽奶油	20 公克
③ 蒜頭（切碎）	30 公克	⑨ 黃檸檬（刨屑）	2 公克
④ 義大利米	100 公克	⑩ 防潮可可粉	3 公克
⑤ 雞高湯	適量	⑪ 金箔（裝飾）	適量
⑥ 馬斯卡彭起司	30 公克		

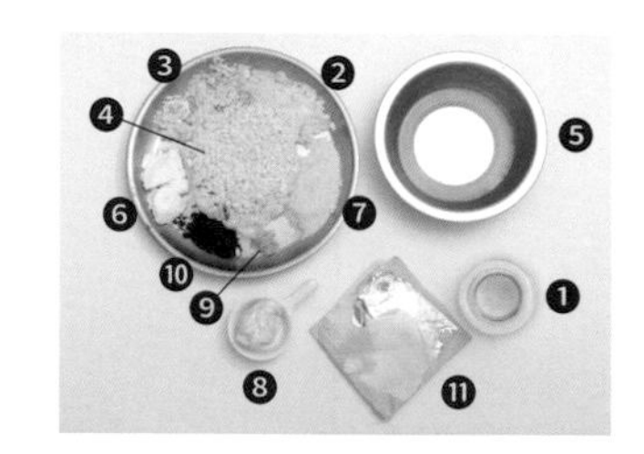

STEP BY STEP 步驟

前置作業

01 刨下黃檸檬皮屑；洋蔥、蒜頭去皮切碎。

提拉米蘇起司燉飯製作動態影片 QRcode

起司燉飯製作

02 在鍋中倒入橄欖油、洋蔥碎、蒜碎，爆香。

03 加入義大利米，分次加入雞高湯，拌炒至收乾水分。（註：若能預先將義大利米煮至半熟，則可減少 10 分鐘以上的烹煮時間。）

04 加入馬斯卡彭起司、帕瑪森乳酪粉、無鹽奶油，拌炒至無鹽奶油融化。（註：須快速攪拌，才能產生乳化效果。）

05 加入黃檸檬皮屑，稍微拌炒後，盛盤，為起司燉飯。

組合、盛盤

06 取圓盤，放入起司燉飯。

07 將防潮可可粉倒在篩網上，並以湯匙輕敲，在燉飯表面撒上一層防潮可可粉。

08 取一片金箔，表面貼在防潮可可粉上，拿起後即可享用。（註：須注意溫度不可過高，否則金箔會融化。）

::: PROCESS :::

橄欖油、洋蔥碎、蒜碎。

義大利米、雞高湯。

馬斯卡彭起司、帕瑪森乳酪粉、無鹽奶油。

黃檸檬皮屑。

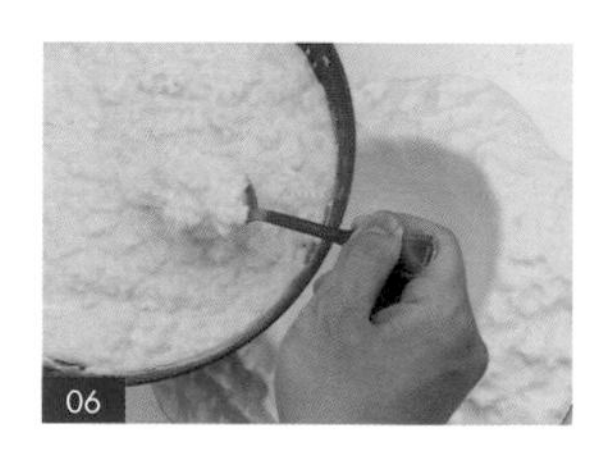

起司燉飯。

防潮可可粉。

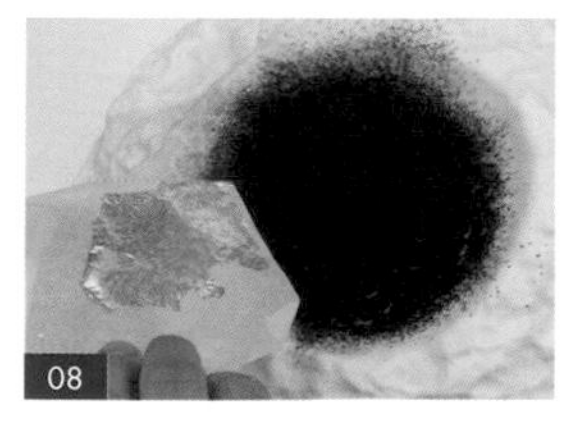

金箔。

湯汁與帕瑪森乳酪粉、無鹽奶油做結合，就是乳化效果，使醬汁能包覆米飯，不會分離。

TOMORROW

松露牛肝菌菇燉飯

Porcini Risotto with Truffle Paste

松露牛肝菌菇燉飯製作動態影片 QRcode

INGREDIENTS 材料

① 切片松本茸 …… 5 片
② 海鹽 …… 適量
③ 橄欖油 a …… 適量
④ 橄欖油 b …… 適量
⑤ 洋蔥（切碎） …… 30 公克
⑥ 蒜頭（切碎） …… 30 公克
⑦ 義大利米 …… 100 公克
⑧ 白酒 …… 20 公克
⑨ 雞高湯 …… 適量
⑩ 松露醬 …… 30 公克
⑪ 無鹽奶油 …… 10 公克
⑫ 帕瑪森乳酪粉 …… 10 公克
⑬ 牛肝菌粉 …… 適量（作法請參考 P.40。）
⑭ 松露（刨薄片後裝飾） …… 適量
⑮ 山蘿蔔葉（裝飾） …… 6 朵

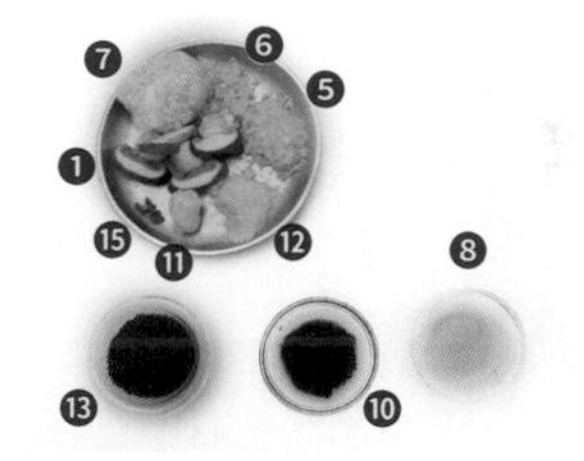

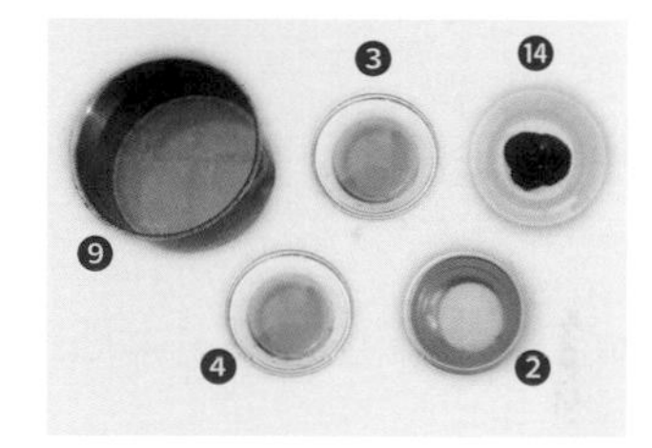

TIPS 小秘訣

- 松露醬不能加熱，否則味道會揮發掉。
- 因牛肝菌粉易受潮，所以須密封保存。

STEP BY STEP 步驟

前置作業

01 將松本茸洗淨切片；洋蔥、蒜頭去皮切碎；松露刨薄片。

02 將山蘿蔔葉洗淨，備用。

煎松本茸製作

03 在松本茸片的表面撒上少許海鹽調味。

04 在鍋中倒入橄欖油 a，加入松本茸片，煎至金黃色，盛盤，為煎松本茸片，備用。

松露牛肝菌菇燉飯製作

05 取另一空鍋，倒入橄欖油 b，加入洋蔥碎、蒜碎，爆香。

06 加入義大利米、白酒，分次倒入雞高湯，拌炒至水分收乾。

07 離火，倒入松露醬、無鹽奶油、帕瑪森乳酪粉，拌炒均勻至無鹽奶油融化，為松露牛肝菌菇燉飯，備用。（註：須離火，並快速攪拌，才能產生乳化效果。）

盛盤

08 取圓盤，放入松露牛肝菌菇燉飯，用手從盤底由下往上拍數下，以讓燉飯變平整。

09 以鑷子夾取煎松本茸片，擺放在燉飯上。

10 撒上些許牛肝菌粉，以加強味道的層次感。

11 夾取松露薄片、山蘿蔔葉裝飾，即可享用。

::: PROCESS :::

03 松本茸以海鹽調味。

04-1 04-2 橄欖油 a、松本茸片。

橄欖油 b、洋蔥碎、蒜碎。

義大利米、白酒、雞高湯。

松露醬、無鹽奶油、帕瑪森乳酪粉。

松露牛肝菌燉飯、拍盤底。

煎松本茸片。

牛肝菌粉。

擺盤。

佛卡夏番茄與帕瑪火腿披薩

Focaccia with Parma Ham Pizza

披薩麵團製作動態影片 QRcode

佛卡夏番茄與帕瑪火腿披薩製作動態影片 QRcode

INGREDIENTS 材料

① 橄欖油 b …… 少許
② 摩扎瑞拉起司片 …… 8 片
③ 切片牛番茄 …… 8 片
④ 羅勒 …… 11 片
⑤ 海鹽 b …… 適量
⑥ 帕瑪火腿 …… 6 片
⑦ 芝麻葉 …… 20 公克
⑧ 橄欖油 c …… 適量

◆ 手粉

⑨ 粗粒玉米粉 …… 100 公克
⑩ 杜蘭小麥粉 …… 100 公克

◆ 披薩餅皮

⑪ Caputo 00 麵粉 …… 1750 公克
⑫ 海鹽 a …… 55 公克
⑬ 水 …… 1000 公克
⑭ 新鮮酵母 …… 7 公克
⑮ 麥芽糖 …… 25 公克
⑯ 橄欖油 a …… 50 公克

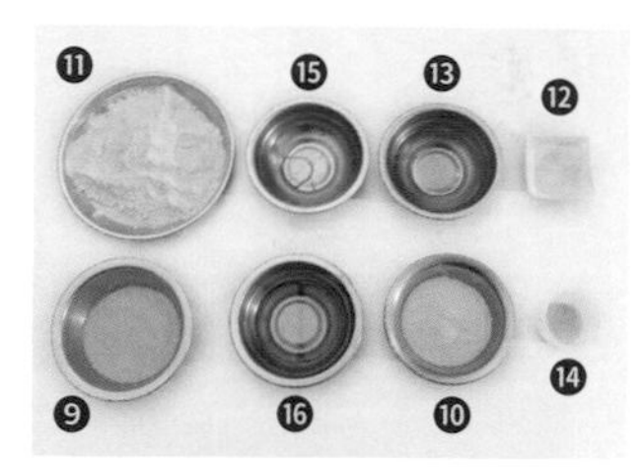

STEP BY STEP 步驟

前置作業

01 將芝麻葉、羅勒洗淨；牛番茄洗淨切片，備用。

02 將粗粒玉米粉、杜蘭小麥粉混勻，為手粉。

披薩麵團製作

03 取一鋼盆，倒入 Caputo 00 麵粉、少許海鹽 a，用手拌勻。

04 將新鮮酵母倒入水裡拌勻後，加入麥芽糖，為酵母混合物。

05 將酵母混合物分次倒入鋼盆內，用手抓勻。（註：每次倒入拌勻後，才可再次倒入酵母混合物。）

披薩麵團製作

06 倒入橄欖油 a，將麵團抓勻至不沾手的狀態。

07 將麵團放到桌上，用雙手搓揉成團，將麵團往上折疊，並以繞圈的方式滾成圓形。

08 重複步驟 7 約 3 次後，用手指以逆時針的方向按壓著麵團，並在掌心稍微整形。

09 將麵團放在桌上，以繞圈的方式滾成圓形，完成麵團的排氣動作。

10 將麵團放在烤盤上，放入冰箱，冷藏發酵，兩天後取出。（註：也可放室溫靜置 40 分鐘。）

披薩餅皮製作及烘烤

11 將手粉撒在發酵完成的麵團上。

12 將麵團放到桌上，持續按壓麵團四周，讓麵團呈現中間薄外圍厚的樣子。（註：桌上須先撒上手粉，以防麵團沾黏。）

13 將雙手放在麵團中間，用手心按壓麵團，逐漸擴大成披薩的形狀。（註：完成麵團的整形後，須清理麵團上的手粉，否則會影響口感。）

14 將圓形麵團放在長方形的烤盤上，並以畫圈的方式在披薩麵皮表面淋上橄欖油 b，放進烤箱，以上下火 220 度，烤 8 分鐘，即完成披薩餅皮。

15 重複步驟 3-14，完成第二張披薩餅皮。

披薩製作

16 披薩餅皮出爐後，在第一張披薩餅皮上放上摩扎瑞拉起司片。

17 將牛番茄片放在摩扎瑞拉起司片上。

18 將羅勒放在牛番茄片上。

19 在表面撒上少許海鹽 b，以調味。

20 將帕瑪火腿片捲起，擺放在牛番茄片上。

21 將芝麻葉放在帕瑪火腿片上。

22 在芝麻葉上淋上橄欖油 c。

23 將第二張披薩餅皮蓋在芝麻葉上，平均切成 6 等分，即可享用。

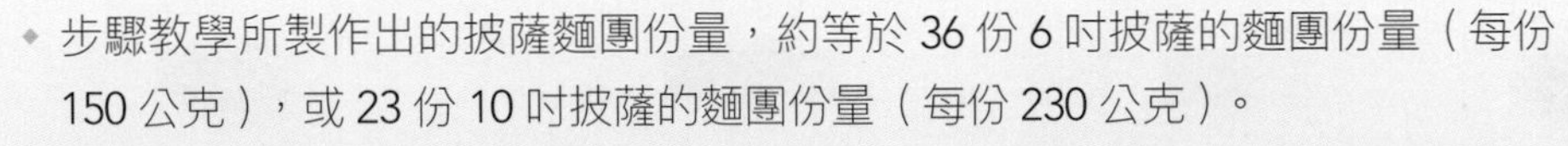

- 步驟教學所製作出的披薩麵團份量，約等於 36 份 6 吋披薩的麵團份量（每份 150 公克），或 23 份 10 吋披薩的麵團份量（每份 230 公克）。

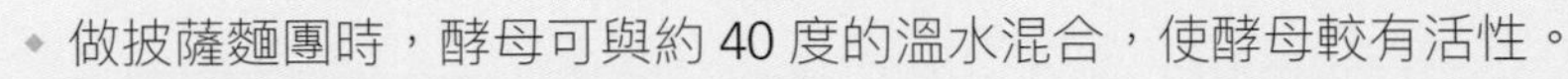

- 做披薩麵團時，酵母可與約 40 度的溫水混合，使酵母較有活性。
- 海鹽與新鮮酵母須分開放，否則鹽會抵制酵母的發酵，使披薩麵團無法發酵。
- 麵團可放室溫發酵，較能順利擀開麵團。
- 出餐前，可以送進烤箱複熱會更好吃。

::: PROCESS :::

Caputo 00 麵粉、海鹽 a。

新鮮酵母、水、麥芽糖。

05

酵母混合物。

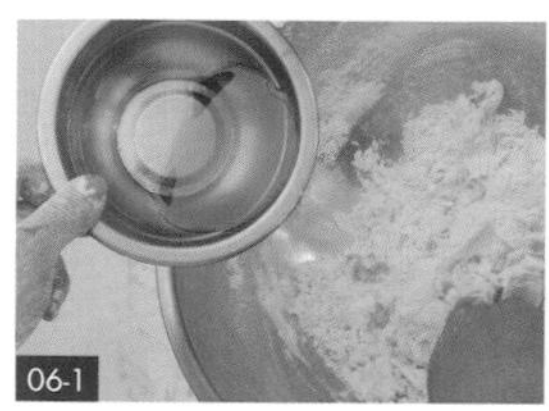

06-2

橄欖油 a、抓勻。

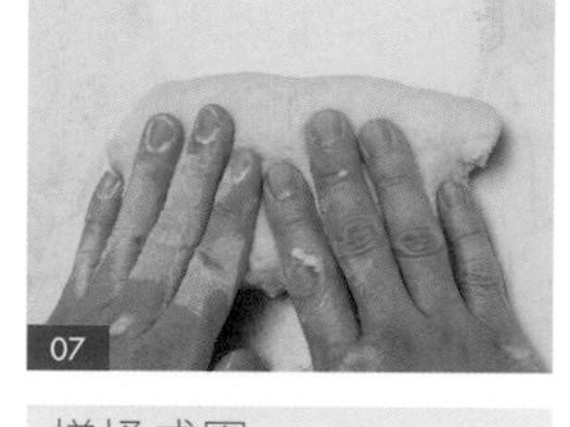

搓揉成團。

整形。

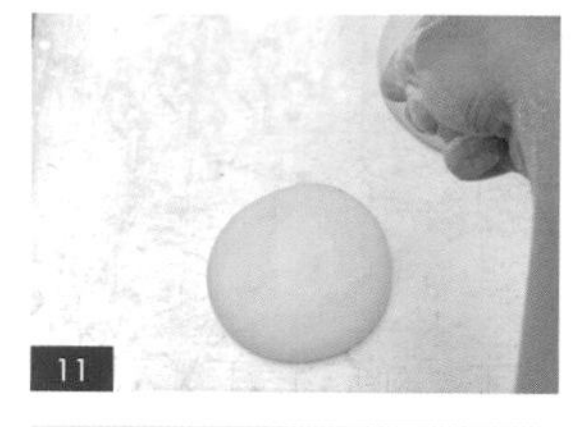

撒手粉。

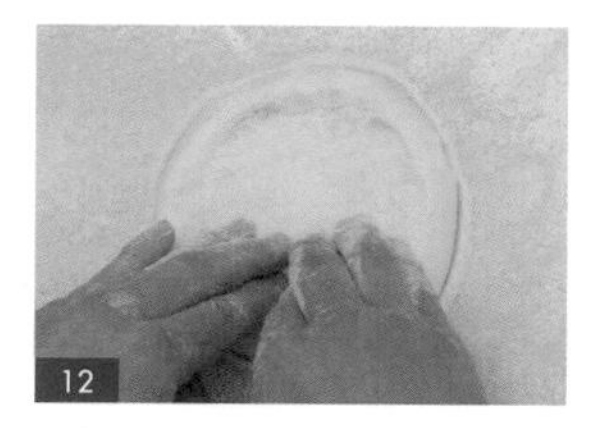

按壓麵團。

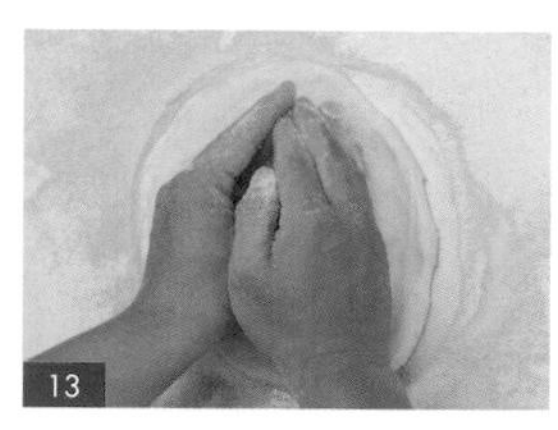

披薩形狀。

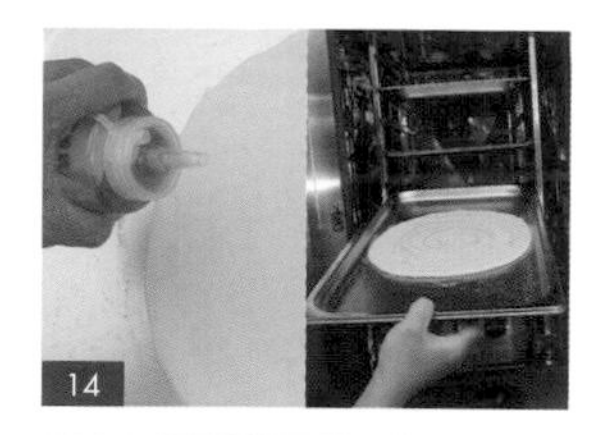

橄欖油 b、烘烤。

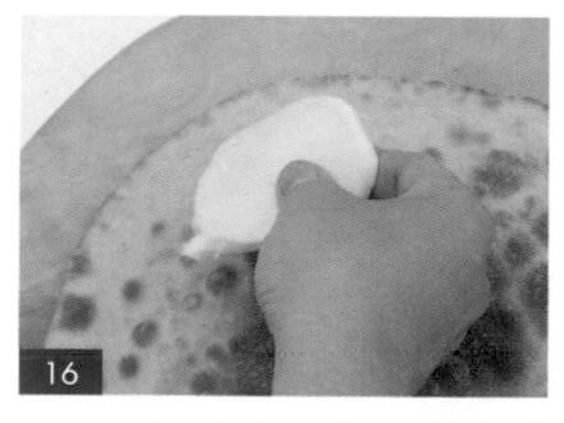

披薩餅皮、摩扎瑞拉起司片。

牛番茄片。

羅勒。

海鹽 b 調味。

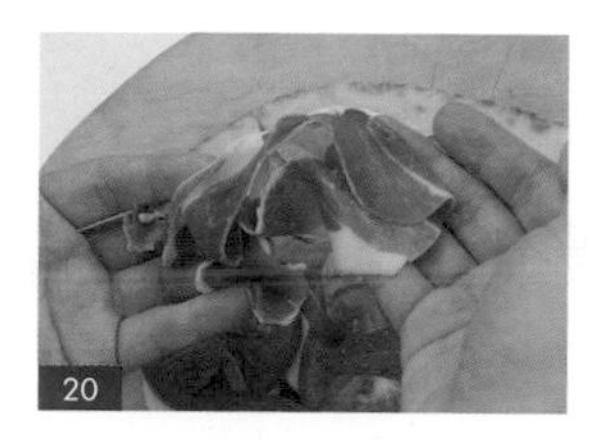

帕瑪火腿片。

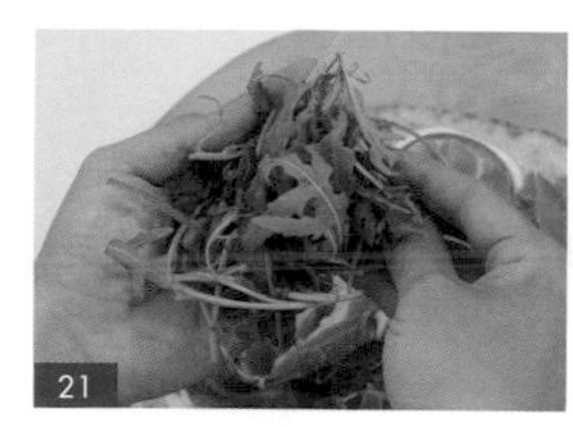

芝麻葉。

淋橄欖油 c。

蓋上第二張披薩餅皮。

100 LBS.
DESIGN YOUR LIFE
LOREM IPSUM

::: 人氣披薩 POPULAR PASTA :::

瑪格麗特披薩

Margherita Pizza

披薩麵團
製作動態影片
QRcode

瑪格麗特披薩
製作動態影片
QRcode

INGREDIENTS 材料

① 披薩麵團（6 吋）……… 1 塊
（作法請參考 P.193-P.194。）
② 番茄醬汁……… 60 公克
（作法請參考 P.38。）
③ 摩扎瑞拉起司塊……… 30 公克
④ 水牛起司……… 6 顆
⑤ 奧勒岡……… 少許
⑥ 橄欖油……… 少許
⑦ 羅勒……… 6 片

STEP BY STEP 步驟

披薩製作及烘烤

01 將羅勒洗淨，備用。

02 將披薩麵皮放在長方形的烤盤上，抹上番茄醬汁，外圍須保留 2 指寬不沾醬。（註：披薩麵皮的作法請參考 P.194。）

03 放上摩扎瑞拉起司塊，放進烤箱，以上下火 220 度，烤 8 分鐘。

04 出爐後盛盤，用披薩刀將披薩平均切成 6 等分。

05 將水牛起司平均擺放在切分好的披薩上。

06 在披薩表面撒上奧勒岡，淋上橄欖油後，將羅勒擺放在水牛起司上，即可享用。

::: PROCESS :::

披薩麵皮、番茄醬汁。

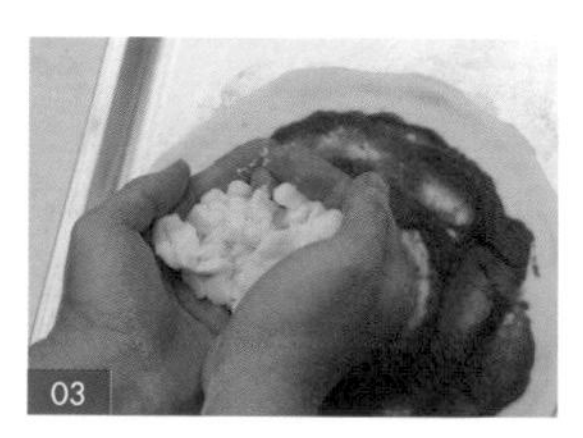

摩扎瑞拉起司塊。

切 6 等分。

水牛起司。

06-2

奧勒岡、橄欖油、羅勒。

北義松露野菇方形披薩

Italian Truffle Wild Mushroom Pizza

INGREDIENTS 材料

① 橄欖油 ⋯⋯⋯⋯ 適量
② 蘑菇（對切）⋯⋯⋯⋯ 3 顆
③ 海鹽 ⋯⋯⋯⋯ 適量
④ 蒜苗（取綠色處切小段）⋯⋯⋯⋯ 1 支
⑤ 牛肝菌菇 ⋯⋯⋯⋯ 50 公克
⑥ 披薩麵團（6 吋）⋯⋯⋯⋯ 1 塊
（作法請參考 P.193-P.194。）
⑦ 摩扎瑞拉起司塊 ⋯⋯ 30 公克
⑧ 松露油 ⋯⋯⋯⋯ 少許
⑨ 松露（刨片）⋯⋯⋯⋯ 13 片

◆ **松露奶油醬**

⑩ 松露醬 ⋯⋯⋯⋯ 30 公克
⑪ 動物性鮮奶油 ⋯⋯⋯⋯ 60 公克

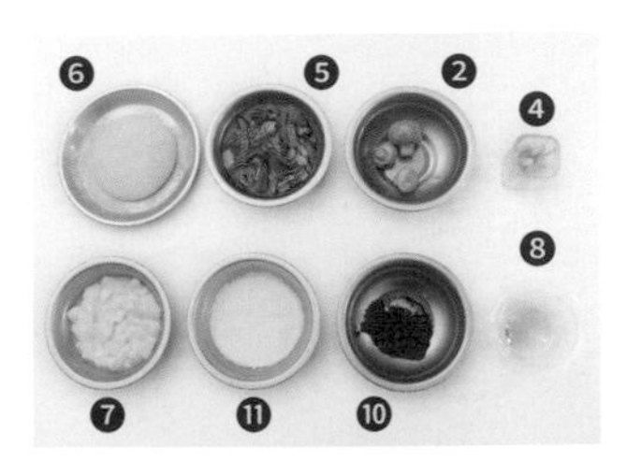

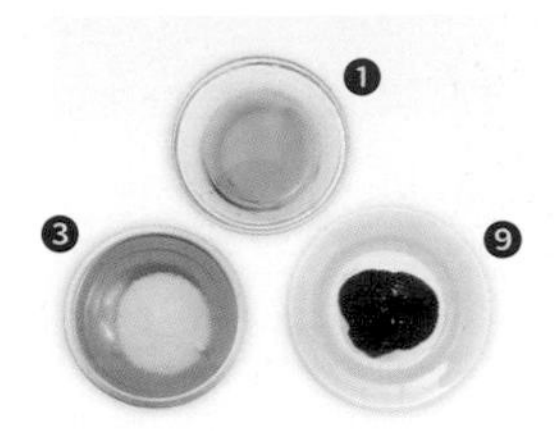

STEP BY STEP 步驟

前置作業

01 將松露刨成片狀；蒜苗洗淨取綠色處切小段；蘑菇洗淨對切。

配料製作

02 在鍋中倒入橄欖油、對切蘑菇，炒至上色。

03 加入少許海鹽、蒜苗段、牛肝菌菇，拌炒後盛盤，為配料，備用。

披薩製作

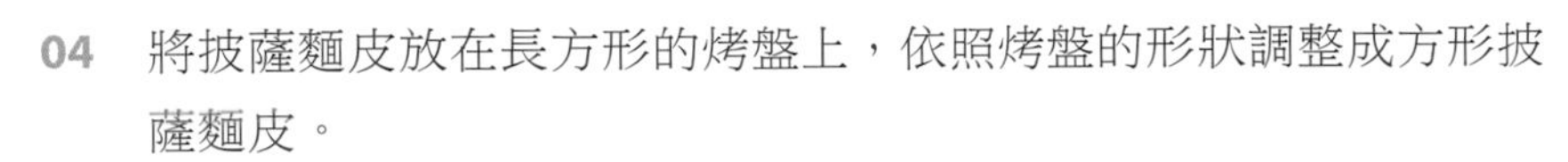

04 將披薩麵皮放在長方形的烤盤上，依照烤盤的形狀調整成方形披薩麵皮。

05 將松露醬倒入動物性鮮奶油裡，拌勻，為松露奶油醬，備用。

06 將摩扎瑞拉起司塊平鋪在方形披薩麵皮上。

07 將松露奶油醬平均淋在方形披薩麵皮上。

08 將烹煮的配料平均擺放在摩扎瑞拉起司塊旁。

披薩麵團製作動態影片 QRcode

北義松露野菇方形披薩製作動態影片 QRcode

烘烤

09 放入烤箱，以上下火 220 度，烤 8 分鐘。

10 出爐後盛盤，將披薩從中間橫切後，再轉向直切，平均分成 8 等分。

11 將松露油淋在方形披薩上。

12 以鑷子夾取松露片，平鋪在方形披薩上，即可享用。

::: PROCESS :::

橄欖油、對切蘑菇。

海鹽、蒜苗段、牛肝菌菇。

04

方形披薩麵皮。

動物性鮮奶油、松露醬。

披薩麵皮、摩扎瑞拉起司塊。

松露奶油醬。

烹煮的配料。

烘烤。

切 8 等分。

淋松露油。

松露片。

香菇、菠菜、南瓜等烘烤後會大量出水的蔬菜，建議先烤過把部分的水分逼出來，否則披薩皮會變得溼溼軟軟的，較影響口感；洋蔥、紅椒等不易出水的蔬菜，在經過長時間的煎、烘烤後產生的焦糖化反應，較適合放在披薩上當配料，口感會比直接用生食的風味更多元。

超蝦海鮮披薩

Double Prawn Seafood Pizza

披薩麵團
製作動態影片
QRcode

超蝦海鮮披薩
製作動態影片
QRcode

INGREDIENTS 材料

① 披薩麵團（6 吋）……… 1 塊
（作法請參考 P.193-P.194。）
② 番茄醬汁……… 60 公克
（作法請參考 P.38。）
③ 摩扎瑞拉起司塊…… 80 公克
④ 草蝦……… 30 隻
⑤ 美乃滋……… 40 公克
⑥ 山蘿蔔葉……… 6 朵

STEP BY STEP 步驟

前置作業

01 將山蘿蔔葉洗淨，備用。

02 將草蝦剝殼，用剪刀剪掉蝦頭的蝦鬚、尖刺後，以牙籤去腸泥。

03 用刀子劃開蝦身，將竹籤從草蝦底部串進去，為草蝦串。

04 將水煮滾後，川燙草蝦串。

05 準備一盆加入冰塊的水，放入草蝦串冰鎮，備用。

06 重複步驟 2-5，完成 30 隻草蝦處理。

披薩製作及烘烤

07 將披薩麵皮放在烤盤上，抹上番茄醬汁，外圍須保留 2 指寬不沾醬。（註：披薩麵皮的作法請參考 P.194。）

08 將摩扎瑞拉起司塊平鋪在番茄醬汁上。

09 放入烤箱，以上下火 220 度，烤 8 分鐘。

10 出爐後盛盤，將披薩平均切成 6 等分。

11 取出草蝦的竹籤，並以蝦頭朝外的方式，依序將草蝦擺放在披薩上。

12 將美乃滋以閃電狀方式淋在草蝦上。

13 以鑷子夾取山蘿蔔葉，依序擺放在蝦尾及披薩的中間處，即可享用。

::: PROCESS :::

草蝦處理。

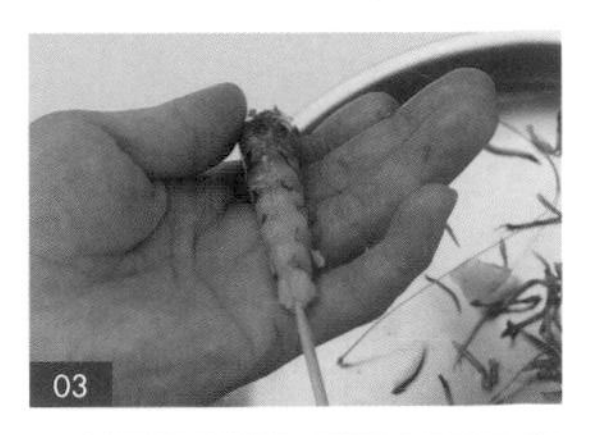

串草蝦。

川燙草蝦串。

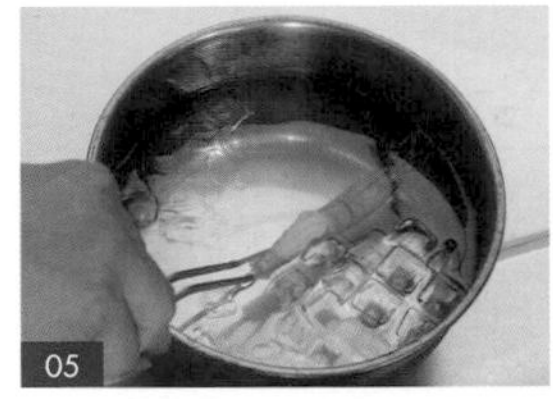

冰鎮。

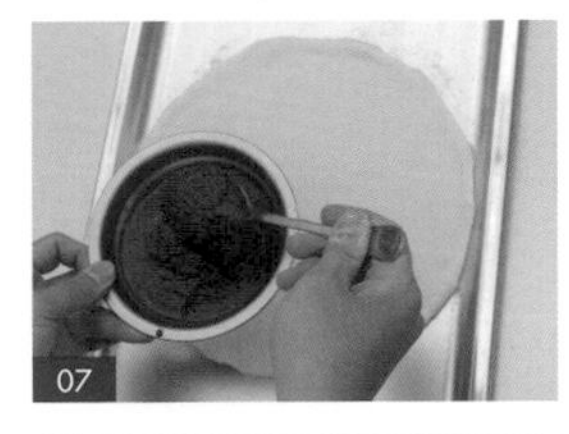

披薩麵皮、番茄醬汁。

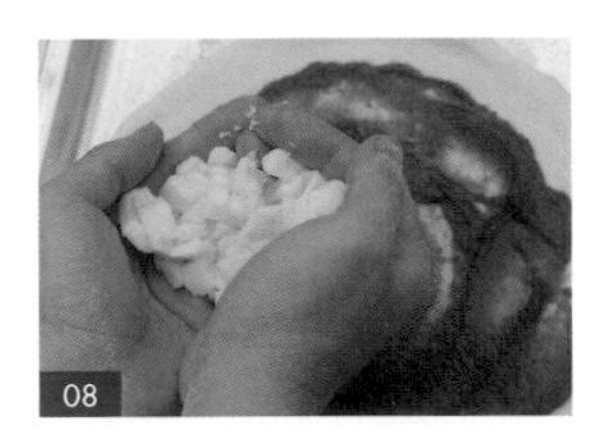

摩扎瑞拉起司塊。

烘烤。

切 6 等分。

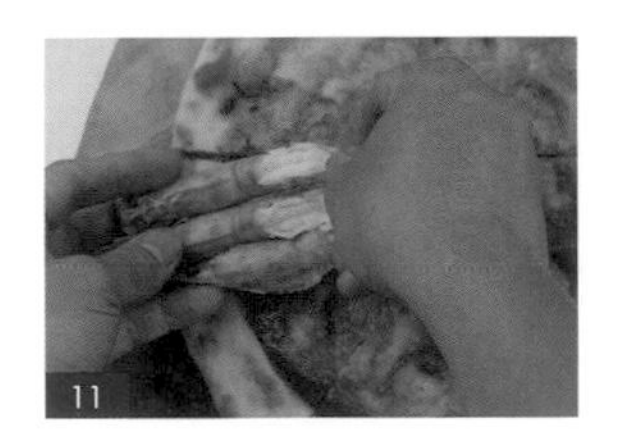

蝦頭朝外擺放。

美乃滋。

擺盤。

- 要把草蝦頭部的腳，全部清除，怕掉進披薩內部，影響口感。
- 草蝦要先放在擦手紙上吸乾水分再放上披薩，如果太濕，會影響脆度。

四種起司飛碟披薩

Four Kinds Cheese Pizza

披薩麵團
製作動態影片
QRcode

INGREDIENTS 材料

① 披薩麵團（6 吋）…… 2 塊
（作法請參考 P.193-P.194。）
② 摩扎瑞拉起司塊 …… 20 公克
③ 戈貢佐拉起司 …… 15 公克
④ 佛提娜起司 …… 15 公克
⑤ 皮寇尼歐起司 …… 20 公克
⑥ 蜂蜜 …… 適量
⑦ 辣椒油 …… 適量

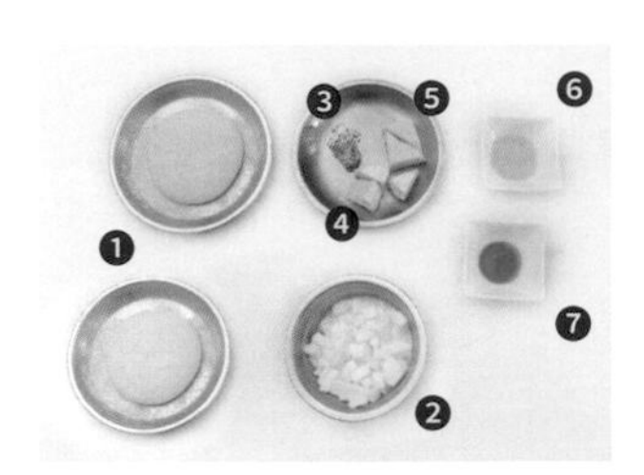

四種起司飛碟
披薩製作動態
影片 QRcode

STEP BY STEP 步驟

披薩製作及烘烤

01 將 1 塊披薩麵皮放在烤盤底部，將摩扎瑞拉起司塊平鋪在披薩麵皮上。（註：披薩麵皮的作法請參考 P.194。）

02 將戈貢佐拉起司、佛提娜起司、皮寇尼歐起司分別剝小塊，平鋪在披薩麵皮上，為四種起司披薩，備用。

03 將另一塊披薩麵皮蓋在四種起司披薩上。

04 將手指放在兩塊披薩麵皮間，捏出皺摺，以緊密兩塊披薩餅皮的交界處，持續捏至第一個皺摺處後，預留一缺口。

05 取充氣器，往縫隙充氣至披薩麵皮膨脹，收口密封。

06 放入烤箱，以上下火 220 度，烤 8 分鐘至餅皮呈金黃色。

07 出爐後盛盤，搭配蜂蜜、辣椒油，即可享用。

::: PROCESS :::

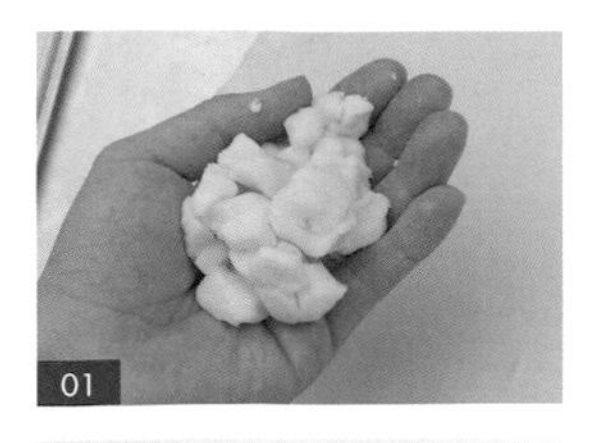

披薩麵皮、摩扎瑞拉起司塊。

戈貢佐拉起司、佛提娜起司、皮寇尼歐起司。

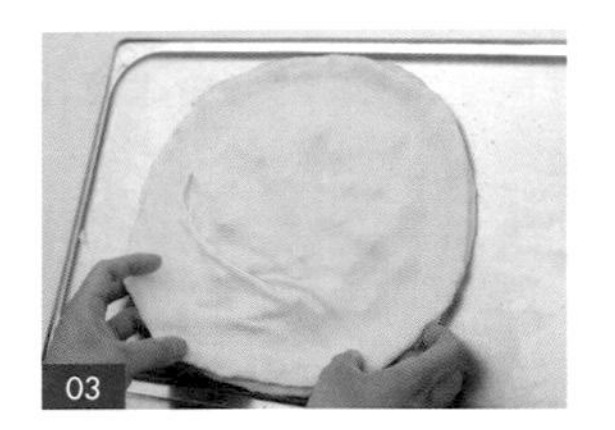

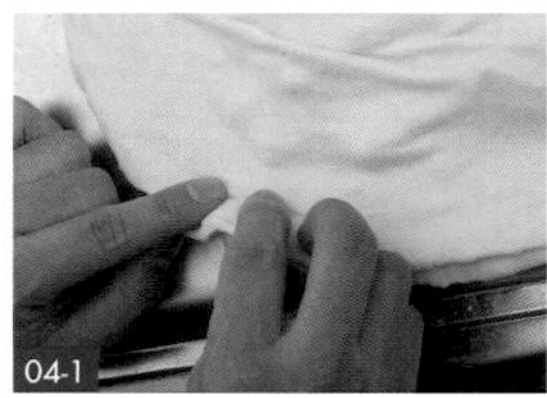

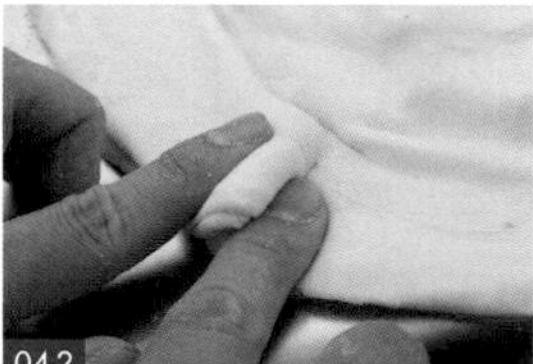

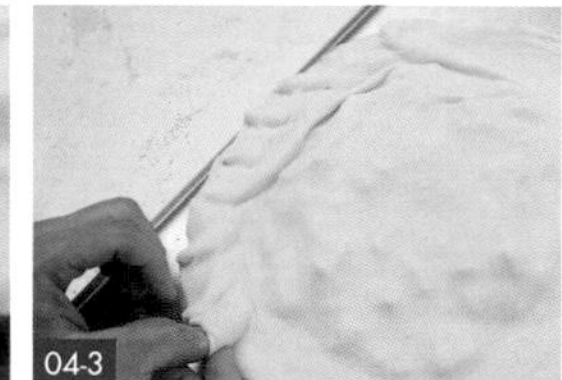

蓋另一塊披薩麵皮。

折疊披薩麵皮。

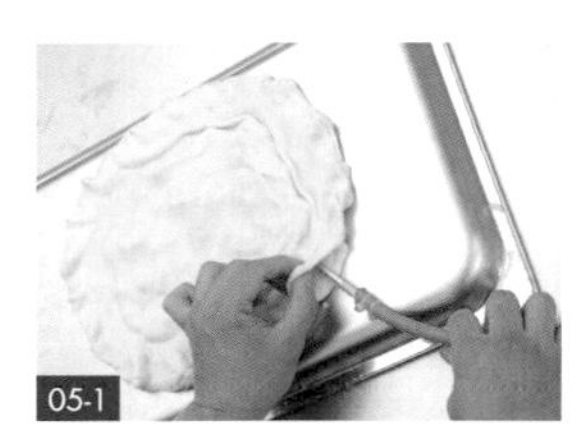

充氣膨脹、收口密封。

06

烘烤。

- 當兩面披薩麵皮合在一起時，須緊密每一個封口，否則無法膨脹。
- 當披薩顏色烤至金黃色時，關上火，繼續烤至 12 分鐘，避免頂部太黑。

歐利歐巧克力核桃香蕉披薩

Oreo Chocolate Walnut Banana Pizza

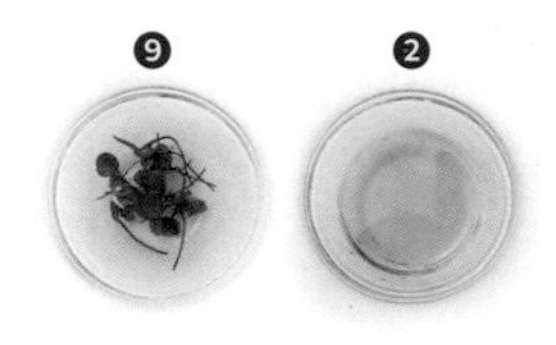

INGREDIENTS 材料

① 披薩麵團（6吋）……1塊
（作法請參考 P.193-P.194。）
② 橄欖油……適量
③ 摩札瑞拉起司塊……30公克
④ 香蕉（切片）……1根
⑤ 巧克力醬……30公克
⑥ 棉花糖……6個
⑦ 核桃（捏碎）……20公克
⑧ 歐利歐巧克力餅乾……3個
⑨ 紅莧苗……適量

STEP BY STEP 步驟

前置作業

01 將香蕉去皮切片；紅莧苗洗淨；核桃稍微捏碎。

披薩基底製作及烘烤

02 將披薩麵皮放在長方形烤盤上，在披薩麵皮表面淋上少許橄欖油。（註：披薩麵皮的作法請參考 P.194。）

03 將摩札瑞拉起司塊平鋪在披薩麵皮上。

04 將香蕉片平均擺放在披薩麵皮上。

05 將巧克力醬以畫圈的方式淋在披薩麵皮上。

06 放入烤箱，以上下火220度，烤8分鐘。

披薩麵團
製作動態影片
QRcode

歐利歐巧克力
核桃香蕉披薩
製作動態影片
QRcode

披薩組合製作及烘烤

07 出爐後將披薩餅皮放在烤盤的底部，用披薩刀平均切成 6 等分。

08 將棉花糖擺放在披薩餅皮上。

09 將核桃碎撒在披薩餅皮上。

10 再放入烤箱，以上下火 220 度，烤 2 分鐘至表面金黃。

11 出爐後盛盤，將歐利歐巧克力餅乾擺放在披薩上。

12 以鑷子夾取紅莧苗，擺放在棉花糖上裝飾，即可享用。

::: PROCESS :::

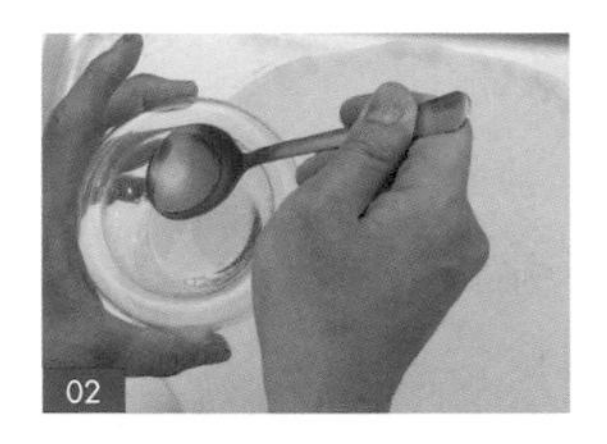

披薩麵皮、橄欖油。

摩扎瑞拉起司塊。

香蕉片。

巧克力醬。

烘烤。

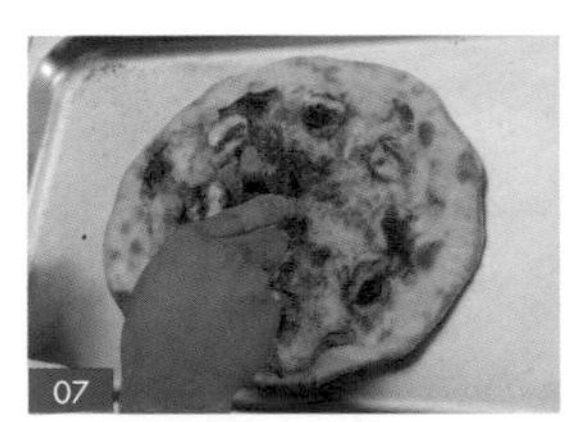

切 6 等分。

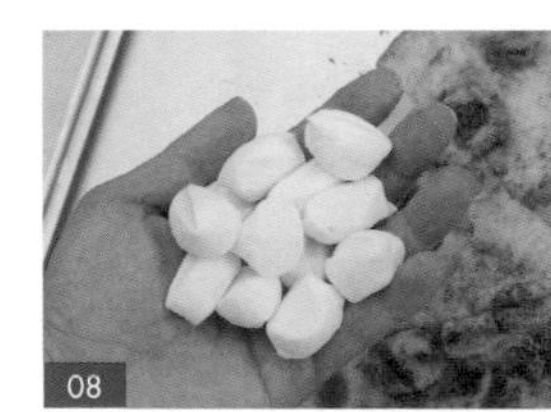

棉花糖。

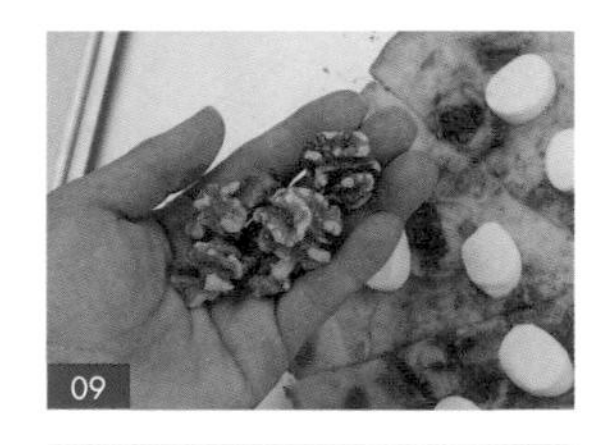

捏碎核桃。

烤棉花糖。

歐利歐巧克力餅乾。

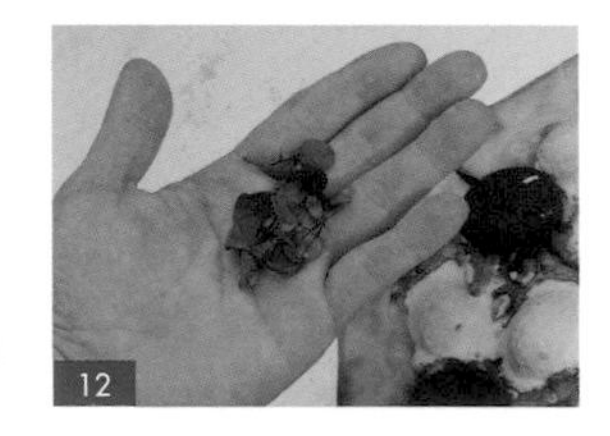

裝飾。

- 放進烤箱前，可以塗些許橄欖油或無鹽奶油在披薩麵皮上，烤起來才不會覺得濕潤。
- 建議香蕉可以選熟一點，才有足夠的香氣。
- 因為棉花糖容易烤焦，所以建議最後放。

香草冰淇淋水果披薩

Vanilla Ice Cream Fruit Pizza

INGREDIENTS 材料

① 披薩麵團（6 吋）……1 塊（作法請參考 P.193-P.194。）
② 摩扎瑞拉起司條……6 條
③ 摩扎瑞拉起司塊……40 公克
④ 檸檬卡士達醬……30 公克（作法請參考 P.48。）
⑤ 草莓……8 顆
⑥ 藍莓……12 顆
⑦ 薄荷葉（裝飾）……少許
⑧ 香草冰淇淋……20 公克
⑨ 糖粉（裝飾）……少許

STEP BY STEP 步驟

前置作業

01 將草莓洗淨，切掉蒂頭。

02 將藍莓、薄荷葉洗淨，備用。

披薩製作及烘烤

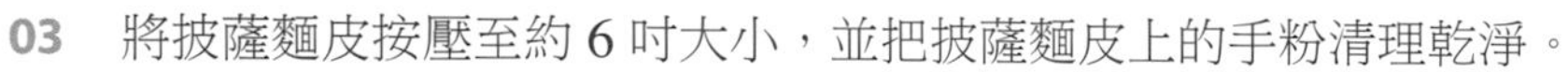

03 將披薩麵皮按壓至約 6 吋大小，並把披薩麵皮上的手粉清理乾淨。

04 將披薩麵皮放在烤盤的底部，用刀鋒在披薩麵皮平均切 8 個切口。

05 將摩扎瑞拉起司條擺放在切口上，將兩側切口朝上捏成尖角，共捏出 8 個尖角，呈星形。

06 將摩扎瑞拉起司塊放在披薩麵皮中間。

07 放入烤箱，以上下火 220 度，烤 8 分鐘。

披薩麵團製作動態影片 QRcode

香草冰淇淋水果披薩製作動態影片 QRcode

披薩組合及裝飾

08 出爐後盛盤，將檸檬卡士達醬塗抹在披薩中間。

09 將草莓底部朝下擺放在檸檬卡士達醬上。（註：以繞圈方式由外往內擺放並鋪滿。）

10 將藍莓擺放在草莓之間的縫隙。

11 以鑷子夾取薄荷葉，平放在草莓上。

12 將香草冰淇淋擺放在草莓上。

13 將糖粉放在篩網上，並以湯匙輕敲，將糖粉均勻撒在水果及冰淇淋上，即可享用。

::: PROCESS :::

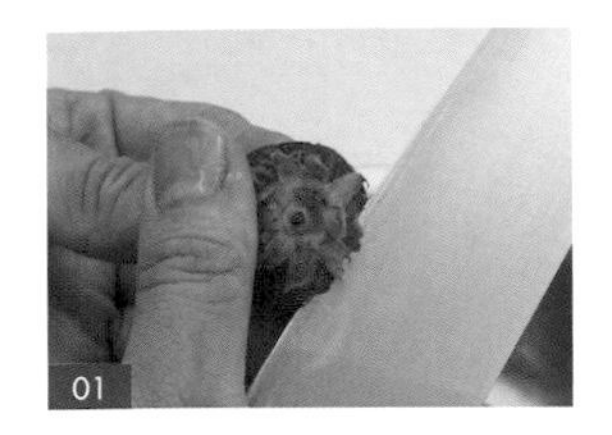

草莓處理。

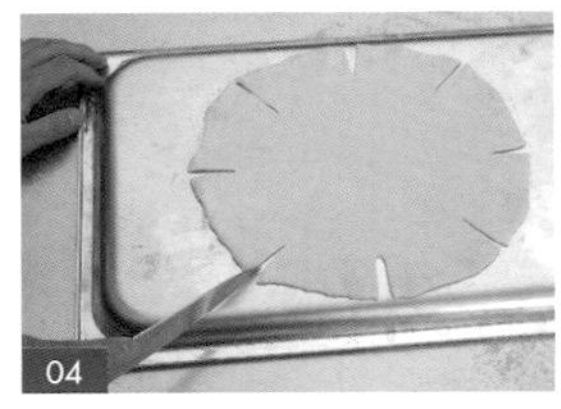

切 8 個切口。

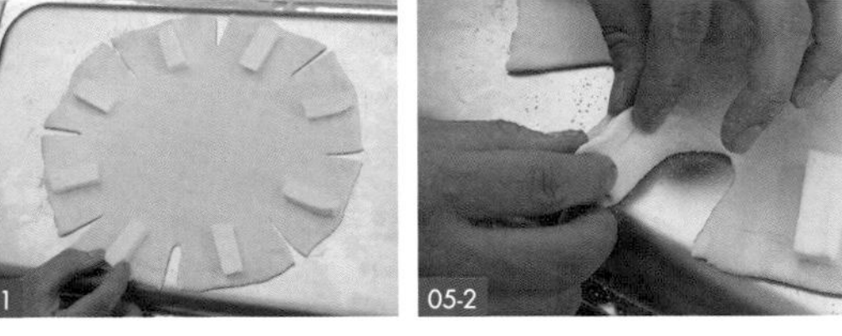

摩札瑞拉起司條、捏星形。

摩札瑞拉起司塊。

烘烤。

檸檬卡士達醬。

草莓。

藍莓。

薄荷葉。

香草冰淇淋。

糖粉。

- 開始放食材的時候，建議等到餅皮完全冷卻，否則水果遇到熱，容易出水。
- 若選擇防潮糖粉，則可以保持久一點。

CHAPTER. **SIX**

時尚歐式主菜料理

European Style Main Course

匈牙利紅椒燉雞與米香脆餅

Chicken Paprikash with Crust Rice

當初做這道菜的時候，從來沒想過會這麼受朋友的歡迎，每次聚會只要一做這鍋燉雞，大家一定會馬上吃光光，然後一定有人要求煮白飯拌醬汁吃，一滴也不想浪費。即使吃不完，也會主動要求可不可以帶走，所以這道菜簡直變成了偽主婦的廚房 No.1 人氣爆燈菜色。

INGREDIENTS 材料

① 米香 …… 3 片
② 雞腿排 …… 2 隻
③ 海鹽 a …… 適量
④ 胡椒粉 …… 適量
⑤ 橄欖油 a …… 適量
⑥ 橄欖油 b …… 適量
⑦ 紫洋蔥（切丁）…… 1 個
⑧ 月桂葉 …… 2 片
⑨ 百里香 …… 2 支
⑩ 海鹽 b …… 適量
⑪ 紅甜椒（切丁）…… 1 個
⑫ 黃節瓜（切丁）…… 1/2 支
⑬ 綠節瓜（切丁）…… 1/2 支
⑭ 匈牙利紅椒粉 …… 3 公克
⑮ 番茄糊 …… 30 公克
⑯ 白酒 …… 50 公克
⑰ 雞高湯 …… 200 公克
⑱ 無鹽奶油 …… 25 公克
⑲ 櫻桃蘿蔔（切片後裝飾）…… 3 片
⑳ 山蘿蔔葉 …… 適量
㉑ 酸奶 …… 20 公克

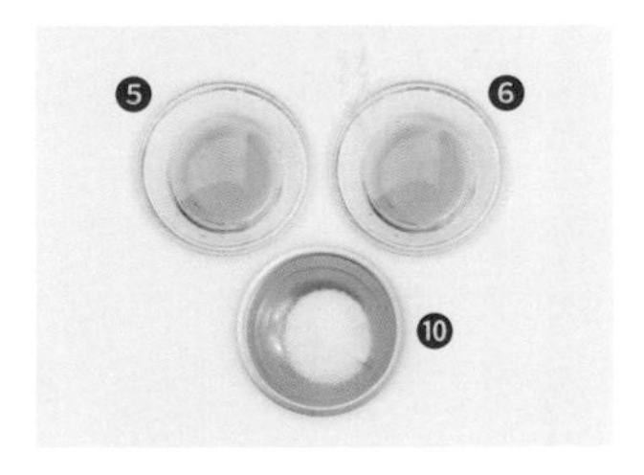

STEP BY STEP 步驟

前置作業

01 將紫洋蔥去皮切丁；紅甜椒、綠節瓜、黃節瓜洗淨切丁；櫻桃蘿蔔洗淨切片；山蘿蔔葉洗淨。

02 將月桂葉、百里香洗淨，並用棉繩綁住，為香料束，備用。

匈牙利紅椒燉雞與米香脆餅製作動態影片 QRcode

米香、雞腿排塊製作

03 熱油鍋至 180 度，放入米香，炸至表面金黃。

04 將米香撈起並瀝乾油分，放在墊有廚房紙巾的盤子上，以讓米香不油膩，為炸米香，備用。

05 在雞腿排兩面撒上少許海鹽 a、胡椒粉調味。

06 在鍋中倒入橄欖油 a，放入雞腿排，煎雞皮。

07 將雞腿排翻面，煎至雞腿排雙面上色。

08 將雞腿排直切兩刀、橫切兩刀，為雞腿排塊，備用。

匈牙利高湯製作

09 在鍋中倒入橄欖油 b，加入紫洋蔥丁、香料束、少許海鹽 b，拌炒。

10 加入紅甜椒丁、黃節瓜丁、綠節瓜丁、匈牙利紅椒粉、番茄糊，炒香。（註：須將番茄糊的酸味完全炒掉，否則整鍋湯會酸掉。）

11 加入白酒、雞高湯，燉煮 20 分鐘，為匈牙利高湯，備用。

組合

12 將雞腿排塊放入匈牙利高湯，並加入無鹽奶油，拌勻，備用。

13 撈起雞腿排塊，放在墊有廚房紙巾的盤子上，有助於擺盤。

盛盤

14 取圓盤，放入其他鍋內食材。

15 以鑷子夾取雞腿排塊，斜放在食材上。

16 倒入匈牙利高湯。

17 放上櫻桃蘿蔔片、山蘿蔔葉、酸奶裝飾，即可享用。（註：可用動物性鮮奶油與黃檸檬汁混合在一起，可以代替酸奶。）

::: PROCESS :::

炸米香。

撈出、瀝乾油分。

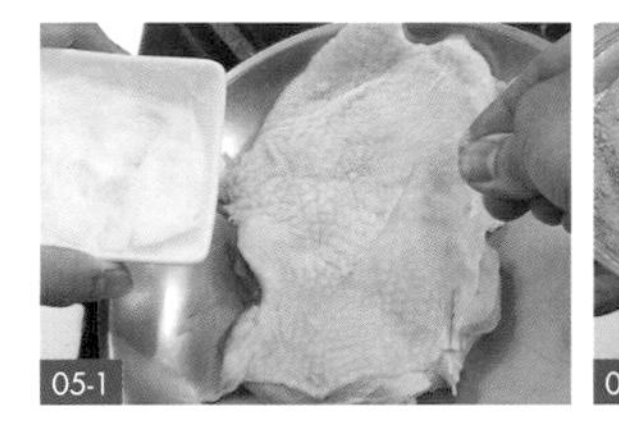

05-2

雞腿排，以海鹽 a、胡椒粉調味。

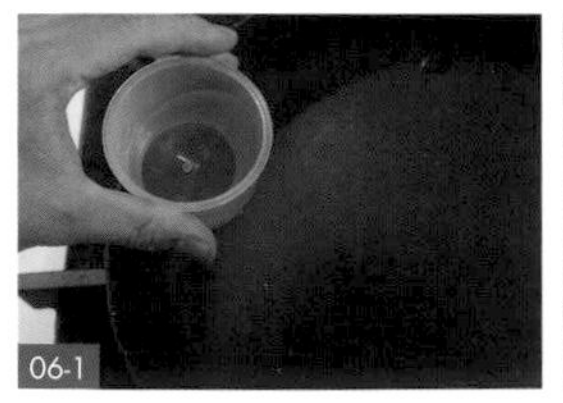

橄欖油 a、煎雞皮。

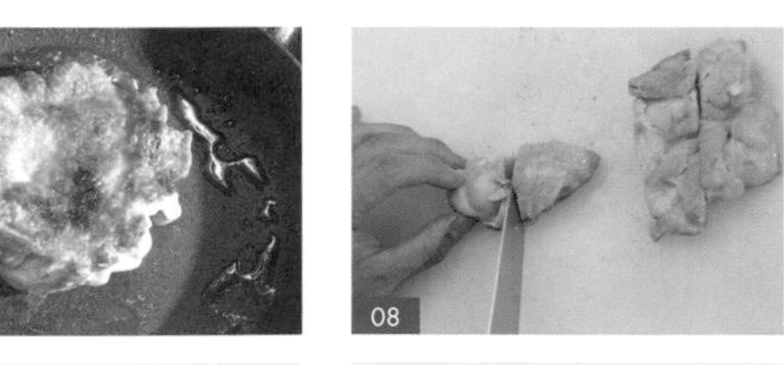

雞腿排雙面上色。

雞腿排切塊。

橄欖油 b、紫洋蔥丁、香料束、海鹽 b。

紅甜椒丁、黃節瓜丁、綠節瓜丁、匈牙利紅椒粉、番茄糊。

白酒、雞高湯。

加入雞腿排塊、無鹽奶油。

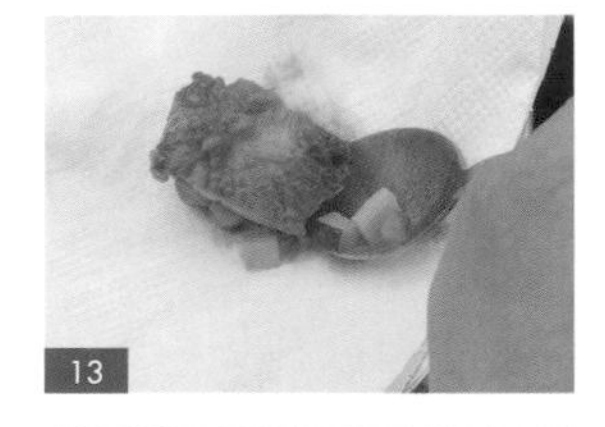

撈出、瀝乾油分。

擺放食材。

雞腿排塊。

倒入匈牙利高湯。

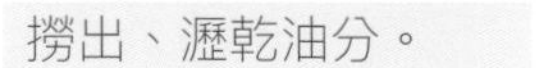

裝飾。

- 煎完雞腿皮的油可留下來炒蔬菜，可以增加風味。
- 可以附上麵包，讓賓客可以沾著湯汁吃。

DAY

低溫雞胸與油封馬鈴薯佐綠甜椒醬

Sous-vide Chicken Breast and Confit Potatoes with Green Capsicum Sauce

INGREDIENTS 材料

- ① 雞胸肉（去皮去骨）…… 1 副
- ② 海鹽 a …… 適量
- ③ 馬鈴薯（切條）…… 1 個
- ④ 橄欖油 …… 適量
- ⑤ 松本茸（對切）…… 1 個
- ⑥ 對切聖女番茄 …… 3 個
- ⑦ 海鹽 b …… 適量
- ⑧ 海鹽 c …… 適量
- ⑨ 匈牙利紅椒粉 …… 1 公克
- ⑩ 黃檸檬（刨屑）…… 1 公克
- ⑪ 蝦夷蔥（切碎）…… 1 公克
- ⑫ 奶油綠辣椒醬 …… 適量（作法請參考 P.42。）
- ⑬ 山蘿蔔葉 …… 3 朵

◆ 帕瑪森乳酪醬

- ⑭ 牛奶 …… 150 公克
- ⑮ 動物性鮮奶油 …… 50 公克
- ⑯ 帕瑪森乳酪粉 …… 200 公克

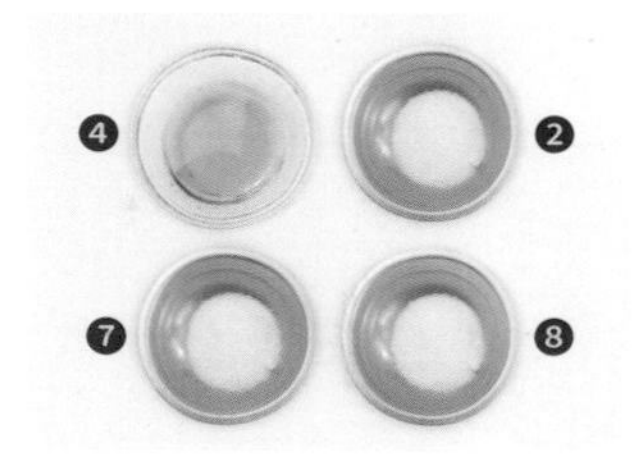

STEP BY STEP 步驟

前置作業

01 將馬鈴薯去皮切條狀；松本茸、聖女番茄洗淨對切；山蘿蔔葉洗淨；蝦夷蔥洗淨切碎。

02 在雞胸肉的表面撒上少許海鹽 a 調味。

03 將雞胸肉放入盤中以保鮮膜包住，並以 58 度蒸 1 小時後取出，備用。

低溫雞胸與油封馬鈴薯佐綠甜椒醬製作動態影片 QRcode

食材烹煮

04 將馬鈴薯條下鍋油炸至上色。（註：須先用紙巾擦乾馬鈴薯條，以免噴油。）

05 取另一空鍋，在鍋中加入橄欖油、對切松本茸，煎數分鐘。

06 放入對切聖女番茄，稍微拌炒後，一起盛盤，並撒上少許海鹽 b 調味。

07 取出已上色的炸馬鈴薯條，盛盤，在表面撒上少許海鹽 c 調味，備用。

帕瑪森乳酪醬製作

08 在鍋中倒入牛奶、動物性鮮奶油，煮至沸騰，關火。

09 加入帕瑪森乳酪粉，用手持料理棒攪打至濃稠狀，完成帕瑪森乳酪醬製作。

組合、盛盤

10 將雞胸肉放在蒸架上，並在表面淋上帕瑪森乳酪醬。

11 將匈牙利紅椒粉放入篩網，以湯匙輕敲，撒在雞胸肉的表面。

12 將黃檸檬皮刨屑在雞胸肉的表面，再撒上蝦夷蔥碎，為雞胸肉組合，備用。

13 將奶油綠辣椒醬稍微加熱，關火，備用。

14 在炸馬鈴薯條上方擺放對切松本茸後，再放上對切聖女番茄、山蘿蔔葉，為油封馬鈴薯，備用。

15 取圓盤，倒入奶油綠辣椒醬，用手從盤底由下往上拍數下，以讓醬料變平整。

16 將雞胸肉組合、油封馬鈴薯放在醬料的兩側，即可享用。

::: PROCESS :::

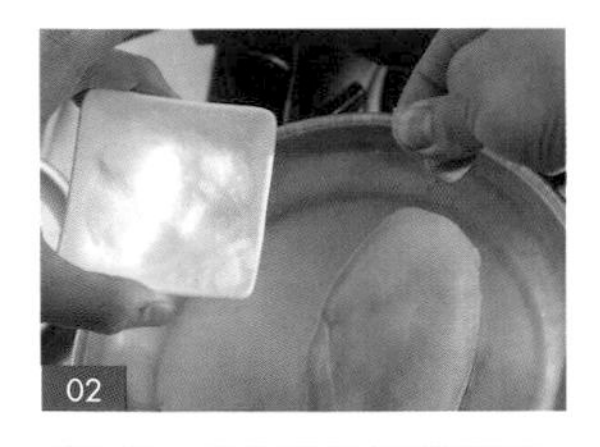
02 雞胸肉以海鹽 a 調味。

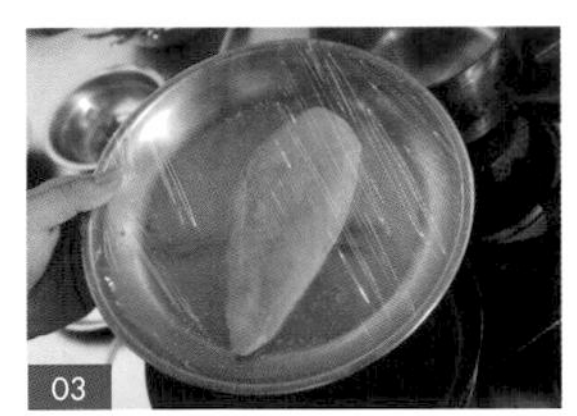
03 蒸雞胸肉。

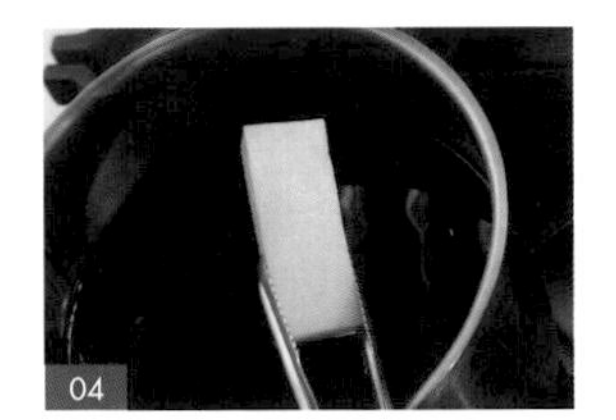
04 炸馬鈴薯條。

05-1

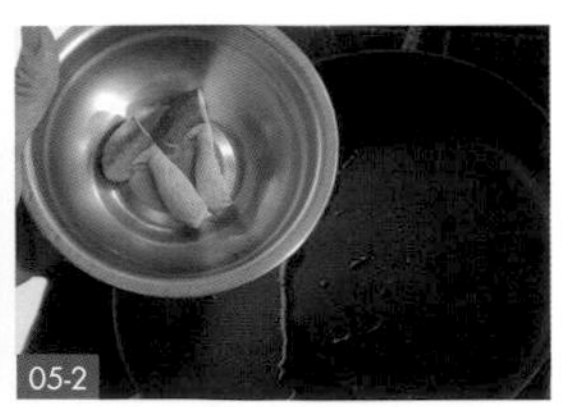
05-2

橄欖油、對切松本茸。

06-1

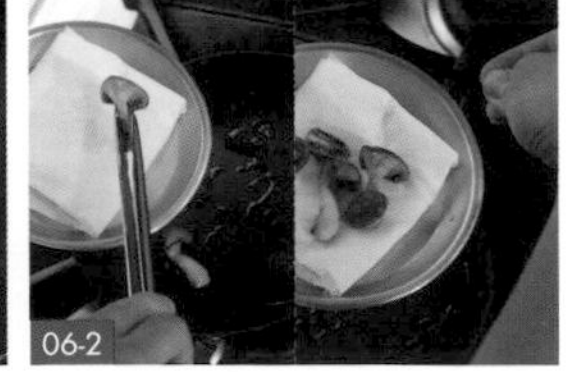
06-2

對切聖女番茄，食材盛盤、海鹽 b 調味。

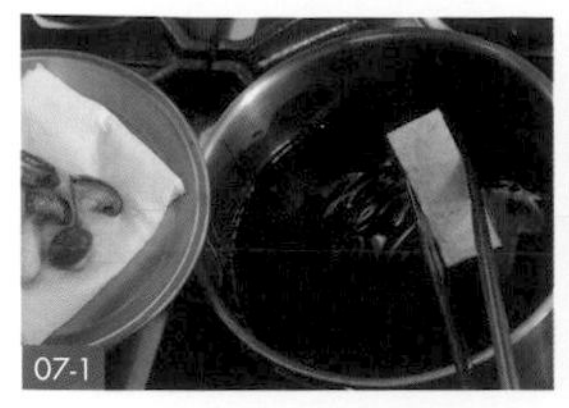

炸馬鈴薯條、海鹽 c 調味。

牛奶、動物性鮮奶油。

帕瑪森乳酪粉、攪打至濃稠狀。

帕瑪森乳酪醬。

匈牙利紅椒粉。

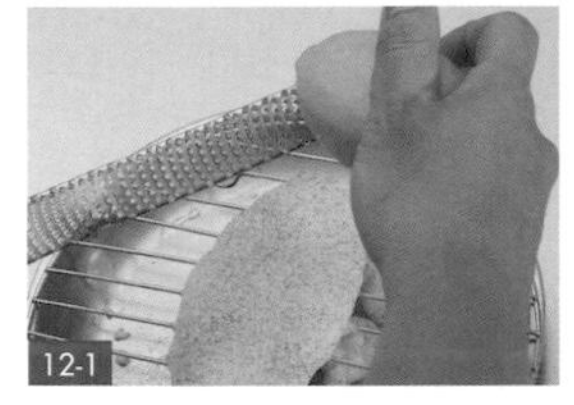

黃檸檬皮屑、蝦夷蔥碎。

加熱奶油綠辣椒醬。

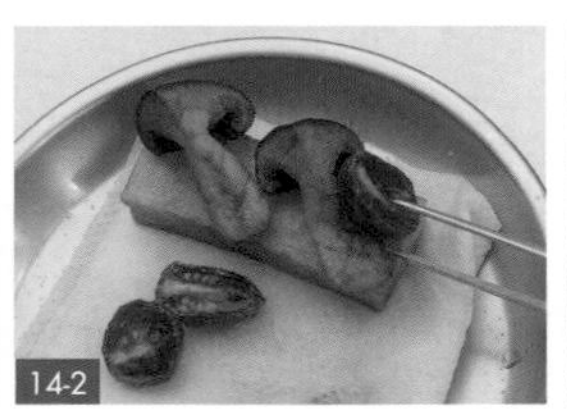

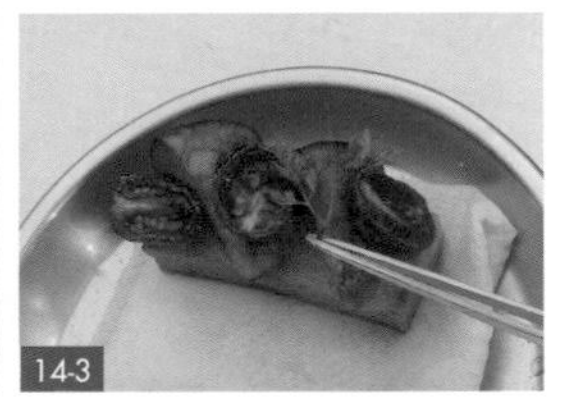

對切松本茸、對切聖女番茄、山蘿蔔葉。

奶油綠辣椒醬、拍盤底。

擺盤。

- 當雞胸肉蒸完取出來時，可以先擦乾，再淋一點橄欖油，避免風乾。
- 帕瑪森乳酪醬煮完後，要淋在雞胸肉前，建議過濾一次，避免乳酪顆粒未散。

爐烤松露雞腿捲
佐波特酒醬汁與泡沫

Roasted Truffle Chicken Roll with Porto Wine Sauce & Red Wine Foam

爐烤松露雞腿捲佐波特酒醬汁與泡沫製作動態影片 QRcode

INGREDIENTS 材料

① 馬鈴薯（壓泥）…… 250 公克
② 蘆筍（斜切）…… 1 支
③ 小紅蘿蔔（斜切）…… 1 支
④ 玉米筍（斜切）…… 1 支
⑤ 鹽水 …… 適量
⑥ 雞腿肉（去骨）…… 1 支
⑦ 松露醬 …… 20 公克
⑧ 橄欖油 …… 適量
⑨ 海鹽 a …… 適量
⑩ 牛奶 …… 50 公克
⑪ 無鹽奶油 …… 125 公克
⑫ 海鹽 b …… 適量
⑬ 波特酒醬汁 …… 適量
（作法請參考 P.50。）
⑭ 波特酒泡沫 …… 適量
（作法請參考 P.52。）
⑮ 玉米苗 …… 適量
⑯ 紅莧苗 …… 適量

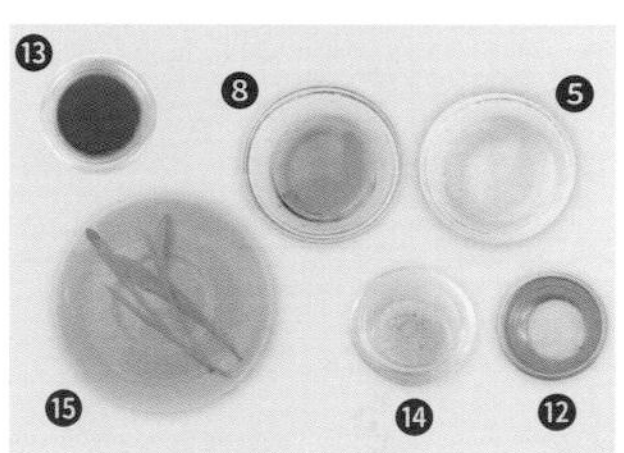

STEP BY STEP 步驟

前置作業

01 將馬鈴薯以 100 度蒸 15 分鐘後去皮，壓成泥狀，為馬鈴薯泥，備用。

02 將紅莧苗、玉米苗洗淨；蘆筍、小紅蘿蔔、玉米筍洗淨斜切，用鹽水川燙，為川燙蔬菜，備用。

03 將保鮮膜平鋪在砧板上。

雞腿捲製作

04 將雞腿肉的表皮朝下，放在保鮮膜上後，在雞腿肉中間倒入松露醬。

05 將底部的保鮮膜拉起，順勢包覆住雞腿肉，再往右捲、往左捲成圓柱形。

06 用刀子將多餘的保鮮膜切開，並將雞腿肉捲起固定，以 65 度蒸 50 分鐘後取出，去除保鮮膜，為雞腿捲。

烹煮	07	在鍋中倒入橄欖油，放上雞腿捲，煎至雙面呈金黃色。
	08	加入川燙蔬菜，並以海鹽 a 調味，稍微拌炒後，與雞腿捲一同盛盤。
	09	另取空鍋加熱，倒入馬鈴薯泥、牛奶、無鹽奶油，壓拌均勻。
	10	加入少許海鹽 b，拌勻，完成馬鈴薯泥調味，備用。
組合、盛盤	11	將雞腿捲切塊，為雞腿捲肉塊。
	12	取圓盤，放入調味後的馬鈴薯泥，用手從盤底由下往上拍數下，以讓馬鈴薯泥變平整。
	13	以鑷子夾取雞腿捲肉塊，擺放在馬鈴薯泥的側邊。
	14	在雞腿捲肉塊淋上波特酒醬汁。
	15	以鑷子夾取川燙蔬菜，擺放在雞腿捲肉塊側邊。
	16	在雞腿捲肉塊上擺放玉米苗、紅莧苗作為裝飾。（註：可擺放接骨木花，以增添料理的顏色。）
	17	最後須放上波特酒泡沫，增加風味，即可享用。

::: PROCESS :::

01 蒸馬鈴薯。

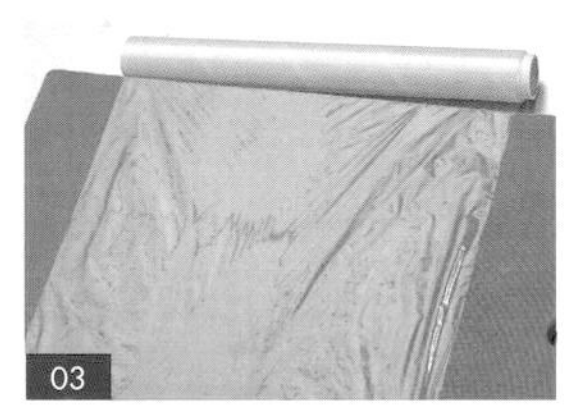

03 平鋪保鮮膜。

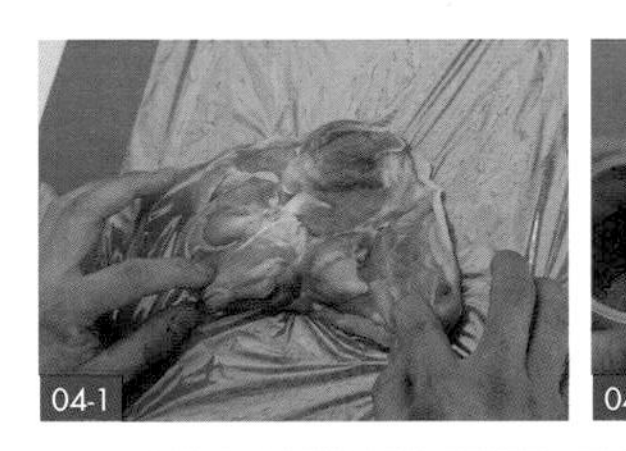

04-1 04-2 雞腿肉表皮朝下，放入松露醬。

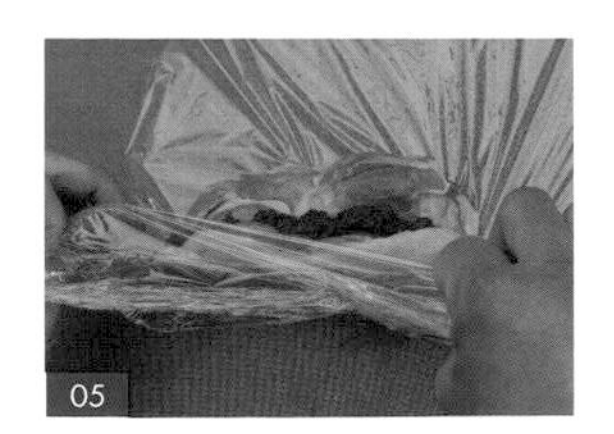

05 包覆雞腿捲。

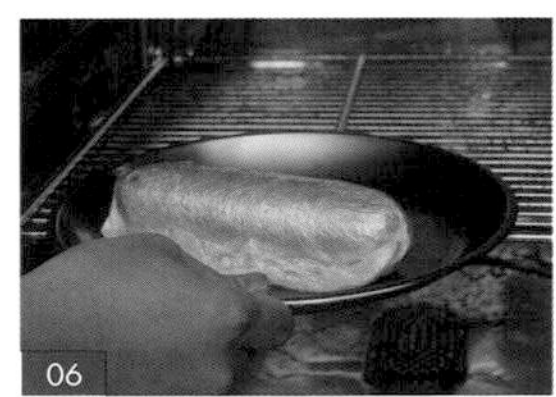

06 蒸雞腿捲。

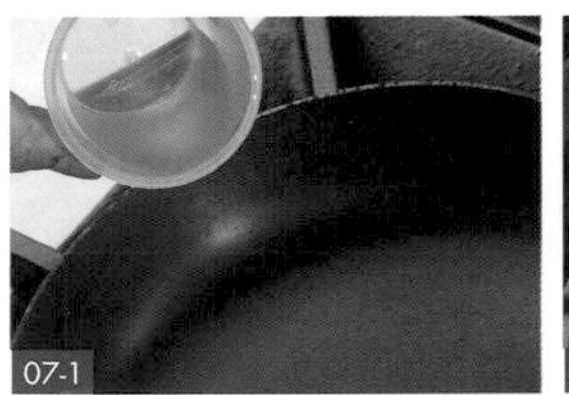

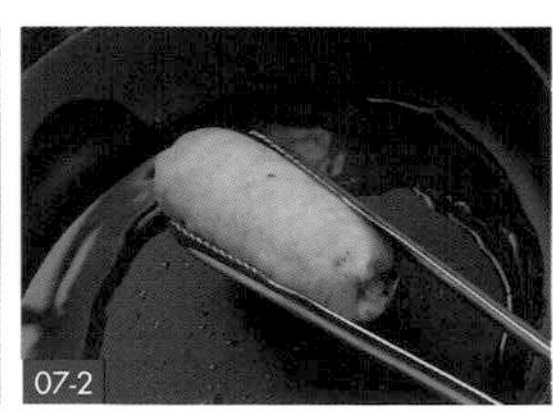

07-1 07-2 橄欖油、雞腿捲。

川燙蔬菜，海鹽 a 調味。

09-2

馬鈴薯泥、牛奶、無鹽奶油。

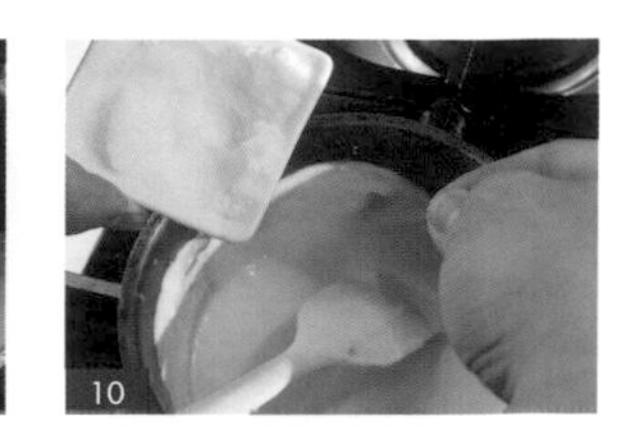

海鹽 b 調味。

雞腿捲切塊。

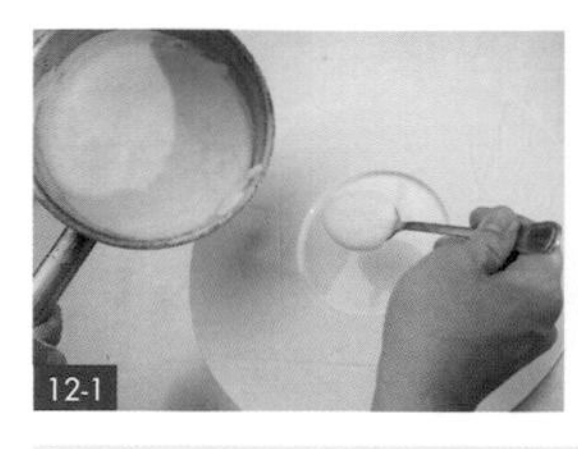

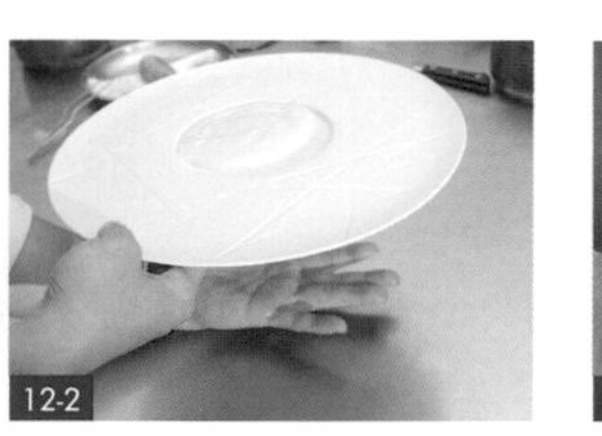

馬鈴薯泥、拍盤底。

13

雞腿捲肉塊。

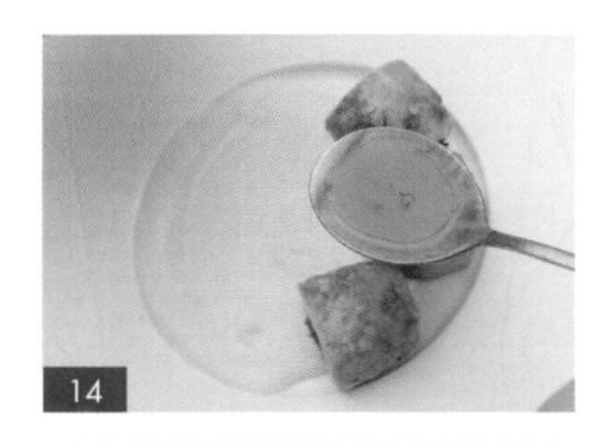

波特酒醬汁。

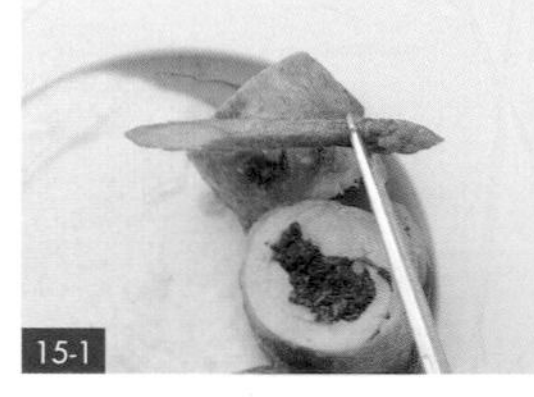

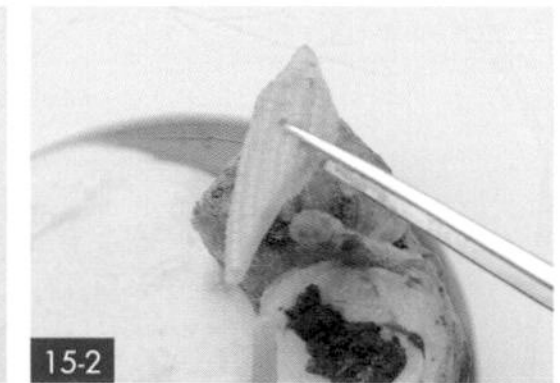

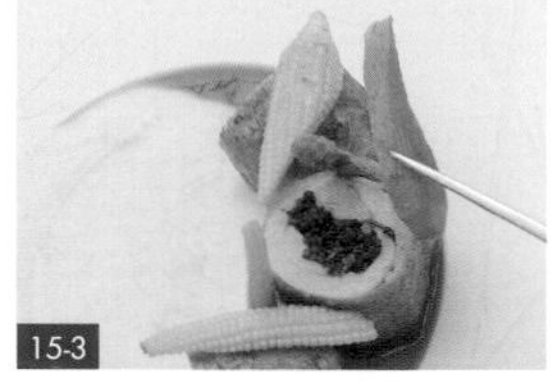

川燙蔬菜。

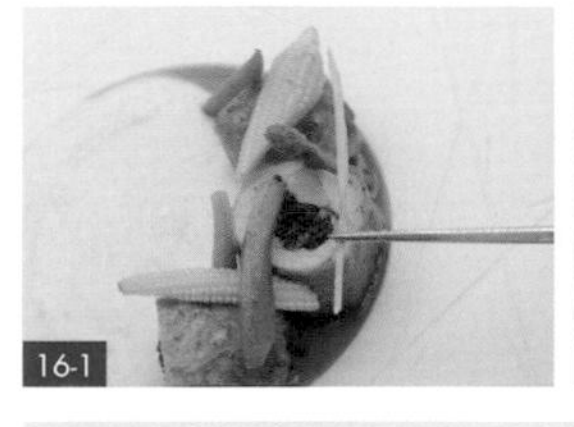

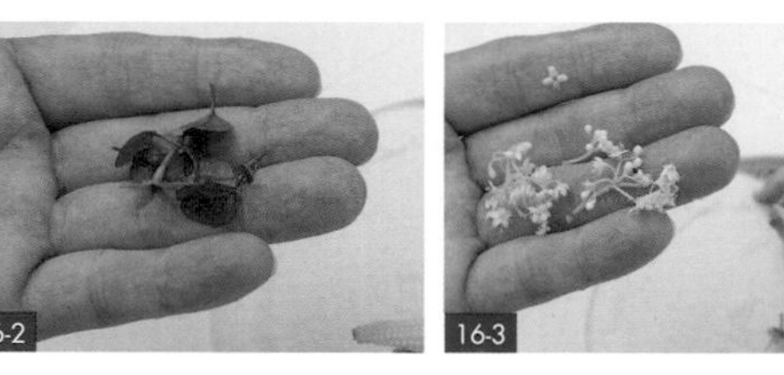

擺盤。

17

波特酒泡沫。

- 須注意去骨雞腿有無軟骨，若吃到軟骨會較影響口感。
- 當任何醬汁加入大豆卵磷脂，都能變成泡沫，但溫度不能低於 50 度，否則無法形成泡沫。
- 因為馬鈴薯泥煮到後面容易焦掉，所以須持續攪拌。

香料烤春雞與季節時蔬配棉花糖地瓜

Roasted Spring Chicken with Seasonal Vegetables and Marshmallow Sweet Potato

INGREDIENTS 材料

材料	份量
① 地瓜	1/2 個
② 對切牛番茄	1/2 個
③ 海鹽 a	適量
④ 橄欖油 a	適量
⑤ 麵包粉	5 公克
⑥ 棉花糖	5 公克
⑦ 香料蒜蓉醬（作法請參考 P.43。）	適量
⑧ 法式春雞	1 隻
⑨ 海鹽 b	適量
⑩ 橄欖油 b	適量
⑪ 橄欖油 c	適量
⑫ 松本茸（對切）	2 朵
⑬ 青花菜（切小朵）	1 朵
⑭ 海鹽 c	適量
⑮ 紅莧苗	適量
⑯ 楓糖	20 公克

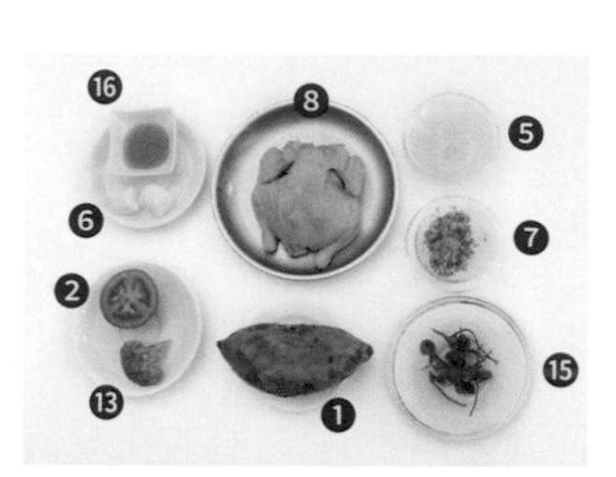

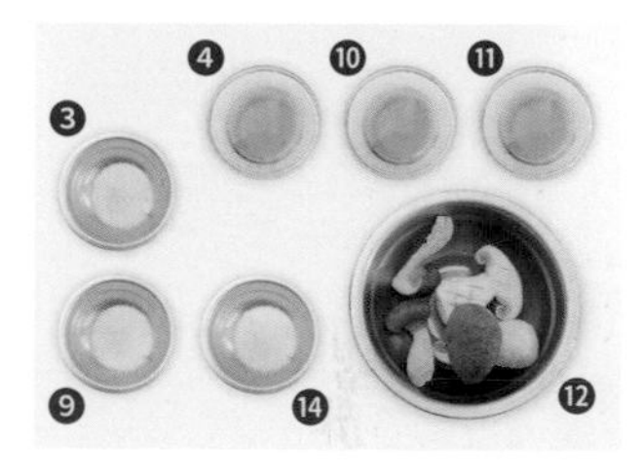

STEP BY STEP 步驟

前置作業

01 將青花菜切小朵；牛番茄、松本茸洗淨，對切；紅莧苗洗淨。

香料烤春雞與季節時蔬配棉花糖地瓜製作動態影片 QRcode

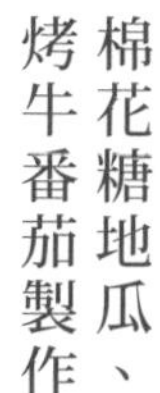

棉花糖地瓜、烤牛番茄製作

02 將地瓜放在盤子上，用保鮮膜蓋住，蒸 30 ～ 45 分鐘後取出，對切。

03 將對切牛番茄放在派盤上，撒上少許海鹽 a、橄欖油 a，表面鋪滿麵包粉，為調味後的對切牛番茄。

棉花糖地瓜、烤牛番茄製作

04 將蒸熟的對切地瓜放在派盤的另一側，擺放上棉花糖。

05 將派盤放進烤箱，以上下火180度，烤8分鐘後取出，為棉花糖地瓜及烤牛番茄。

香料烤春雞製作

06 將香料蒜蓉醬放進擠花袋，並擠入法式春雞的雞胸內。

07 將雞翅往內摺後，取棉繩，綁住兩隻雞腿，打雙結，用剪刀剪掉多餘的棉繩。

08 在法式春雞表面撒上少許海鹽b，淋上些許橄欖油b，放進烤箱，以上下火180度烤15分鐘後，取出，為香料烤春雞。（註：觀察春雞的腿內側有無血水，就可分辨是否已經烤熟。）

組合、盛盤

09 在鍋中倒入適量的橄欖油c、對切松本茸、小朵青花菜，加入少許海鹽c調味，拌炒至對切松本茸呈金黃色，盛盤，為綜合時蔬。（註：可放在墊有廚房紙巾的盤子上。）

10 將香料烤春雞的雙結剪掉。

11 取橢圓盤，將香料烤春雞擺放在右側。

12 將棉花糖地瓜、烤牛番茄、綜合時蔬放在盤中左側擺放成三角形，並將紅莧苗放在上面。

13 將楓糖淋在棉花糖地瓜上，即可享用。

::: PROCESS :::

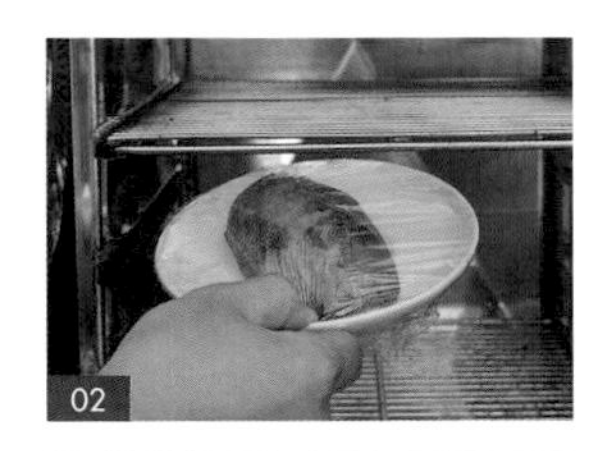

蒸地瓜。

對切牛番茄，以海鹽a、橄欖油a調味；鋪滿麵包粉。

棉花糖。

烘烤。

香料蒜蓉醬。

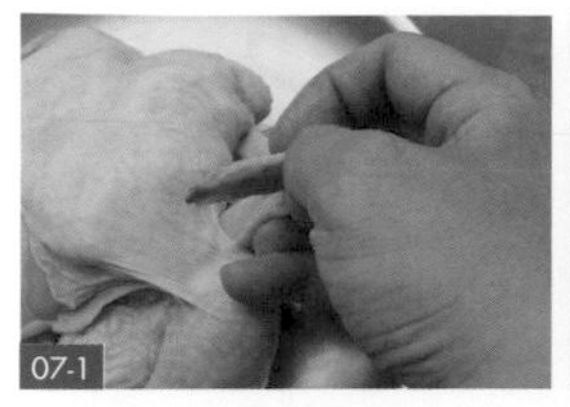

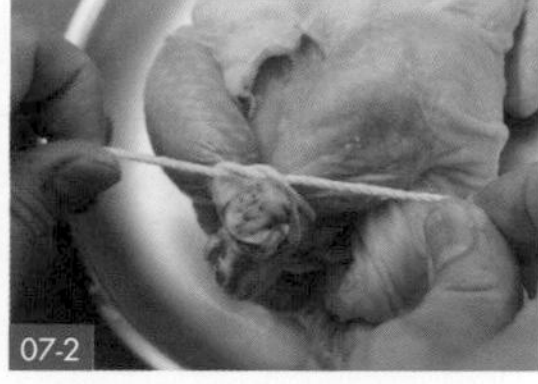

摺雞翅、綁雞腿。

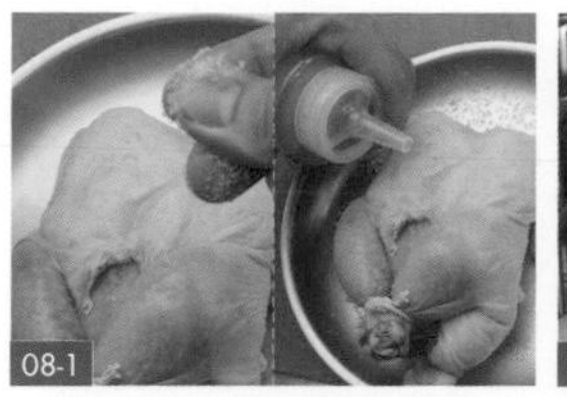

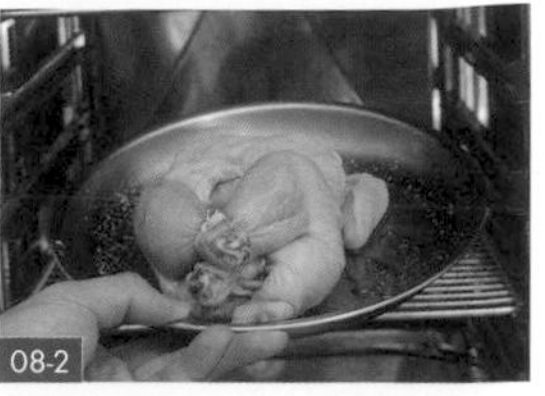

海鹽 b、橄欖油 b、烤春雞。

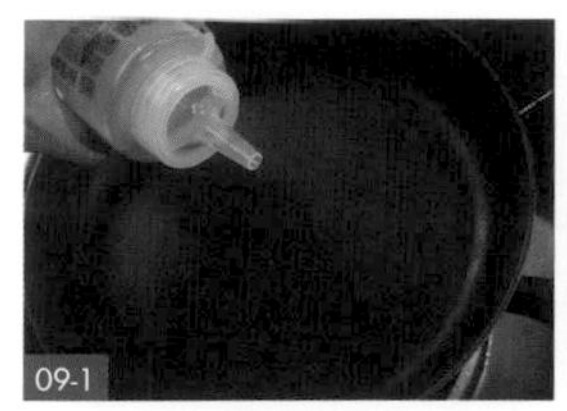

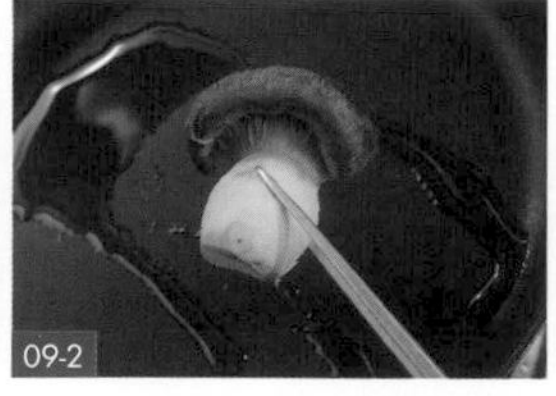

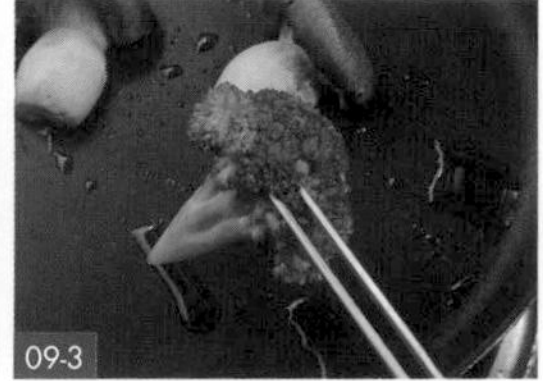

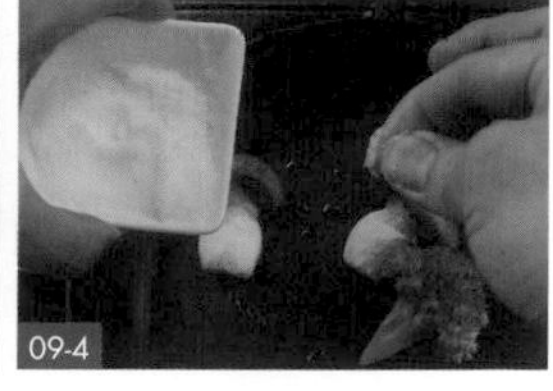

橄欖油 c、對切松本茸、小朵青花菜、海鹽 c。

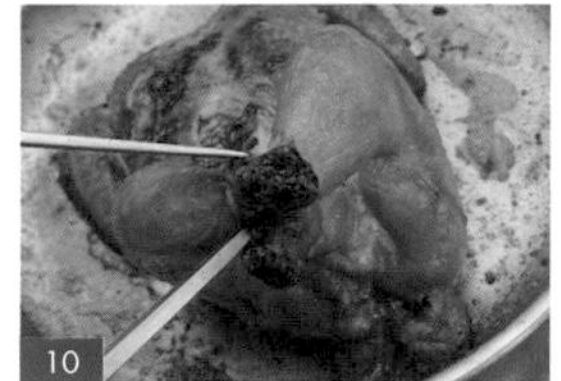

剪掉雙結。

香料烤春雞。

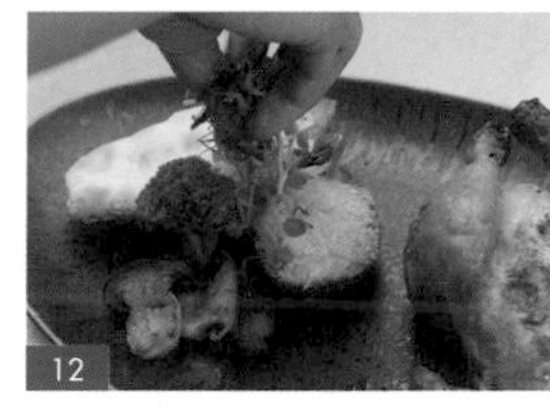

棉花糖地瓜、烤牛番茄、綜合時蔬、紅莧苗。

淋楓糖。

將所有食材準備好後，可按照食材須烤的時間依序放進烤箱，最後同一時間完成菜餚。

普羅旺斯羅勒羊排佐番茄燉菜與味噌茄子

Provence Lamb Chop with Ratatouille and Miso Eggplant

INGREDIENTS 材料

① 法式羊排 …… 3 支
② 海鹽 a …… 適量
③ 橄欖油 a …… 60 公克
④ 海鹽 b …… 適量
⑤ 橄欖油 b …… 適量
⑥ 日本圓茄（對切）…… 100 公克
⑦ 味噌醬 …… 20 公克
⑧ 橄欖油 c …… 適量
⑨ 蒜頭（切碎）…… 20 公克
⑩ 紫洋蔥（切丁）…… 30 公克
⑪ 綠節瓜（切丁）…… 30 公克
⑫ 紅甜椒（切丁）…… 20 公克
⑬ 黃甜椒（切丁）…… 20 公克
⑭ 番茄糊 …… 50 公克
⑮ 橄欖（切碎）…… 10 公克
⑯ 酸豆（切碎）…… 3 公克
⑰ 熱那亞青醬 …… 10 公克
（作法請參考 P.47。）
⑱ 麵包粉 …… 30 公克
⑲ 蛋白 …… 2 份
⑳ 第戎芥末醬 …… 20 公克
㉑ 玉米苗（裝飾）…… 2 支
㉒ 紅酸模（裝飾）…… 3 片

STEP BY STEP 步驟

普羅旺斯羅勒羊排佐番茄燉菜與味噌茄子製作動態影片 QRcode

前置作業

01 將蒜頭去皮切碎、紫洋蔥去皮切丁；紅甜椒、黃甜椒、綠節瓜洗淨切丁；日本圓茄洗淨對切；橄欖、酸豆洗淨切碎。

02 將紅酸模、玉米苗洗淨，備用。

03 取兩份蛋白，備用。

法式烤羊排製作

04 在法式羊排兩面撒上少許海鹽 a 調味。

05 先在鍋中倒入橄欖油 a 加熱，再放入法式羊排煎至上色後，取出。

06 將法式羊排放入烤箱，以上下火 190 度，烤 5 分鐘後取出，備用。

味噌茄子製作

07 在對切日本圓茄表面撒上少許海鹽 b，淋上橄欖油 b 調味。

08 放入烤箱，以上下火 190 度，烤 5 分鐘，出爐後放涼。

09 將放涼的烤日本圓茄剝皮，將去皮的日本圓茄、味噌醬放入料理杯，以手持料理棒攪打至泥狀，為味噌茄子。

番茄燉菜製作

10 在鍋中倒入橄欖油 c、蒜碎，爆香。

11 加入紫洋蔥丁、綠節瓜丁、紅甜椒丁、黃甜椒丁、番茄糊，炒香。

12 倒入橄欖碎、酸豆碎，拌炒，盛碗，為番茄燉菜，備用。

對切法式烤羊排製作

13 在料理杯中倒入熱那亞青醬、麵包粉，以手持料理棒攪打至沙狀，為香料麵包粉。

14 將放涼的法式羊排每一面均匀沾上蛋白、第戎芥末醬、香料麵包粉。

15 放入烤箱，以上下火 190 度，烤 8 分鐘，出爐後，將法式烤羊排對切，盛盤，為對切法式烤羊排。

組合、盛盤

16 用湯匙舀起番茄燉菜，並以另一支湯匙為輔助，將番茄燉菜整成橢圓形後，放在盤子左側。

17 用湯匙舀起味噌茄子，並以另一支湯匙為輔助，將味噌茄子整成橢圓形後，放在番茄燉菜下方。

18 依序放上對切法式烤羊排、玉米苗、紅酸模裝飾，即可享用。

::: PROCESS :::

法式羊排海鹽 a 調味。

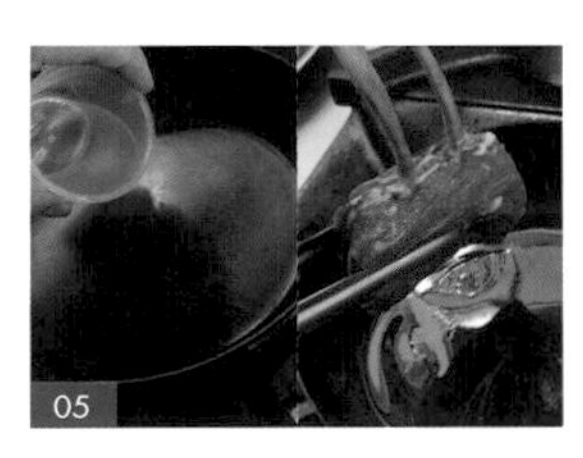

橄欖油 a、法式羊排。

烤法式烤羊排。

對切日本圓茄、海鹽 b、橄欖油 b。

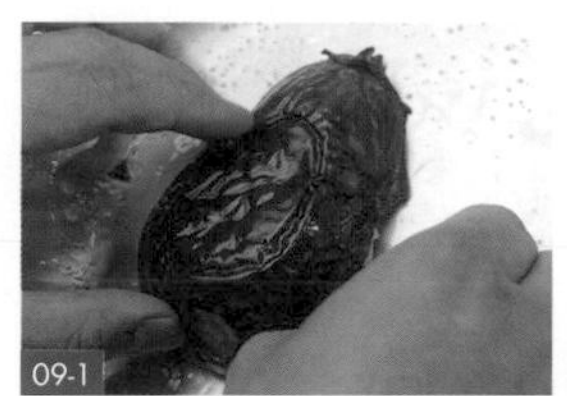

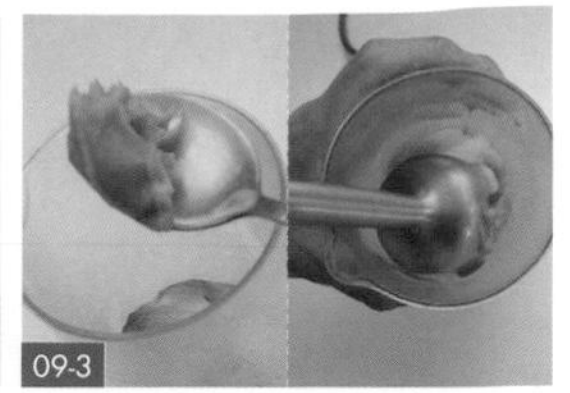

烤日本圓茄。

剝皮、去皮的日本圓茄、味噌醬，攪打至泥狀。

橄欖油 c、蒜碎。

紫洋蔥丁、綠節瓜丁、紅甜椒丁、黃甜椒丁、番茄糊。

橄欖碎、酸豆碎。

熱那亞青醬、麵包粉，攪打至沙狀。

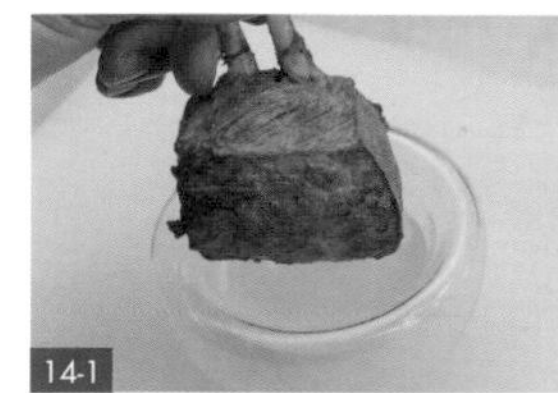

沾蛋白、第戎芥末醬、香料麵包粉。

再次烤法式烤羊排、對切。

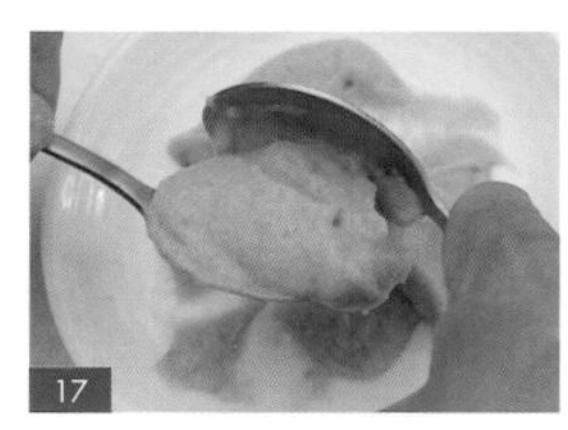

番茄燉菜。

味噌茄子。

對切法式烤羊排、裝飾。

- 法式羊排的骨頭剃得越乾淨，烤出來的顏色就越白，因沒有蛋白質在上面。
- 法式羊排泡蛋白的時間最少要 3 分鐘。
- 最後香料麵包粉不要加熱太久，不然顏色會退掉。

PROPERLY

羊肉孜然烤餅佐酪梨醬、番茄莎莎醬、酸奶醬

Spicy Lamb Quesadilla with Avocado, Sauce Tomato Salsa & Sour Cream

INGREDIENTS 材料

① 橄欖油 a …… 30 公克
② 羊肉絞肉 …… 300 公克
③ 蒜頭（切碎）…… 30 公克
④ 孜然粉 …… 5 公克
⑤ 小茴香粉 …… 5 公克
⑥ 墨西哥餅皮 …… 2 片
⑦ 切達起司絲 …… 40 公克
⑧ 橄欖油 b …… 適量
⑨ 綜合沙拉 …… 適量

◆ 番茄莎莎醬

⑩ 牛番茄（切丁）…… 1 顆
⑪ 紫洋蔥（切丁）…… 1/3 顆
⑫ 海鹽 a …… 適量
⑬ 胡椒粉 a …… 適量
⑭ 黃檸檬汁 a …… 5 公克
⑮ 橄欖油 c …… 10 公克

◆ 酪梨醬

⑯ 酪梨醬 …… 30 公克
⑰ 海鹽 b …… 適量
⑱ 胡椒粉 b …… 適量
⑲ 黃檸檬汁 b …… 5 公克

◆ 酸奶醬

⑳ 酸奶 …… 30 公克
㉑ 匈牙利紅椒粉 …… 1 公克

STEP BY STEP 步驟

前置作業

01 將蒜頭去皮切碎；牛番茄洗淨切丁；紫洋蔥去皮切丁。

羊肉孜然烤餅佐
酪梨醬、番茄莎莎醬、
酸奶醬製作
動態影片 QRcode

炒羊肉製作

02 在鍋中倒入橄欖油 a、羊肉絞肉，拌炒至變色。（註：須將水分炒乾，否則烤餅不會有脆的口感。）

03 加入蒜碎、孜然粉、小茴香粉，拌炒均勻，盛盤，為炒羊肉。

羊肉孜然烤餅製作

04 在盤底放上第一片墨西哥餅皮，均勻放上切達起司絲、炒羊肉。

05 再放上一層切達起司絲。

06 取第二片墨西哥餅皮，放在切達起司絲上。

07 在鍋中倒入橄欖油 b 加熱。

08 放入合起來的墨西哥餅皮，將兩面煎至上色，並使切達起司絲融化，盛盤，為羊肉孜然烤餅。（註：可運用鐵盤協助翻面。）

醬料製作

09 在碗內倒入牛番茄丁、紫洋蔥丁，稍微攪拌。

10 加入少許海鹽 a、胡椒粉 a、黃檸檬汁 a、橄欖油 c，拌勻，為番茄莎莎醬。

11 取另一空碗，在碗內加入酪梨醬、海鹽 b、胡椒粉 b、黃檸檬汁 b，拌勻，為酪梨醬。

12 取另一空碗，在碗內倒入酸奶、匈牙利紅椒粉，為酸奶醬。

盛盤

13 將羊肉孜然烤餅切成 6 等分。

14 取圓盤，放入 6 等分的羊肉孜然烤餅、綜合沙拉，搭配酸奶醬、番茄莎莎醬、酪梨醬，即可享用。

::: PROCESS :::

橄欖油 a、羊肉絞肉。

蒜碎、孜然粉、小茴香粉。

第一片墨西哥餅皮、切達起司絲、炒羊肉。

切達起司絲。

第二片墨西哥餅皮。

橄欖油 b。

墨西哥餅皮煎上色。

牛番茄丁、紫洋蔥丁。

10-2

10-3

海鹽 a、胡椒粉 a、黃檸檬汁 a、橄欖油 c。

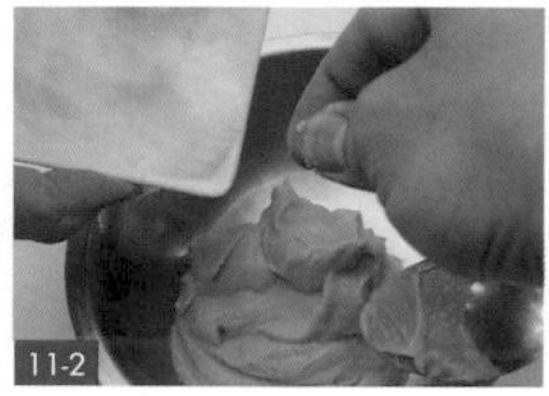

酪梨醬、海鹽 b、胡椒粉 b、黃檸檬汁 b。

酸奶、匈牙利紅椒粉。

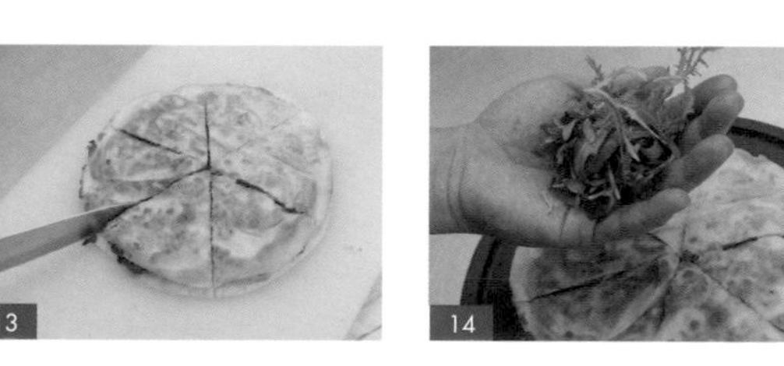

切 6 等分。

裝飾。

- 除了用煎的方式，也可以用烤的方式。
- 在餡料部分可以炒一些蔬菜料，例如：洋蔥，彩椒等。

爐烤皇冠迷迭香羊排與香料馬鈴薯

Roasted Rosemary Lamb with Spicy Potato

INGREDIENTS 材料

材料	份量	材料	份量
① 法式羊排	2 副	⑨ 蒜頭（切碎）	20 公克
② 海鹽 a	適量	⑩ 橄欖油 b	適量
③ 胡椒粉 a	適量	⑪ 迷迭香	2 支
④ 橄欖油 a	適量	⑫ 匈牙利紅椒粉	3 公克
⑤ 青花菜（切小朵）	8 朵	⑬ 海鹽 c	適量
⑥ 聖女番茄（對切）	8 顆	⑭ 胡椒粉 b	適量
⑦ 海鹽 b	適量	⑮ 小豆苗	適量
⑧ 馬鈴薯（切塊）	480 公克	⑯ 玉米苗	3 支

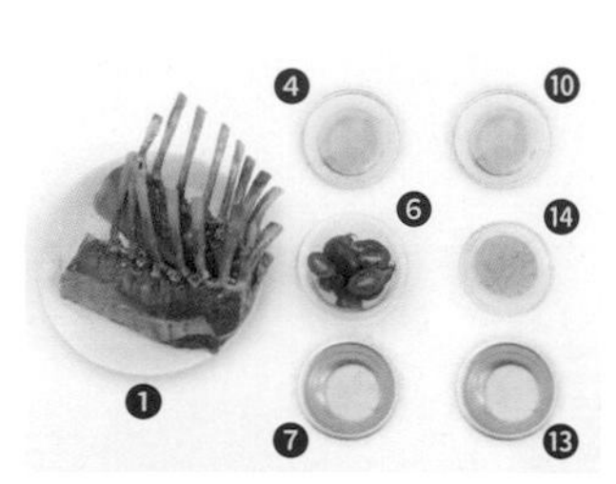

STEP BY STEP 步驟

前置作業

01 將青花菜洗淨切小朵；聖女番茄洗淨對切；馬鈴薯去皮切塊；蒜頭去皮切碎；迷迭香、小豆苗、玉米苗洗淨。

爐烤皇冠迷迭香羊排與香料馬鈴薯製作動態影片 QRcode

法式烤羊排製作

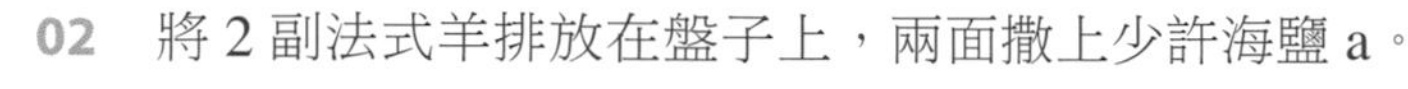

02 將 2 副法式羊排放在盤子上，兩面撒上少許海鹽 a。

03 在 2 副法式羊排雙面撒上胡椒粉 a，完成法式羊排的調味。

04 將法式羊排彎曲呈半圓，再使兩副法式羊排圍起來呈皇冠狀，用棉繩繞圈以固定法式羊排，繞至棉繩尾端後，再打結固定。（註：可將法式羊排交疊的骨頭分開，使擺盤更好看。）

法式烤羊排製作

05 放進烤箱，以上下火 220 度，烤 8 分鐘後，再將溫度調至上下火 180 度，烤 15 分鐘。

06 出爐後，用剪刀剪開並取下棉繩，為法式烤羊排。

炒馬鈴薯塊製作

07 在鍋中倒入橄欖油 a、小朵青花菜、對切聖女番茄，以少許海鹽 b 調味，炒熟，盛盤，備用。

08 準備一鍋油，油溫為 180 度，放入馬鈴薯塊，炸至金黃色。

09 取濾網，將炸上色的馬鈴薯塊撈出，放在墊有廚房紙巾的盤子上，吸油，為炸馬鈴薯塊。

10 在鍋中倒入蒜碎、橄欖油 b，爆香。

11 加入炸馬鈴薯塊、迷迭香、匈牙利紅椒粉、少許海鹽 c、胡椒粉 b，拌炒均勻，為炒馬鈴薯塊，備用。

組合、盛盤

12 取有深度的方形容器，放入法式烤羊排。

13 將小朵青花菜、對切聖女番茄，分別擺放在法式烤羊排的周圍。

14 依序取炒馬鈴薯塊、小豆苗、玉米苗裝飾，擺盤完成後，即可享用。

::: PROCESS :::

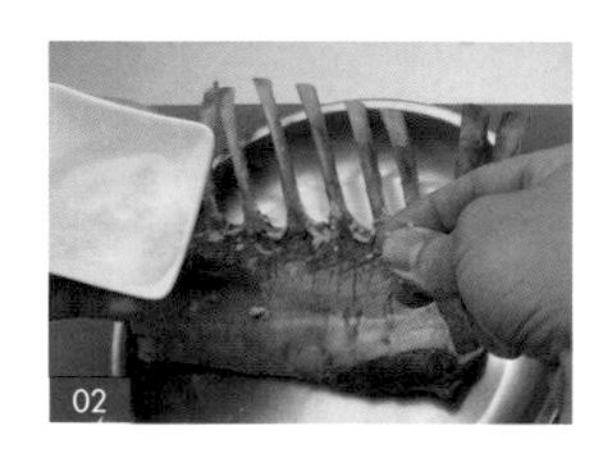
02

法式羊排海鹽 a 調味。

03

胡椒粉 a 調味。

04

綁緊法式羊排。

05

烤法式羊排。

06

剪開棉繩。

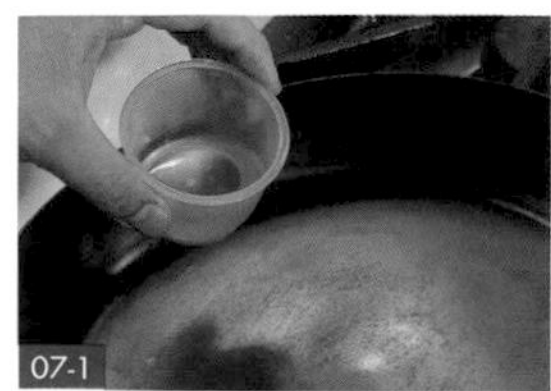
07-1

07-2

07-3

橄欖油 a、小朵青花菜、對切聖女番茄、海鹽 b。

馬鈴薯塊。

撈出炸馬鈴薯塊、吸油。

10

蒜碎、橄欖油 b。

炸馬鈴薯塊、迷迭香、匈牙利紅椒粉、海鹽 c、胡椒粉 b。

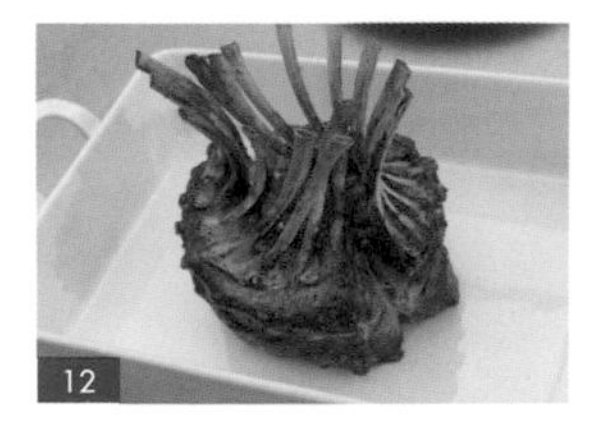

法式烤羊排。

小朵青花菜、對切聖女番茄。

裝飾。

- 法式烤羊排既能封住表面塗好的調料，使之入味，還能鎖住肉汁。
- 假如烤箱有溫度計，可以設定中心溫度為 62 度。
- 當法式烤羊排出爐時，須靜置 20 分鐘，否則一切下去，不僅血水會流光，甜分也會跟著流失。

經典米蘭燉羊膝與北非小米佐釉汁

Ossobuccoalla Milanese with Couscous and Lamb Jus

INGREDIENTS 材料

材料	份量	材料	份量
① 羊膝	1 隻	⑬ 胡椒粉 b	適量
② 海鹽 a	適量	⑭ 橄欖油 c	適量
③ 胡椒粉 a	適量	⑮ 蒜頭（切碎）	5 顆
④ 橄欖油 a	適量	⑯ 洋蔥（切丁）	120 公克
⑤ 水	70 公克	⑰ 迷迭香	2 支
⑥ 雞高湯	50 公克	⑱ 月桂葉	2 片
⑦ 北非小米	120 公克	⑲ 紅蘿蔔（切丁）	1/2 支
⑧ 紫洋蔥（切丁）	1/2 顆	⑳ 西芹（切丁）	1 支
⑨ 牛番茄（切丁）	1 顆	㉑ 番茄糊	50 公克
⑩ 巴西里葉（切碎）	10 公克	㉒ 紅酒	300 公克
⑪ 橄欖油 b	適量	㉓ 牛高湯	1000 公克
⑫ 海鹽 b	適量	㉔ 玉米苗	3 支

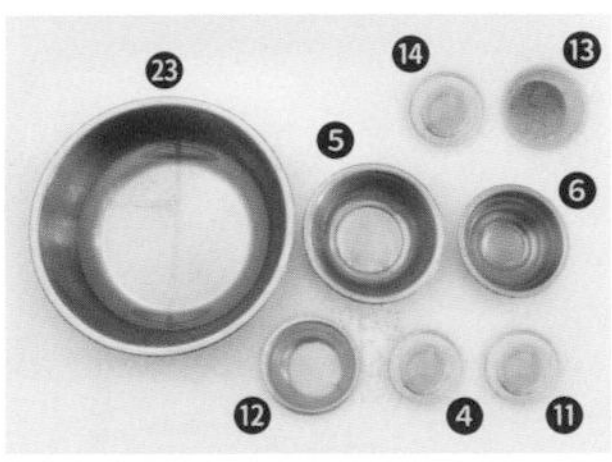

STEP BY STEP 步驟

前置作業

01 將蒜頭去皮切碎；洋蔥、紅蘿蔔、紫洋蔥去皮切丁；西芹、牛番茄洗淨切丁；月桂葉、迷迭香、玉米苗洗淨；巴西里葉洗淨切碎。

煎羊膝

02 在羊膝表面撒上少許海鹽 a、胡椒粉 a 調味。

03 在鍋中倒入橄欖油 a，並放入羊膝煎至上色，為煎羊膝，盛盤，備用。

經典米蘭燉羊膝與北非小米佐釉汁製作動態影片 QRcode

北非小米製作

04 在鍋中將水、雞高湯煮滾後，倒入北非小米，燜煮約 5 分鐘。

05 以濾網為輔助，濾除多餘水分。

06 將濾除水分的北非小米倒入另一空鍋，並加入紫洋蔥丁、牛番茄丁、巴西里葉碎、橄欖油 b，拌炒。

07 加入少許海鹽 b、胡椒粉 b，拌炒均勻，盛盤，為北非小米，備用。

燉羊膝及醬汁製作

08 取一深鍋，倒入橄欖油 c、蒜碎、洋蔥丁、迷迭香、月桂葉、紅蘿蔔丁、西芹丁，拌炒。

09 加入番茄糊、紅酒、牛高湯、煎羊膝，以小火燉煮 90 ～ 120 分鐘，煮至縮一半的量，為醬汁。

10 將煎羊膝取出，盛盤，為燉羊膝，備用。

組合、盛盤

11 取圓盤，倒入北非小米。

12 將燉羊膝橫放在北非小米上。

13 淋上醬汁。

14 將玉米苗斜放在燉羊膝上，即可享用。

::: PROCESS :::

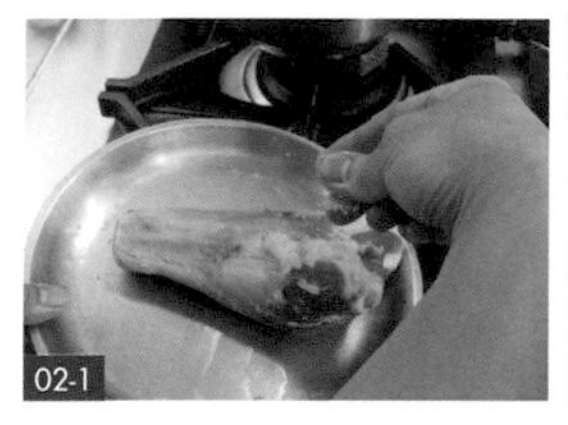

02-1 02-2

羊膝，以海鹽 a、胡椒粉 a 調味。

03

橄欖油 a、羊膝。

04

倒入北非小米。

05

過篩。

06-1 06-2 06-3

北非小米、紫洋蔥丁、牛番茄丁、巴西里葉碎、橄欖油 b。

海鹽 b、胡椒粉 b。

橄欖油 c、蒜碎、洋蔥丁。

迷迭香、月桂葉、紅蘿蔔丁、西芹丁。

番茄糊、紅酒、牛高湯、煎羊膝。

取出煎羊膝。

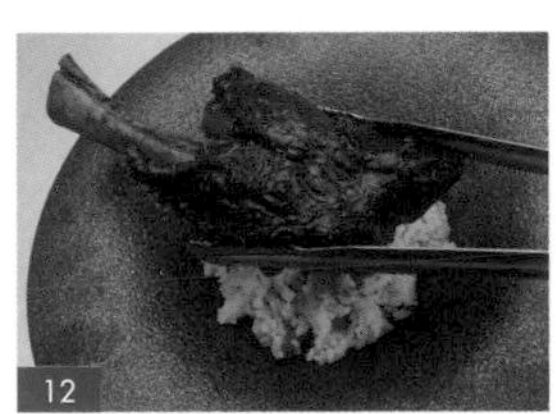

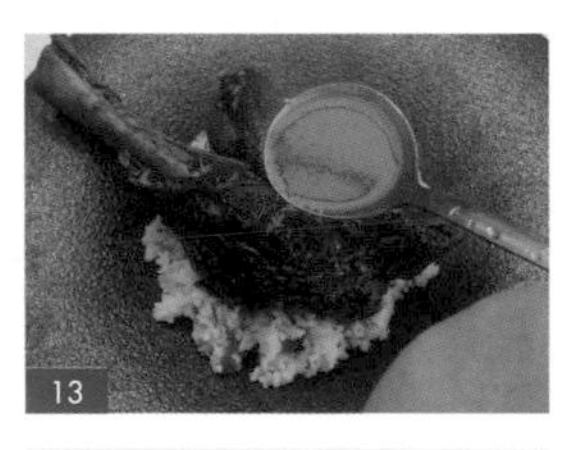

北非小米。

燉羊膝。

淋醬汁。

裝飾。

- 正統的米蘭燉羊（牛）膝還會再加 Gremolata 的佐料，以巴西里葉碎 5 公克、黃檸檬皮屑 3 公克、蒜末 5 公克混合即可。
- 燉煮羊膝出爐前，要確保羊膝能入口即化，如果不夠爛，可以再回煮一下。
- 附餐可加歐式麵包配著沾醬吃，也很好吃。

義式番茄起司牛肉丸

Italian Meat Balls with Tomato Sauce and Parmesan Cheese

INGREDIENTS 材料

① 和牛牛絞肉 ⋯⋯ 600 公克
② 帕瑪森乳酪粉 a ⋯⋯ 60 公克
③ 蒜頭（切碎）⋯⋯ 30 公克
④ 麵包粉 ⋯⋯ 100 公克
⑤ 全蛋 ⋯⋯ 3 顆
⑥ 海鹽 ⋯⋯ 適量
⑦ 胡椒粉 ⋯⋯ 適量
⑧ 義大利番茄罐頭 ⋯⋯ 適量
⑨ 帕瑪森乳酪粉 b ⋯⋯ 適量
⑩ 山蘿蔔葉 ⋯⋯ 6 朵

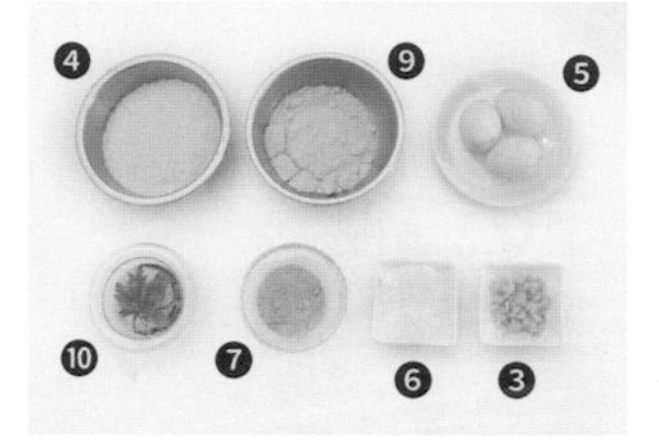

STEP BY STEP 步驟

前置作業

01 將蒜頭去皮切碎；山蘿蔔葉洗淨。

02 在碗內打入 3 顆全蛋，並拌匀成蛋液。

起司牛肉丸製作

03 取一鋼盆，倒入和牛牛絞肉、帕瑪森乳酪粉 a、蒜碎、麵包粉、蛋液，撒上少許海鹽、胡椒粉，用手抓匀盆內所有的材料。

04 用虎口捏出 1 顆約 30 ～ 50 公克的牛肉丸，塑形成球狀，上下拍打至出筋，為起司牛肉丸，備用。

烹煮

05 將義大利番茄罐頭倒入鍋中，煮滾，為番茄醬汁。

06 另準備一鍋油，油溫約 180 度，放入起司牛肉丸，炸至表面上色，撈出，備用。

07 在番茄醬汁裡加入已炸好的起司牛肉丸，以小火煮約 10 分鐘，盛盤，為番茄起司牛肉丸。（註：如果番茄醬汁太稠，可再倒入蔬菜高湯。）

義式番茄起司牛肉丸製作動態影片 QRcode

盛盤

08 取有些深度的橢圓形容器，放入番茄起司牛肉丸，並淋上一些番茄醬汁。

09 將帕瑪森乳酪粉 b 撒在番茄起司牛肉丸的表面。

10 以鑷子夾取山蘿蔔葉，擺放在每顆番茄起司牛肉丸上，完成擺盤，即可享用。

::: PROCESS :::

3 顆蛋。

和牛牛絞肉、帕瑪森乳酪粉 a、蒜碎、麵包粉、拌勻的蛋液。

海鹽、胡椒粉、抓勻。

捏球狀。

義大利番茄罐頭。

炸起司牛肉丸。

煮起司牛肉丸。

番茄起司牛肉丸。

帕瑪森乳酪粉 b。

擺盤。

- 如果絞肉太瘦，做出來的肉丸會很柴，所以建議選用有些肥肉的絞肉，做出來的肉丸不僅不會太乾，而且還會很多汁。
- 做肉丸時，雙手可抹油。建議用電子秤做，可以保持大小一致，煮的時間可更平均。
- 拌好的混合丸子後，建議先取少許的肉丸，煎一點試味道，再做成丸子形，以便調整整體的味道。
- 義式番茄起司牛肉丸也可以放在義大利麵、燉飯上，都是不錯的組合。

- 這道菜的口味無論是配飯、馬鈴薯泥、義大利麵或是麵包，都很有層次感。
- 牛肚內部的筋膜要確保洗淨，不然會影響風味，顏色也不美觀。
- 如果白豆是生的，須事先用水煮 40 分鐘至軟化，才能加入辣味番茄醬汁。

佛羅倫斯番茄白豆燴牛肚

Florence Style Tripe with Tomato White Beans

很多人以為外國人不太喜歡吃內臟，但曾經去過佛羅倫斯的觀光客應該都知道，當地有一樣非常著名的小吃——牛肚包（panino con lampredotto），番茄燉牛肚也算是義大利的家常名菜之一，好吃又好做，只是燉煮的時間需要長一點，味道鮮香，口感軟嫩，入口即化，是廣受歡迎的一道義大利西餐主菜。

INGREDIENTS 材料

① 蜂巢牛肚 600 公克
② 海鹽 a 適量
③ 水 1000 公克
④ 白酒醋 50 公克
⑤ 白酒 120 公克
⑥ 巴西里葉（切碎） 適量

◆ **辣味番茄醬汁**

⑦ 橄欖油 50 公克
⑧ 蒜頭（切碎） 30 公克
⑨ 乾辣椒（切碎） 5 公克
⑩ 義大利番茄罐頭 500 公克
⑪ 白豆罐頭 250 公克
⑫ 羅勒 30 公克
⑬ 海鹽 b 適量
⑭ 胡椒粉 適量

STEP BY STEP 步驟

前置作業

01 將蒜頭去皮切碎；羅勒洗淨；巴西里葉洗淨切碎；乾辣椒切碎。

02 將蜂巢牛肚翻轉，用少許海鹽 a 由內而外搓洗內部的筋膜，並以大量的清水沖洗乾淨。

辣味番茄醬汁製作

03 在鍋中倒入橄欖油、蒜碎、乾辣椒碎，爆香。

04 加入義大利番茄罐頭，稍微拌炒後，加入白豆罐頭、羅勒、少許海鹽 b、胡椒粉，以小火燉煮 40 分鐘，為辣味番茄醬汁。

佛羅倫斯番茄白豆燴牛肚製作動態影片 QRcode

蜂巢牛肚絲製作

05 在鍋中加水煮滾後，倒入白酒醋、白酒、蜂巢牛肚，燉煮 40 分鐘至肉質軟嫩。

06 將蜂巢牛肚撈起，瀝乾水分後，切絲，為蜂巢牛肚絲。

組合、盛盤

07 在辣味番茄醬汁裡加入蜂巢牛肚絲，稍微拌炒後，蓋上鍋蓋，以小火燉煮 20 分鐘，盛盤，為番茄白豆燴牛肚。

08 取小鍋，倒入番茄白豆燴牛肚。

09 在表面撒上巴西里葉碎，即可享用。

::: PROCESS :::

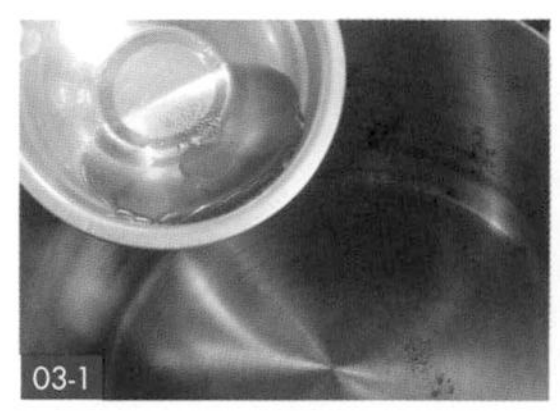

橄欖油、蒜碎、乾辣椒碎。

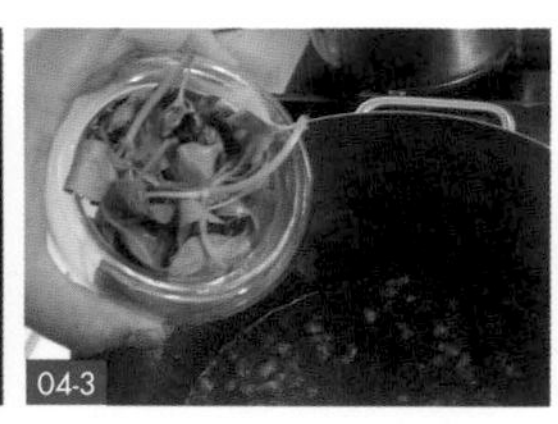

義大利番茄罐頭、白豆罐頭、羅勒、海鹽 b、胡椒粉。

白酒醋、白酒、蜂巢牛肚。

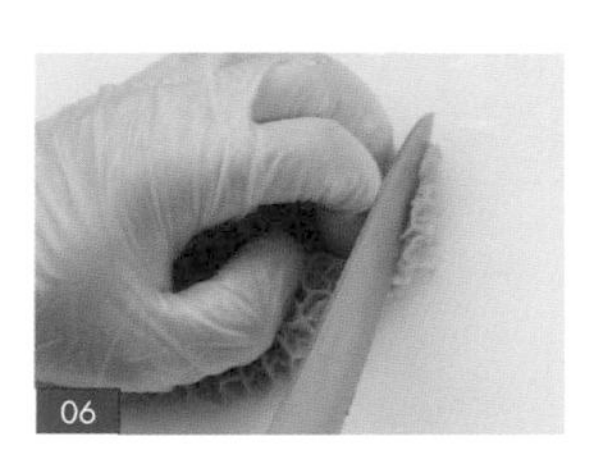

蜂巢牛肚切絲。

蜂巢牛肚絲。

番茄白豆燴牛肚。

巴西里葉碎。

- 紅酒燉牛臉頰的紅酒非常重要，是這道菜的靈魂，若選擇比較年輕的酒，可能會比較酸一點，須再加點糖來平衡口感。
- 將玉米糊煮軟後，若用食物調理機打碎，會產生較綿密的口感。

巴羅洛紅酒慢燉牛臉頰佐玉米糊與釉汁

Barolo Slow-Cook Beef cheek with Polenta Puree and Beef Jus

INGREDIENTS 材料

① 巴羅洛紅酒 …… 500 公克
② 紫洋蔥（切丁）…… 1 顆
③ 牛臉頰 …… 2 塊
④ 海鹽 a …… 適量
⑤ 胡椒粉 …… 適量
⑥ 水 …… 525 公克
⑦ 玉米碎 …… 180 公克
⑧ 海鹽 b …… 9 公克
⑨ 無鹽奶油 …… 100 公克
⑩ 動物性鮮奶油 …… 575 公克
⑪ 橄欖油 …… 適量
⑫ 晚香玉筍 …… 1 支
⑬ 海鹽 c …… 適量
⑭ 綜合苗 …… 1 公克

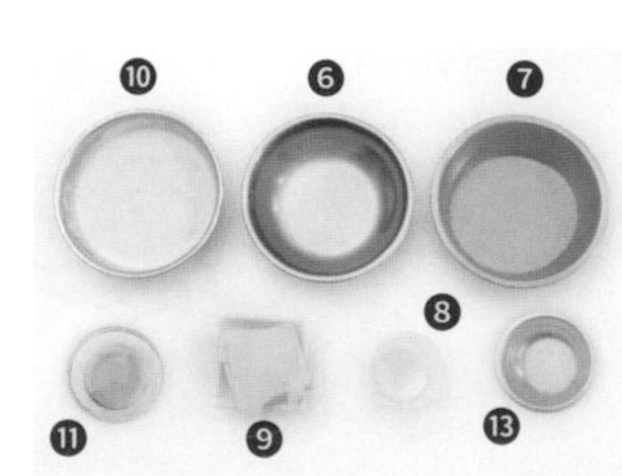

巴羅洛紅酒慢燉牛臉頰佐玉米糊與釉汁製作動態影片 QRcode

STEP BY STEP 步驟

前置作業

01 將紫洋蔥去皮切丁；晚香玉筍、綜合苗洗淨。

燉煮牛臉頰

02 在鍋中倒入巴羅洛紅酒、紫洋蔥丁。

03 在牛臉頰表面撒上少許海鹽a、胡椒粉調味。

04 將調味後的牛臉頰放入鍋中，燉煮 50 分鐘至肉質軟嫩。

玉米糊製作

05 將鍋中水加熱，再加入玉米碎，攪勻，煮至熟透，收乾水分。

06 加入海鹽 b、無鹽奶油、動物性鮮奶油，拌勻，關火，為玉米糊，備用。

烹煮

07 在鍋中倒入橄欖油、晚香玉筍，加入海鹽 c，煎至熟後，盛盤，備用。

組合、盛盤

08 將牛臉頰取出，為燉牛臉頰，備用。

09 鍋中的紅酒持續濃縮成紅酒醬汁，備用。

10 將燉牛臉頰對切，並修整邊緣，呈長方形狀，為牛臉頰塊。（註：可透過切邊修整形狀。）

11 取圓盤，倒入玉米糊。（註：可用湯匙底部壓平玉米糊，以讓玉米糊變平整。）

12 將牛臉頰塊放在玉米糊上。

13 將晚香玉筍、綜合苗放在牛臉頰塊上。

14 搭配紅酒醬汁，即可享用。

::: PROCESS :::

02-1

02-2

巴羅洛紅酒、紫洋蔥丁。

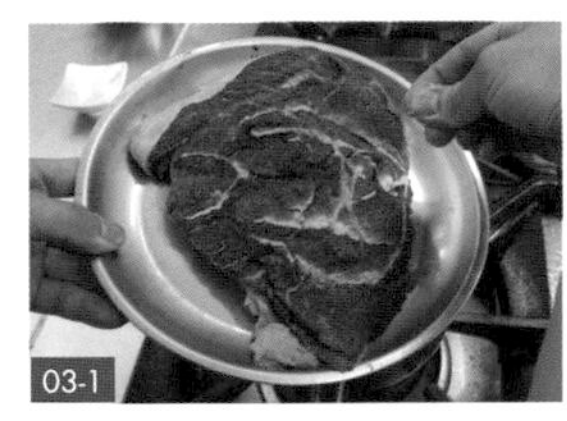

03-1

03-2

牛臉頰以海鹽 a、胡椒粉調味。

04

燉煮。

05

玉米碎、收乾水分。

06-1

06-2

海鹽 b、無鹽奶油、動物性鮮奶油。

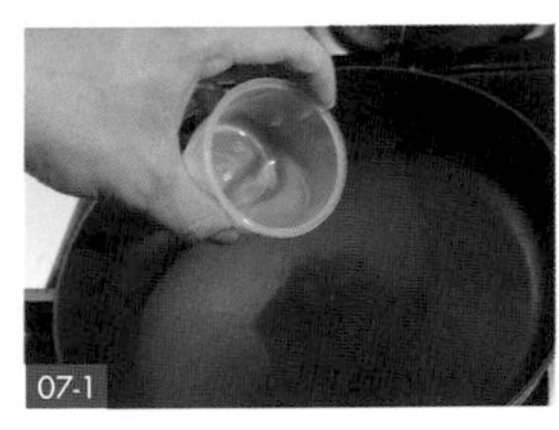

07-1

07-2

07-3

橄欖油、晚香玉筍、海鹽 c。

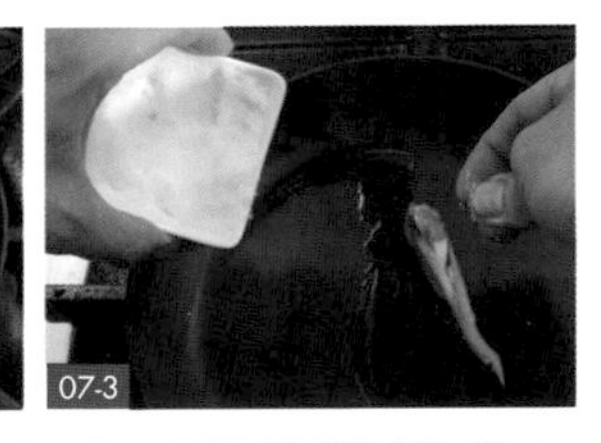

08

取出牛臉頰。

09

濃縮紅酒醬汁。

10

切燉牛臉頰。

11

玉米糊。

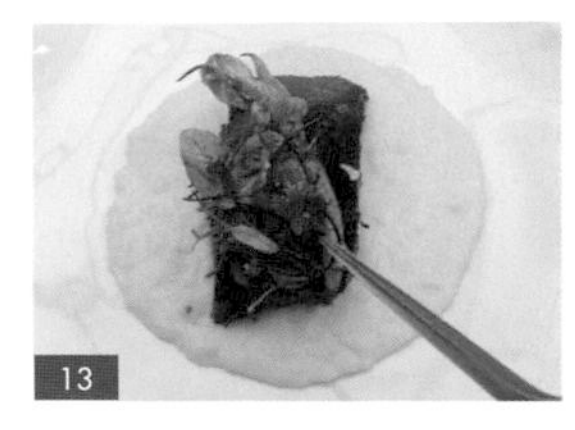

13

裝飾。

威靈頓酥皮牛排佐波特酒醬汁

Beef Wellington with Port Wine Sauce

INGREDIENTS 材料

材料	份量	材料	份量
① 酥皮 a（切蜂窩狀）	1 片	⑭ 橄欖油 c	適量
② 菲力牛排	200 公克	⑮ 對切聖女番茄	4 個
③ 海鹽 a	適量	⑯ 孢子甘藍（對切）	適量
④ 胡椒粉 a	適量	⑰ 白蘆筍（切段）	適量
⑤ 橄欖油 a	適量	⑱ 紫甘藍（對切）	適量
⑥ 法式芥末醬	50 公克	⑲ 海鹽 c	適量
⑦ 橄欖油 b	適量	⑳ 胡椒粉 c	適量
⑧ 乾蔥（切碎）	20 公克	㉑ 吐司	1 片
⑨ 蘑菇（切碎）	100 公克	㉒ 帕瑪火腿	8 公克
⑩ 香菇（切碎）	60 公克	㉓ 酥皮 b	2 片
⑪ 動物性鮮奶油	50 公克	㉔ 蛋黃	1 顆
⑫ 海鹽 b	適量	㉕ 紅酸模	適量
⑬ 胡椒粉 b	適量	㉖ 波特酒醬汁	適量

（作法請參考 P.50。）

STEP BY STEP 步驟

前置作業

01 將乾蔥去皮切碎；蘑菇、香菇洗淨切碎；紅酸模洗淨；紫甘藍、聖女番茄、孢子甘藍洗淨對切；白蘆筍洗淨切段，留白蘆筍頭。

02 將酥皮 a 用刀劃開三條直線，再往旁邊劃開兩條，依序劃開後，為漁網狀酥皮 a。（註：切完後建議放進冷凍，避免酥皮融化。）

03 取 1 顆蛋黃，備用。

菲力牛排製作

04 在菲力牛排的兩面撒上少許海鹽 a、胡椒粉 a 調味。

05 在鍋中倒入橄欖油 a 加熱，放入調味後的菲力牛排，煎至褐色，盛盤。

06 將法式芥末醬均勻刷在菲力牛排上，冰冷藏，備用。

拌炒食材

07 在鍋中倒入橄欖油 b、乾蔥碎，爆香。

08 加入蘑菇碎、香菇碎、動物性鮮奶油，拌炒均勻。

09 加入少許海鹽 b、胡椒粉 b，拌炒均勻，盛盤，為菇類拌炒，冰冷藏，備用。

10 在另一鍋中倒入橄欖油 c、對切聖女番茄、對切孢子甘藍、白蘆筍頭、對切紫甘藍。

11 稍微拌炒後，加入少許海鹽 c、胡椒粉 c，調味，盛盤，備用。

威靈頓牛排製作

12 將吐司切邊，再對切，為吐司塊。

13 在桌面平鋪保鮮膜，放上帕瑪火腿，並依序疊放好。

14 將菇類拌炒平鋪在帕瑪火腿上。

15 取出冷藏的菲力牛排，擺放在菇類拌炒上。

16 將保鮮膜捲起，包覆住帕瑪火腿，順勢捲成圓柱形並固定後，用刀子切開多餘的保鮮膜，冰冷藏，為威靈頓牛排，備用。

威靈頓酥皮牛排製作

17 以上下的擺法，將 2 片酥皮 b 拼成長條形的酥皮 b。

18 取出冷藏的威靈頓牛排，切開頭尾、撕開全部的保鮮膜後，將威靈頓牛排放在長條形的酥皮 b 上。（註：若側邊包不住，可切開上方部分的酥皮，疊放在側邊。）

19 將吐司塊放在威靈頓牛排前面。

20 用長條形的酥皮 b 將威靈頓牛排包覆住。

21 將蛋黃拌勻，為蛋黃液，刷在長條形的酥皮 b 表面。

22 將漁網狀酥皮 a 蓋在已刷蛋黃液的長條形的酥皮 b 上，並再刷上一層蛋黃液。

23 放進烤箱，以上下火 180 度，烤約 8 分鐘，為威靈頓酥皮牛排。

組合、盛盤

24 以鑷子夾取對切孢子甘藍、對切聖女番茄、白蘆筍頭、紅酸模放在盤內，為搭配蔬菜。

25 將威靈頓酥皮牛排擺放在搭配蔬菜左側，搭配波特酒醬汁，即可享用。

- 要包進威靈頓牛排的材料，建議要細小或是泥，切開的剖面會比較整齊。
- 酥皮外面可以做一些變化，或是用刀子劃出線條，也是大大加分。
- 烤出金黃色的酥皮時，需要讓威靈頓酥皮牛排靜置 8 ～ 10 分鐘，切開時，才不會流失血水。

::: PROCESS :::

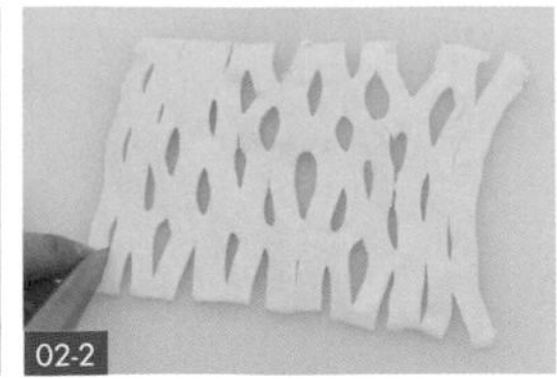

劃開酥皮 a、依序劃開。

菲力牛排，以海鹽 a、胡椒粉 a 調味。

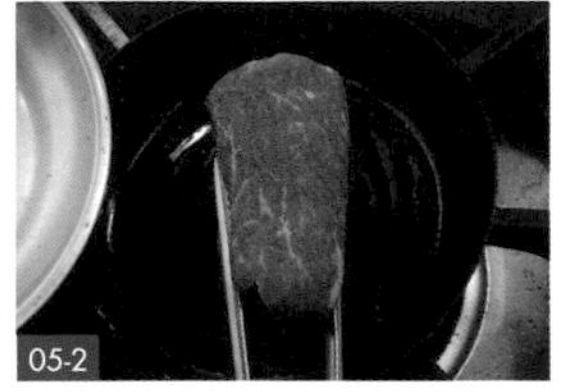

橄欖油 a、煎菲力牛排。

法式芥末醬、冰冷藏。

橄欖油 b、乾蔥碎。

蘑菇碎、香菇碎、動物性鮮奶油。

海鹽 b、胡椒粉 b、冰冷藏。

橄欖油 c、對切聖女番茄、對切孢子甘藍、白蘆筍頭、對切紫甘藍。

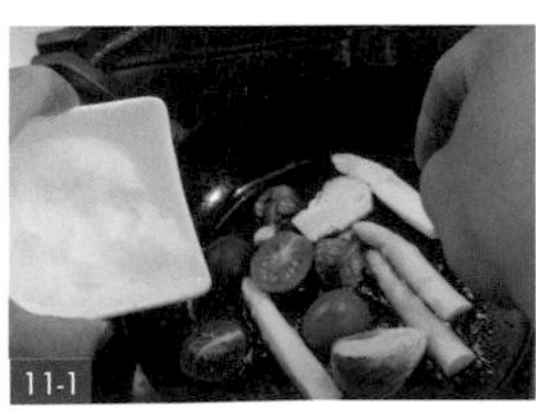

海鹽 c、胡椒粉 c。

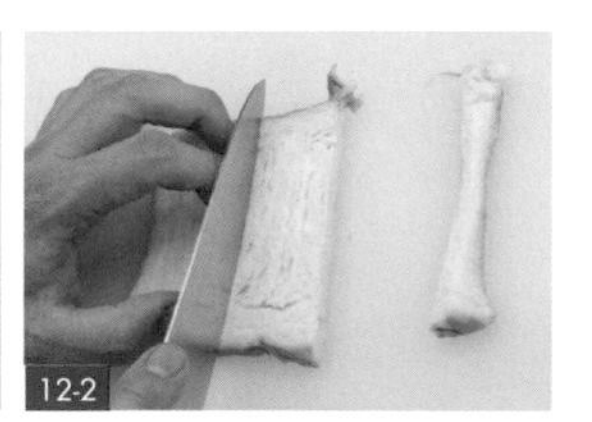

吐司切邊、對切。

13-2

平鋪保鮮膜、帕瑪火腿。

菇類拌炒。

取菲力牛排。

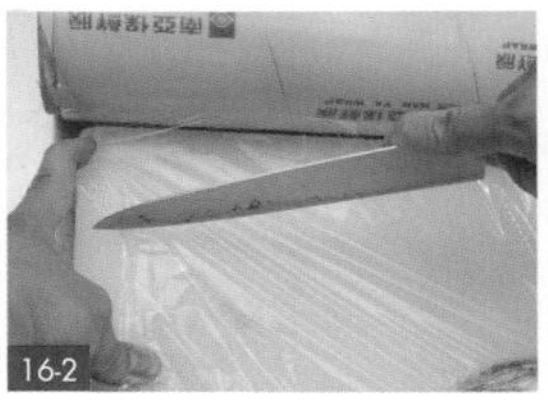

捲緊、切開保鮮膜、冷藏。

17

長條形的酥皮 b。

切開保鮮膜、威靈頓牛排。

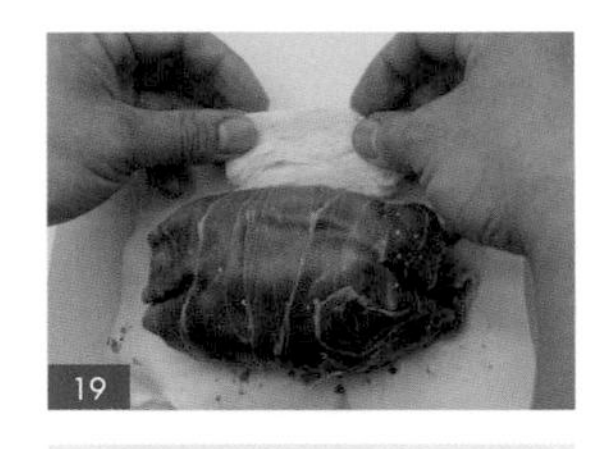

吐司塊。

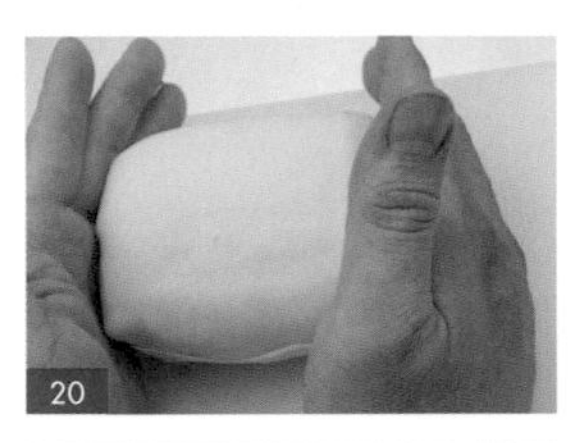

用長條形的酥皮 b 包緊。

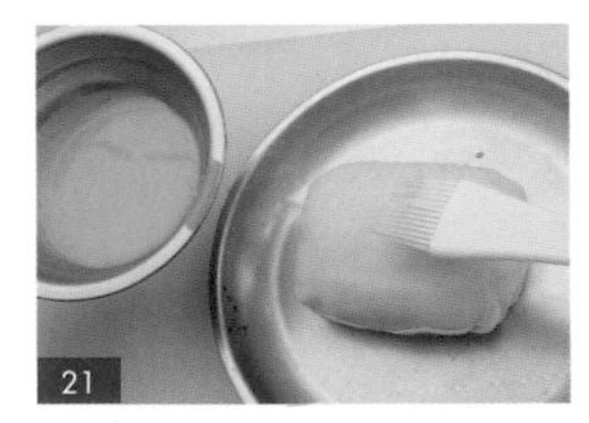

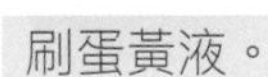

刷蛋黃液。

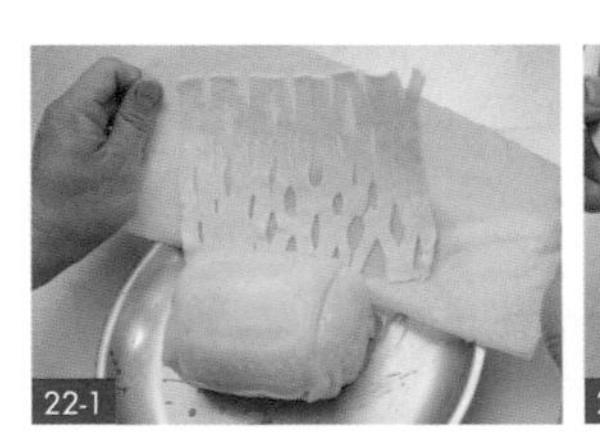

漁網狀酥皮 a、刷蛋黃液。

烘烤。

裝飾。

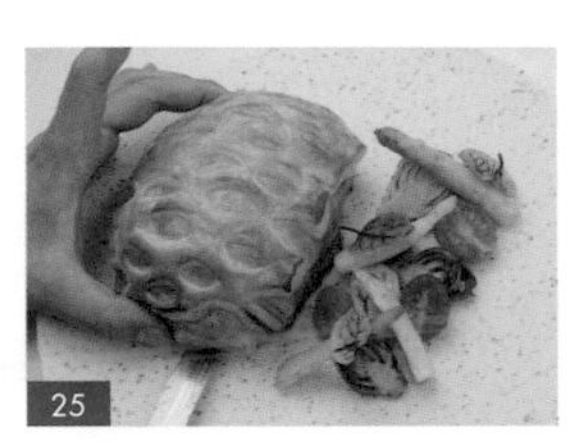

威靈頓酥皮牛排。

威靈頓酥皮牛排佐
波特酒醬汁製作
動態影片 QRcode

爐烤澳洲小牛胸腺與油封蛋黃佐生蠔醬汁

Roasted Sweetbread & Confit Egg Yolk with Oyster Sauce

INGREDIENTS 材料

① 蛋黃	1 顆
② 橄欖油 a	200 公克
③ 牛奶	適量
④ 小牛胸腺	80 公克
⑤ 迷迭香	1 支
⑥ 橄欖油 b	適量
⑦ 無鹽奶油	20 公克
⑧ 蒜頭 a（切碎）	1 顆
⑨ 橄欖油 c	適量
⑩ 蒜頭 b（切碎）	1 顆
⑪ 皇帝豆	20 公克
⑫ 海鹽	適量
⑬ 生蠔醬汁（作法請參考 P.49。）	適量
⑭ 紅莧苗	6 公克
⑮ 魚子醬	5 公克
⑯ 紅酸模	適量

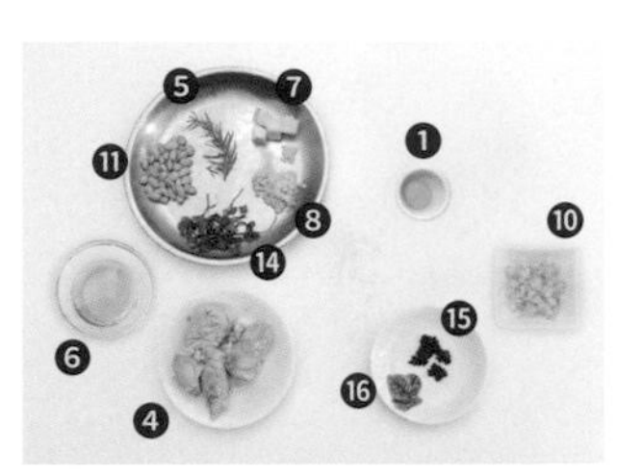

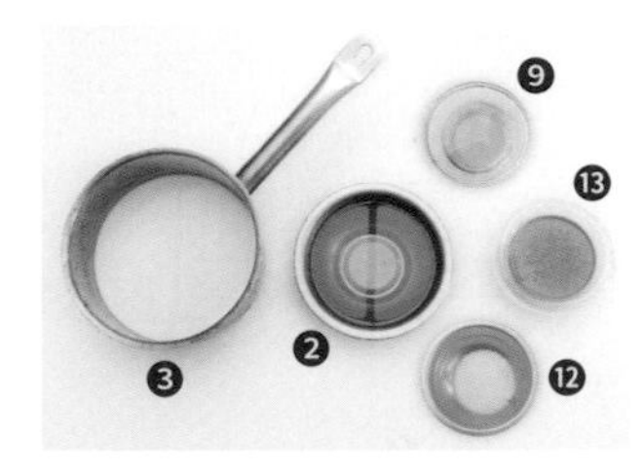

STEP BY STEP 步驟

前置作業

01 將皇帝豆、紅莧苗、迷迭香、紅酸模洗淨；蒜頭 a、b 去皮切碎，為蒜碎 a、蒜碎 b。

油封蛋黃製作

02 取小碗，打入 1 顆全蛋，取蛋黃。

03 將蛋黃放入裝橄欖油 a 的碗裡。

04 將碗蓋上錫箔紙，放進烤箱，以上下火 65 度，烤 1 小時後取出，完成油封蛋黃的製作。

爐烤澳洲小牛胸腺與油封蛋黃佐生蠔醬汁製作動態影片 QRcode

小牛胸腺塊製作

05 將牛奶加熱至邊緣冒小泡後，加入小牛胸腺。

06 以小火煮至沸騰後，加入迷迭香。（註：因大火會使食材溢出，所以須全程小火。）

07 3 分鐘後，將小牛胸腺取出，並切成一口的大小，為小牛胸腺塊。

烹煮

08 在鍋中倒入橄欖油 b、小牛胸腺塊，煎至金黃色。

同時：

09 加入無鹽奶油、蒜碎 a，稍微拌炒後，盛盤，備用。

10 在另一鍋中倒入橄欖油 c、蒜碎 b、皇帝豆、海鹽，拌炒均勻，盛盤，備用。（註：可放在墊有廚房紙巾的盤子上吸油。）

組合、盛盤

11 在鍋中倒入生蠔醬汁，加熱至沸騰，離火。

12 取圓盤，倒入加熱後的生蠔醬汁，以湯匙底部抹平醬汁。

13 將油封蛋黃放在生蠔醬汁上。

14 以鋸齒夾夾取小牛胸腺塊，以三角形的方式擺放在油封蛋黃的周圍。

15 依序擺放皇帝豆、紅莧苗，至小牛胸線側邊。

16 將魚子醬放在油封蛋黃上方，並取紅酸模裝飾，完成擺盤後，即可享用。（註：可擺放接骨木花，以增添料理的顏色。）

::: PROCESS :::

取蛋黃。

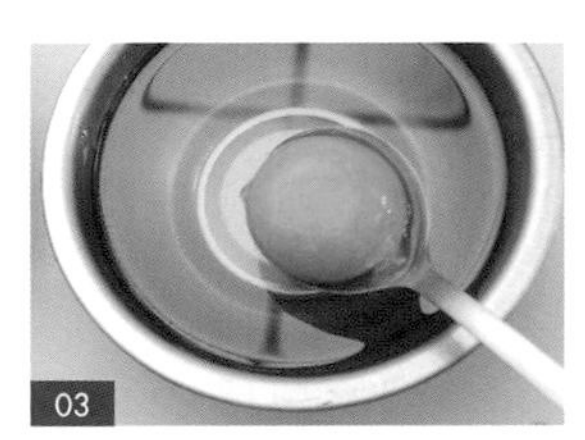

放入橄欖油 a。

04-2
蓋錫箔紙、烘烤。

牛奶加熱、小牛胸腺。

迷迭香。

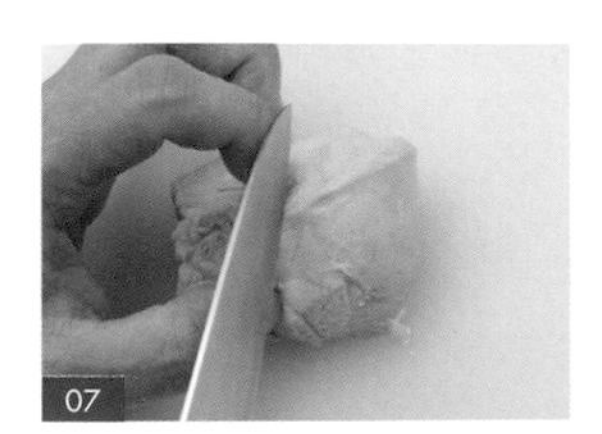

小牛胸腺切塊。

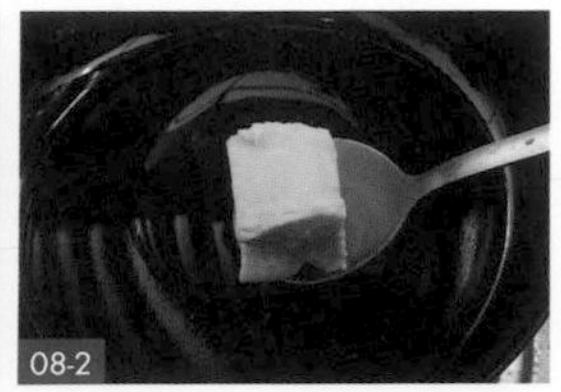

橄欖油 b、煎小牛胸腺塊。

無鹽奶油、蒜碎 a。

橄欖油 c、蒜碎 b、皇帝豆、海鹽。

生蠔醬汁。

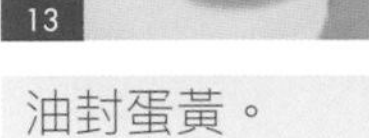

油封蛋黃。

小牛胸腺塊。

皇帝豆。

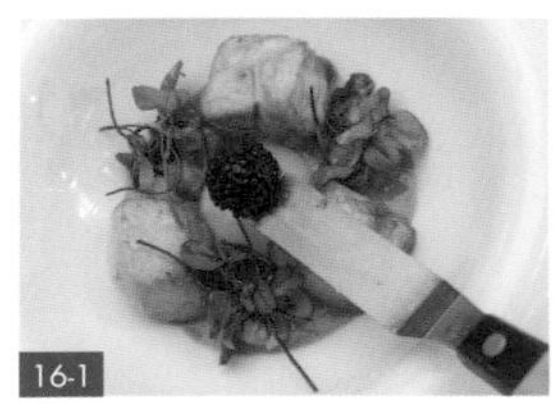

裝飾。

- 若用白醋燙熟小牛胸腺，在冰鎮後可將筋膜去除，口感會更好。
- 因為生蠔醬汁的顏色會黑掉，所以出餐前再倒入鍋中加熱即可。
- 油封蛋黃在出餐前，可先放在紙上吸油，出菜時較不易滲油。

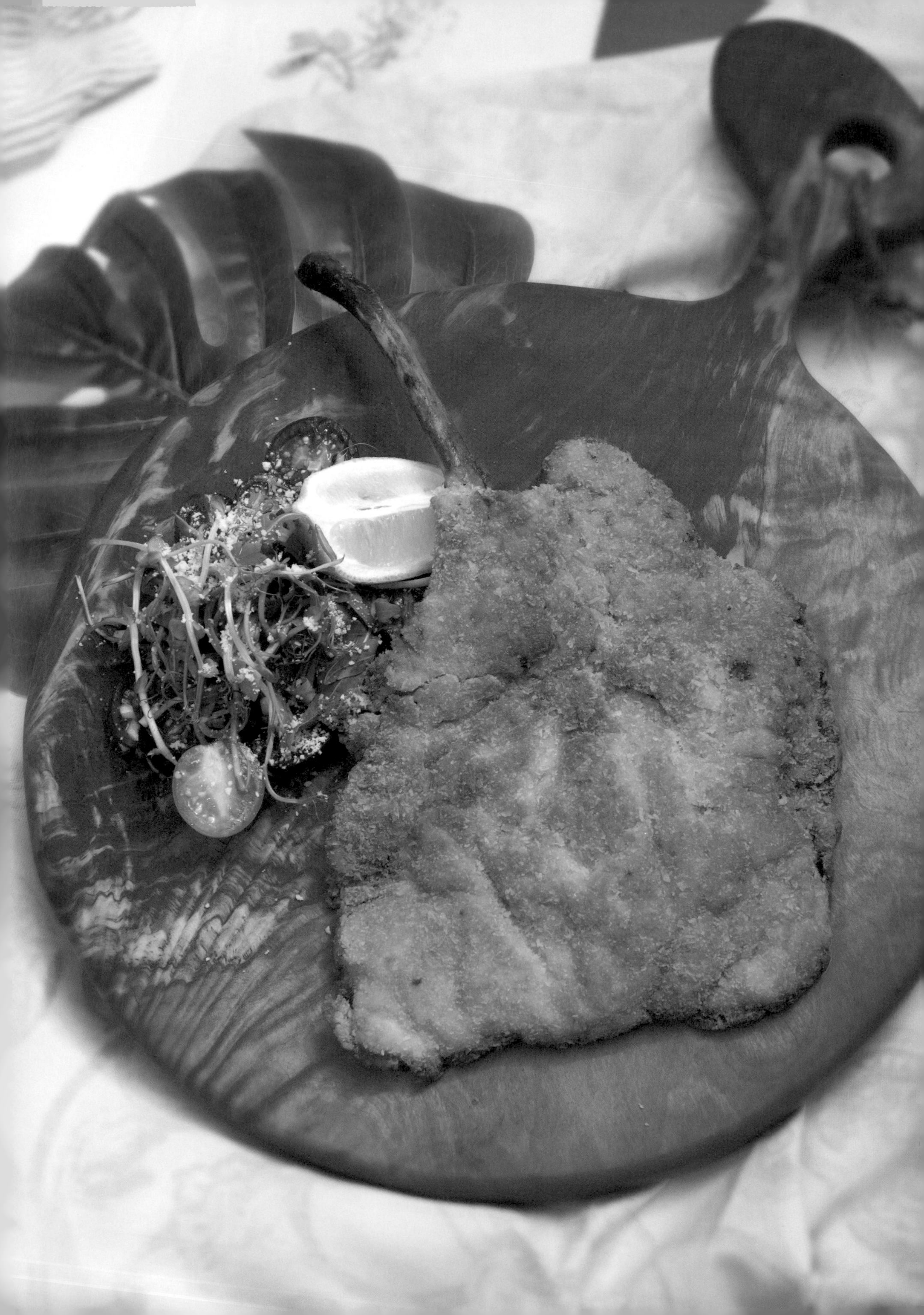

米蘭豬排與番茄沙拉

Milanese Pork Chop with Colorful Tomato Salad

INGREDIENTS 材料

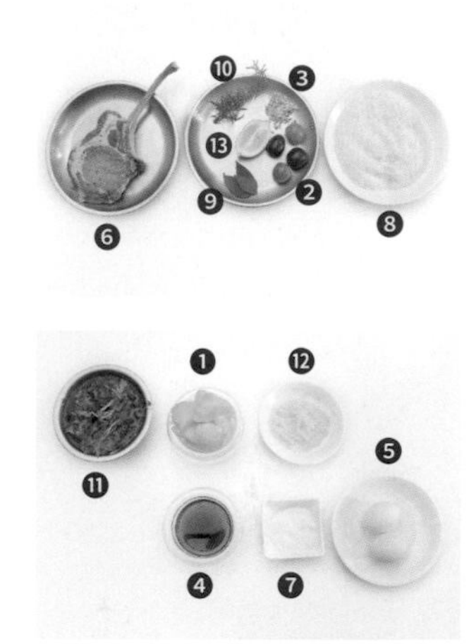

① 無鹽奶油 ⋯⋯ 120 公克
② 彩色番茄（對切）⋯⋯ 4 顆
③ 紫洋蔥（切碎）⋯⋯ 2 公克
④ 雪利檸檬油醋 ⋯⋯ 適量
（作法請參考 P.44。）
⑤ 全蛋 ⋯⋯ 2 顆
⑥ 戰斧豬排（1 片）⋯⋯ 300 公克
⑦ 海鹽 ⋯⋯ 適量
⑧ 麵包粉 ⋯⋯ 60 公克
⑨ 鼠尾草 ⋯⋯ 3 片
⑩ 迷迭香 ⋯⋯ 2 支
⑪ 芝麻葉 ⋯⋯ 5 公克
⑫ 帕瑪森乳酪粉 ⋯⋯ 3 公克
⑬ 黃檸檬 ⋯⋯ 1/4 個

STEP BY STEP 步驟

前置作業

01 將鼠尾草、迷迭香、芝麻葉洗淨；彩色番茄洗淨對切；紫洋蔥去皮切碎；黃檸檬切成一開四，為黃檸檬角。

02 將無鹽奶油放入鍋中，以小火加熱至沸騰，並以濾網濾除液態的雜質，為澄清奶油，可放進冷藏保存。（註：因無鹽奶油易燒焦，所以建議以小火加熱。）

03 在碗裡倒入對切彩色番茄、紫洋蔥碎、雪利檸檬油醋拌勻，為番茄沙拉。

04 在碗裡打入 2 顆全蛋，拌勻，為蛋液。

煎豬排製作

05 在戰斧豬排的 2 面撒上少許海鹽，以調味。

06 將塑膠袋放在砧板上後，放上戰斧豬排。

07 將第二個塑膠袋蓋在戰斧豬排上。

08 用肉槌搥打戰斧豬排，搥打至筋肉鬆開後，將塑膠袋掀開。

米蘭豬排與番茄沙拉製作動態影片 QRcode

煎戰斧豬排製作

09 取兩個長條型的盤子，分別倒入蛋液、麵包粉，備用。（註：可再準備一個盤子，放上已裹麵糊的戰斧豬排。）

10 將戰斧豬排的兩面均勻沾上蛋液。

11 將沾上蛋液的戰斧豬排均勻裹上麵包粉。（註：須確認豬排表面都有裹上麵包粉，否則在煎豬排時，會因沒有受到保護而過老。）

12 重複步驟 10-11，為裹粉的戰斧豬排。

13 在鍋中倒入澄清奶油，加熱至融化。（註：用澄清奶油煎戰斧豬排，不僅多了堅果香味，油質也不易黑掉。）

14 放入裹粉的戰斧豬排。

15 加入鼠尾草、迷迭香。

16 數分鐘後，將戰斧豬排撈出、瀝油，盛盤，為煎戰斧豬排，備用。（註：可放在墊有廚房紙巾的盤子上。）

盛盤

17 取一大盤，放上煎戰斧豬排。

18 將番茄沙拉擺放在煎戰斧豬排的側邊。

19 將芝麻葉擺放在番茄沙拉上，並撒上帕瑪森乳酪粉。

20 搭配黃檸檬角，完成擺盤，即可享用。

::: PROCESS :::

03-1

03-2

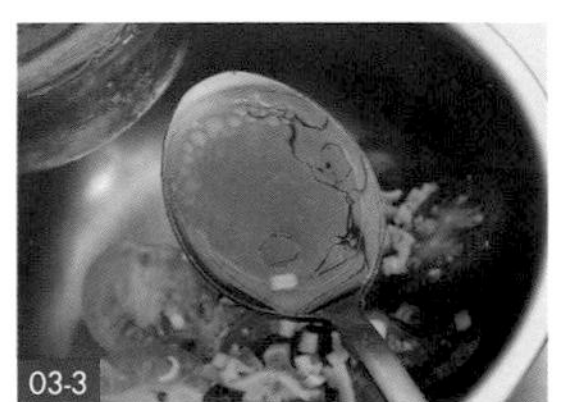
03-3

對切彩色番茄、紫洋蔥碎、雪利檸檬油醋。

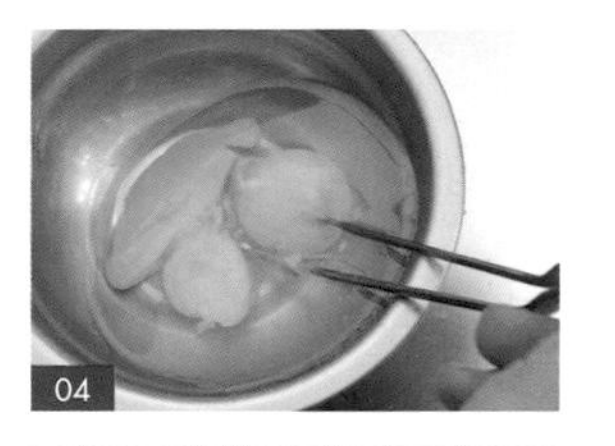
04

打入 2 顆全蛋。

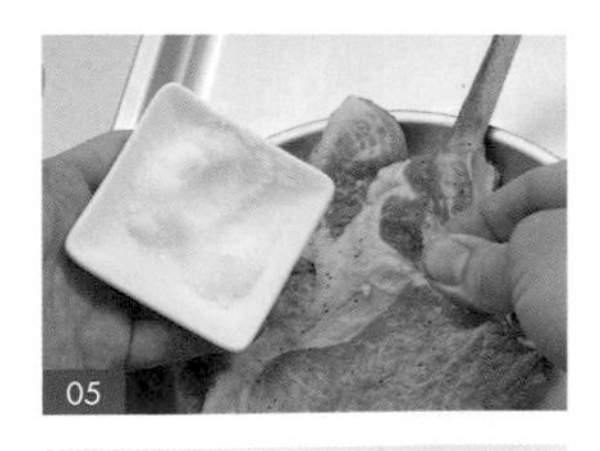
05

戰斧豬排、海鹽調味。

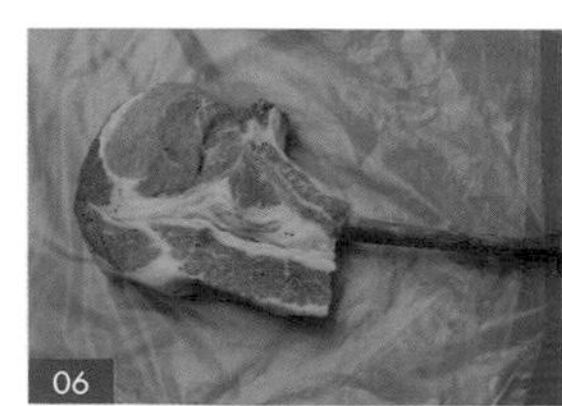
06

放戰斧豬排。

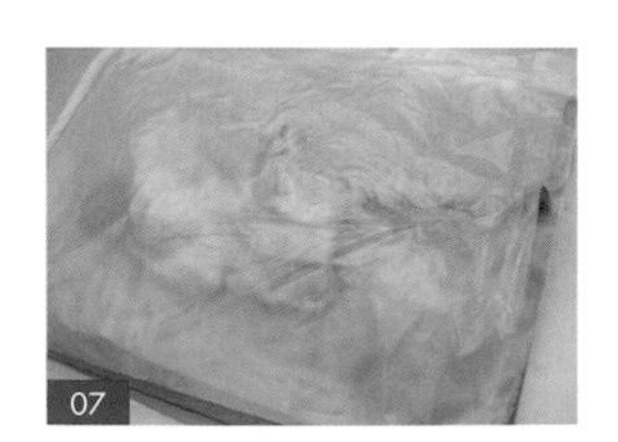
07

蓋上塑膠袋。

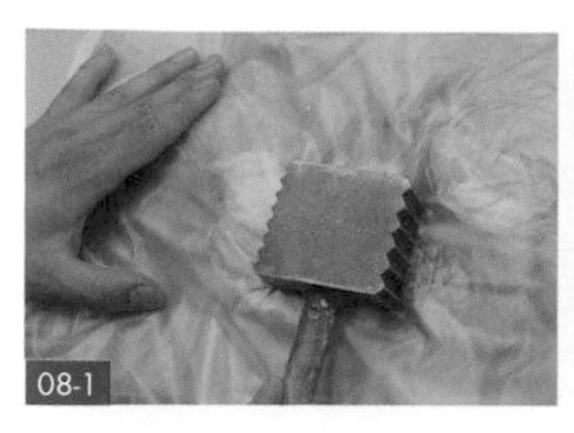

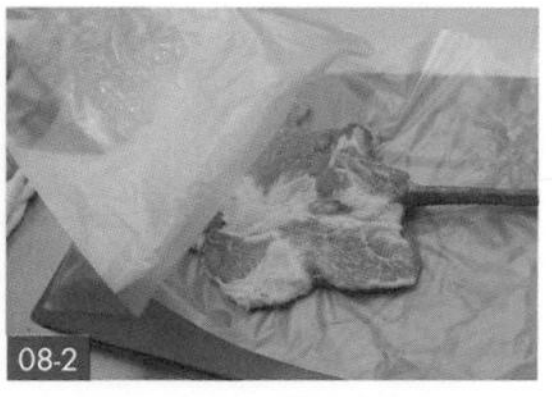

搥打戰斧豬排、掀開塑膠袋。

蛋液、麵包粉。

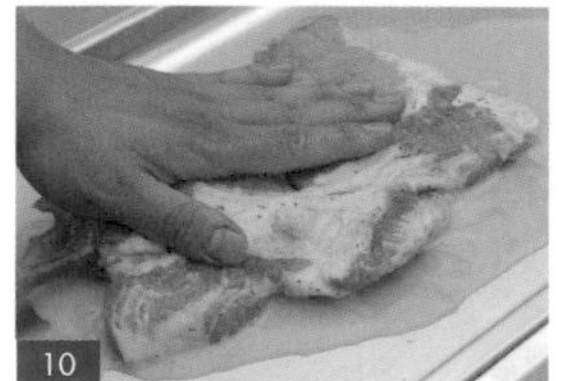

沾蛋液。

裹麵包粉。

澄清奶油。

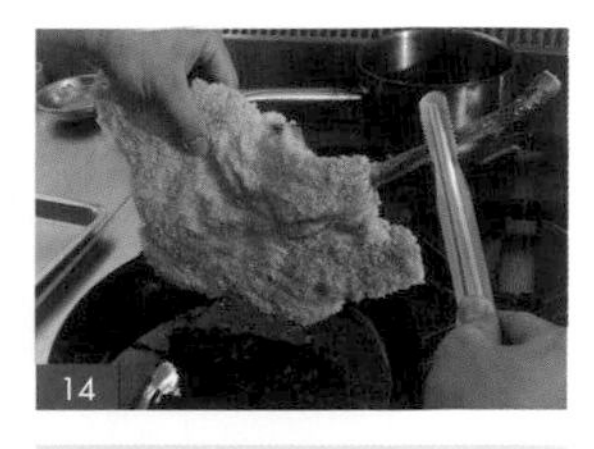

戰斧豬排。

鼠尾草、迷迭香。

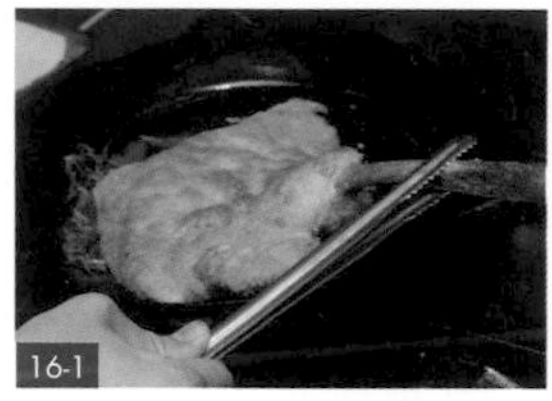

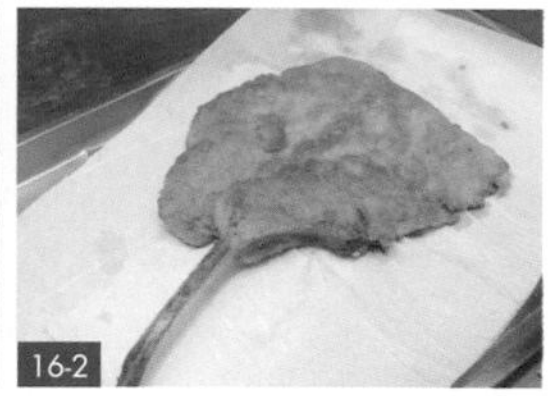

撈出、瀝油。

放煎戰斧豬排。

番茄沙拉。

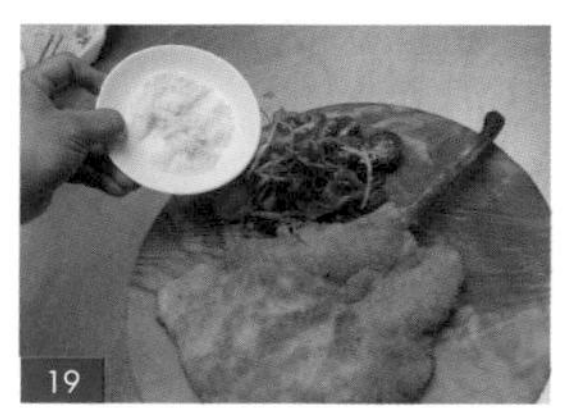

擺盤。

每次在煎新的戰斧豬排時，須先撈掉油渣，才能再煎下一片，否則舊的麵包粉會因為焦掉，而黏在戰斧豬排上，導致口感不佳。

- 可以加入新鮮鳳梨一起燉煮，使豬肋排更軟嫩。
- 可將豬肋排事先泡在肋排醬醃製 24 小時，風味會更佳。

醬烤豬肋排與地瓜脆片

BBQ Pork Ribs with Sweet Potato Chips

INGREDIENTS 材料

① 豬肋排 ······ 1 副
② 肉類調味粉 ······ 15 公克
③ 雞高湯 ······ 適量
④ 刨片地瓜 ······ 18 片

◆ 肋排醬

⑤ 番茄醬 ······ 300 公克
⑥ 燻油 ······ 10 公克
⑦ 細砂糖 ······ 36 公克
⑧ 梅林辣醬油 ······ 15 公克
⑨ 蘋果醋 ······ 36 公克
⑩ 辣椒水 ······ 5 公克
⑪ 法式芥末籽醬 ······ 30 公克
⑫ 辣根醬 ······ 5 公克

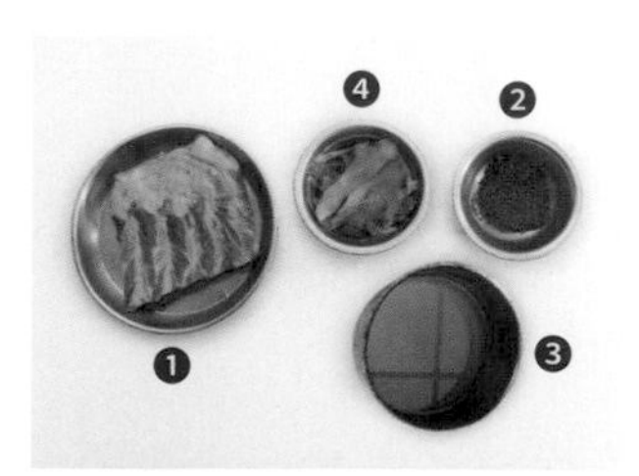

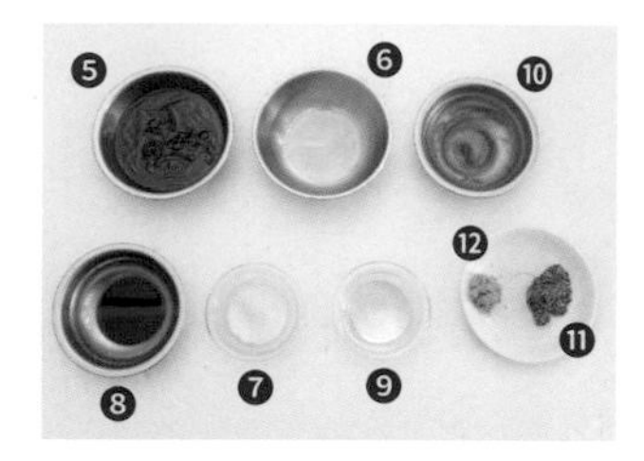

STEP BY STEP 步驟

前置作業

01 將黃地瓜、紫地瓜洗淨去皮，刨成片狀，為地瓜片。

02 在豬肋排的兩面撒上肉類調味粉調味。

醬烤豬肋排與地瓜脆片製作動態影片QRcode

烹煮

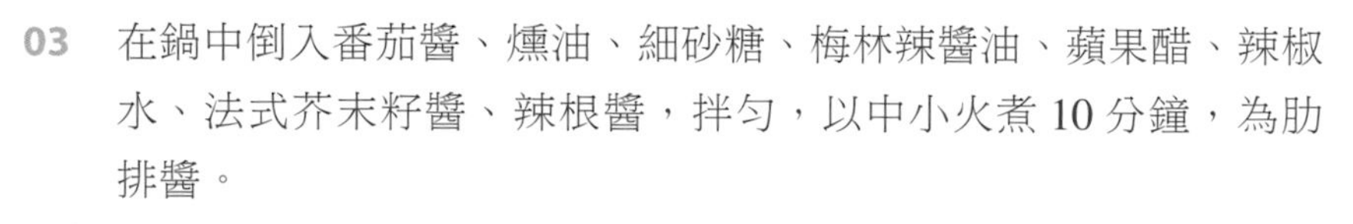

03 在鍋中倒入番茄醬、燻油、細砂糖、梅林辣醬油、蘋果醋、辣椒水、法式芥末籽醬、辣根醬，拌勻，以中小火煮 10 分鐘，為肋排醬。

04 倒出一部分的肋排醬，備用。

（同時）

05 剩下的肋排醬在鍋中加熱後，加入雞高湯、調味後的豬肋排。

06 準備一鍋油，油溫加熱至 180 度，放入地瓜片，炸至酥脆後撈出，瀝油，盛盤，為地瓜脆片，備用。（註：可放在墊有廚房紙巾的盤子上。）

07 將豬肋排燉煮 50 分鐘至肉質軟嫩，取出，盛盤，備用。

組合、盛盤

08 將肋排醬均勻淋在豬肋排上。

09 放進烤箱，以上下火 220 度，烤約 3 分鐘，為烤豬肋排。

10 取圓盤，放上烤豬肋排、地瓜脆片，即可享用。

::: PROCESS :::

肉類調味粉。

番茄醬、燻油、細砂糖。

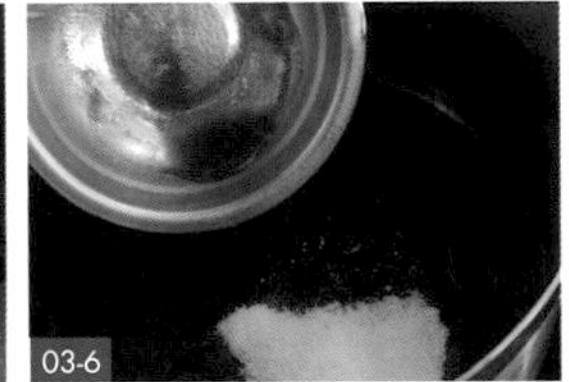

梅林辣醬油、蘋果醋、辣椒水、法式芥末籽醬、辣根醬。

留部分肋排醬。

倒入雞高湯、豬肋排。

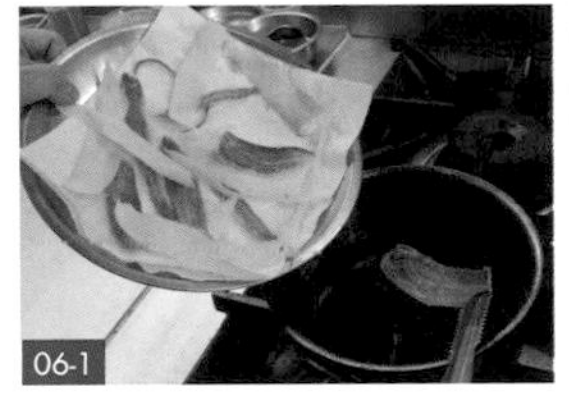

炸地瓜片、瀝油。

燉煮豬肋排、取出。

淋肋排醬。

烤豬肋排。

烤豬肋排、地瓜脆片。

培根豬里肌捲佐焦糖蘋果醬

Bacon Pork Tenderloin Roll with Caramelized Apple Sauce

INGREDIENTS 材料

① 橄欖油 b …… 適量
② 美國蘆筍（斜切）…… 2 支
③ 小洋蔥（對切）…… 1 支
④ 綠孢子甘藍（對切）…… 1 支
⑤ 海鹽 …… 適量
⑥ 培根 …… 4 條
⑦ 豬里肌肉（1 條）…… 120 公克
⑧ 橄欖油 c …… 適量
⑨ 紫吉康菜（對切）…… 1 支
⑩ 玉米苗（裝飾）…… 2 支

◆ 焦糖蘋果醬

⑪ 水 …… 100 公克
⑫ 細砂糖 …… 100 公克
⑬ 橄欖油 a …… 適量
⑭ 青蘋果（切角）…… 1 顆
⑮ 無鹽奶油 …… 10 公克

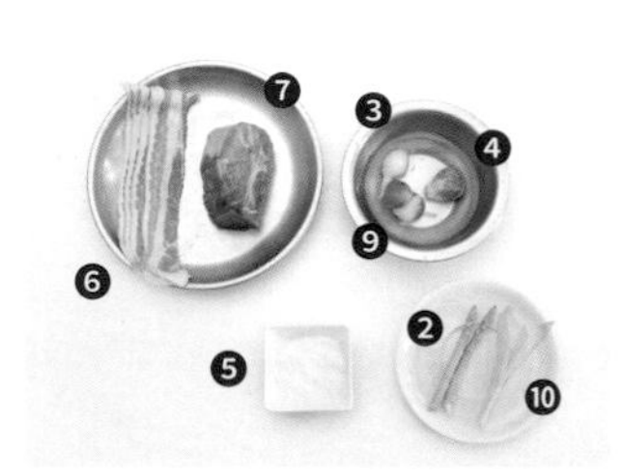

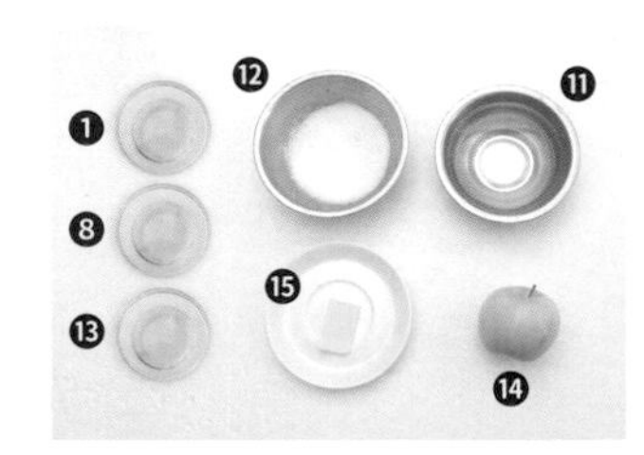

STEP BY STEP 步驟

前置作業

01 將美國蘆筍洗淨斜切，留蘆筍頭；小洋蔥、綠孢子甘藍洗淨對切；紫吉康菜洗淨，去皮對切；玉米苗洗淨。

02 將青蘋果洗淨，切掉頭尾，削皮後一開四，去籽，為青蘋果角。

焦糖蘋果醬製作

（同時）
03 在鍋①中倒入水、細砂糖。（註：細砂糖和水的比例為 1：1。）
04 在鍋②中倒入橄欖油 a 加熱，放入青蘋果角，煎至上色。

05 待鍋①煮至金黃色後，關火，為焦糖。（註：熬煮焦糖只能搖晃鍋子，讓糖色更均勻，不能攪拌，以免結粒。）

06 將焦糖、無鹽奶油加入鍋②中，攪勻，離火，為焦糖蘋果醬、焦糖蘋果角，備用。

烹煮

07 在鍋中倒入橄欖油 b、美國蘆筍頭、對切小洋蔥、對切綠孢子甘藍、海鹽，稍微拌炒後盛盤，備用。

08 在砧板上平鋪保鮮膜，將培根依序疊放在保鮮膜上。

09 放上豬里肌肉，並將保鮮膜捲起，包覆住培根，再順勢往上捲成圓柱形，並將兩端固定。

10 用刀子切開多餘的保鮮膜後，以 68 度蒸 40 分鐘後取出，切開頭尾的保鮮膜，撕開包覆肉捲的保鮮膜，為培根豬里肌捲。

11 在鍋中倒入橄欖油 c 加熱，放入培根豬里肌捲，煎至上色後取出，放在墊有廚房紙巾的盤子上。

盛盤

12 將培根豬里肌捲切成約 2 公分的厚塊，為培根豬里肌塊。

13 取圓盤，將焦糖蘋果角和培根豬里肌塊穿插放入盤中。

14 以鑷子夾取對切小洋蔥，交錯擺放在培根豬里肌塊側邊。

15 先以美國蘆筍頭、對切綠孢子甘藍裝飾後，再淋上焦糖蘋果醬。

16 最後以對切紫吉康菜、玉米苗裝飾，完成擺盤後，即可享用。

::: PROCESS :::

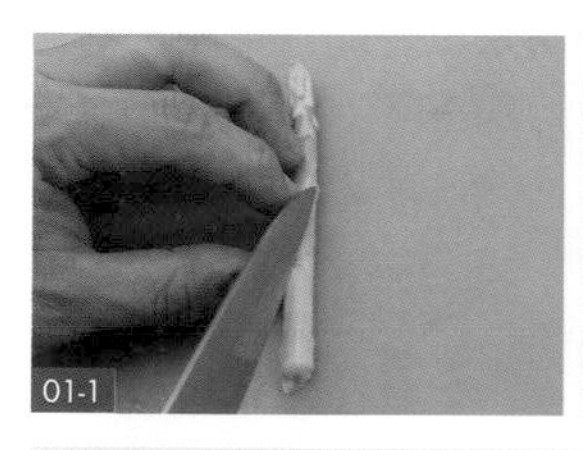
01-1

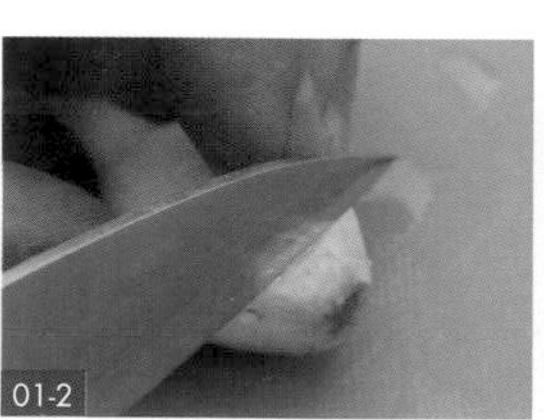
01-2

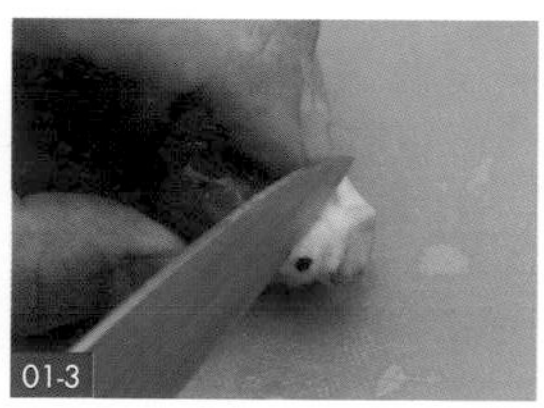
01-3

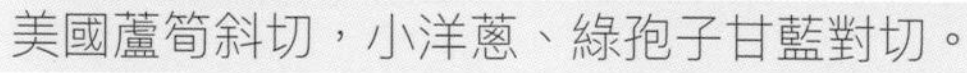
美國蘆筍斜切，小洋蔥、綠孢子甘藍對切。

培根豬里肌捲
佐焦糖蘋果醬製作
動態影片 QRcode

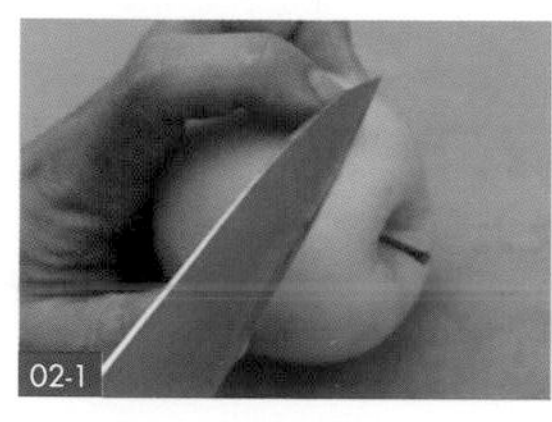
02-1

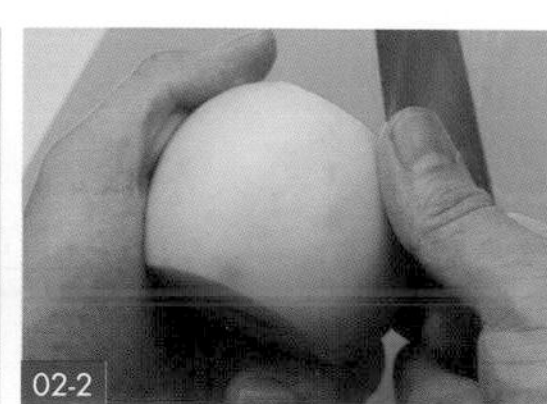
02-2

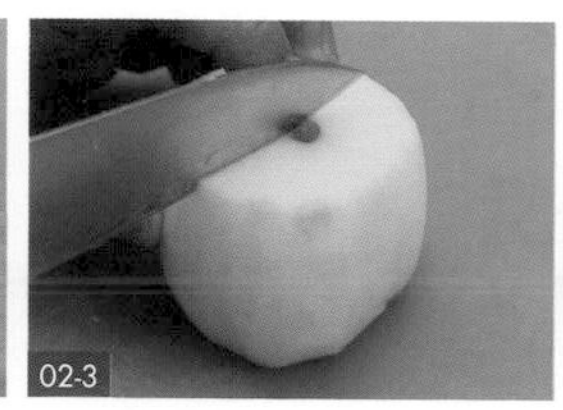
02-3

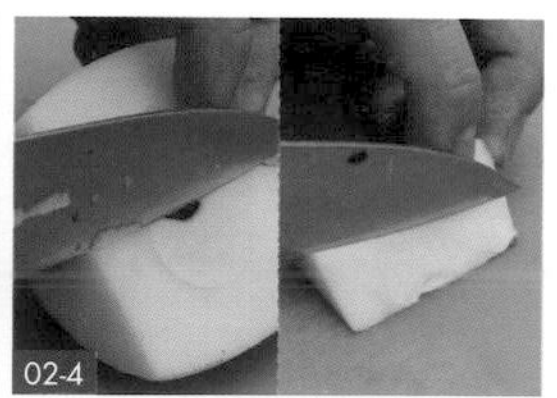
02-4

切頭尾、削皮、一開四、去籽。

鍋 1

水、細砂糖。

鍋 2

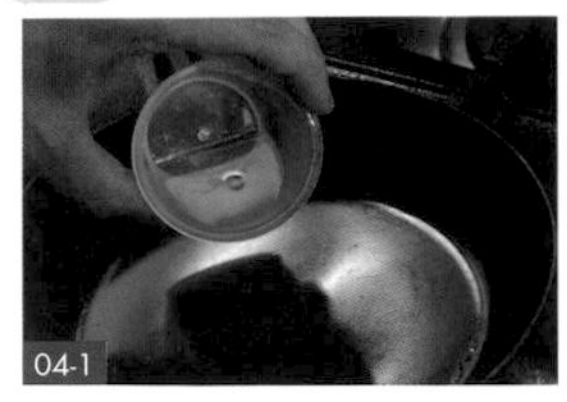

橄欖油 a、青蘋果角。

鍋 1

05

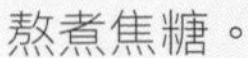

熬煮焦糖。

鍋 2

焦糖、無鹽奶油。

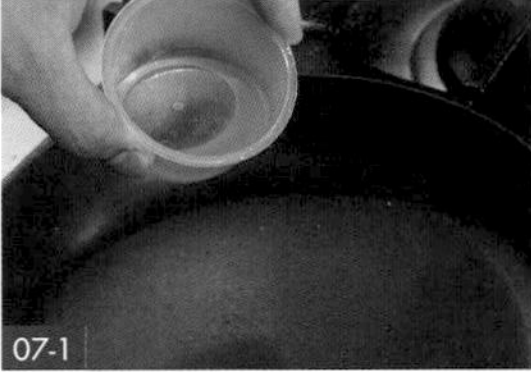

07-2

07-3

橄欖油 b、美國蘆筍頭、對切小洋蔥、對切綠孢子甘藍、海鹽。

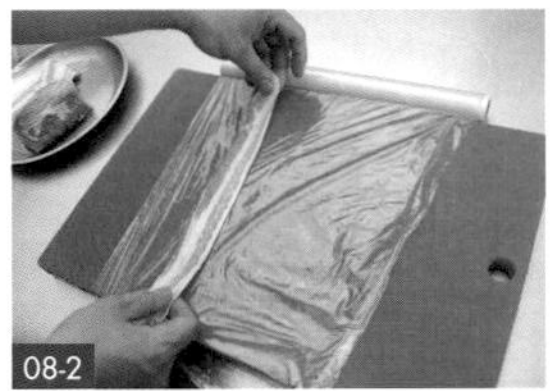

平鋪保鮮膜、疊放培根。

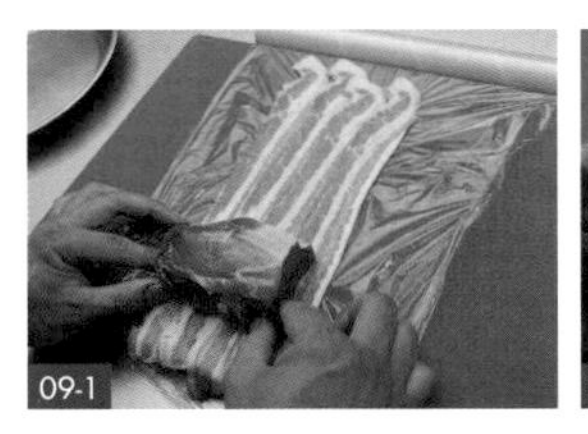

09-2

豬里肌肉、包覆培根、捲緊。

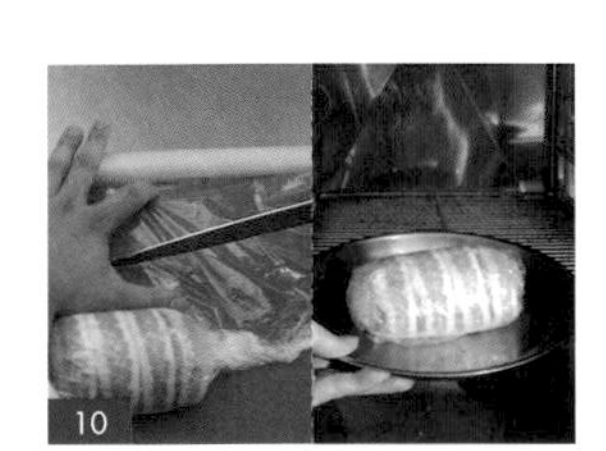

切開保鮮膜、蒸煮。

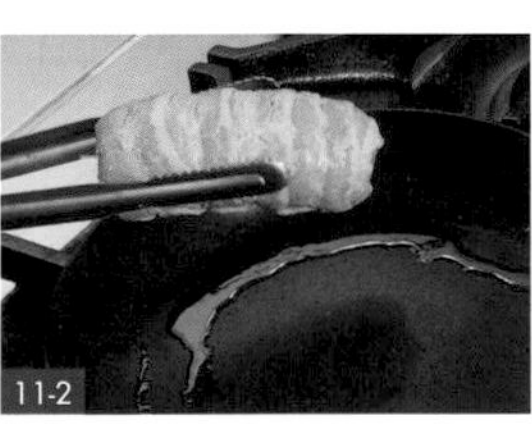

橄欖油 c、培根豬里肌捲。

12

培根豬里肌捲切塊。

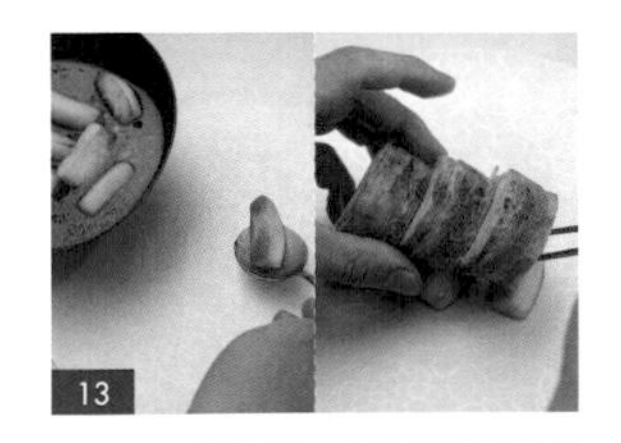

焦糖蘋果角、培根豬里肌塊。

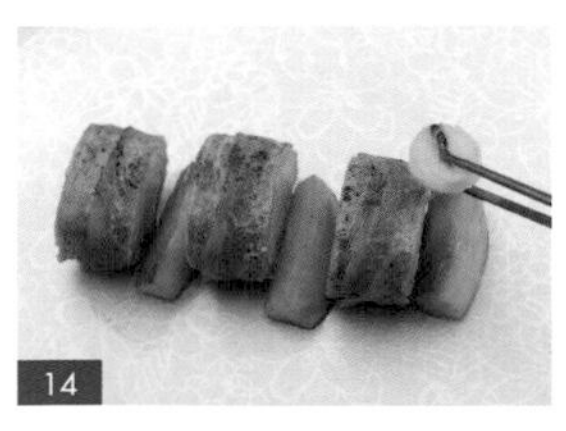

對切小洋蔥。

焦糖蘋果醬。

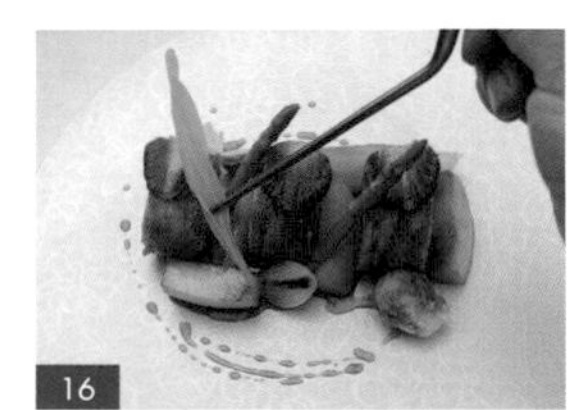

裝飾。

- 焦糖煮至金黃色後，就要離火，否則會產生苦味。
- 豬里肌可以替換成腰內肉，肉質也會較軟嫩。
- 青蘋果可以替換成蜜桃、無花果，會有不一樣的風味。

脆皮德國豬腳與德式酸菜、法式第戎芥末醬

Roasted Schweinshaxe & Sauerkraut, Cabbage with Dijon Mustard Sauce

INGREDIENTS 材料

① 紅蘿蔔（切丁）	1/2 支	⑬ 白醋	20 公克
② 洋蔥 a（切丁）	1 顆	⑭ 雞高湯	60 公克
③ 西芹（切丁）	2 支	⑮ 海鹽 b	3 公克
④ 杜松子 a	2 公克	⑯ 胡椒粉 a	1 公克
⑤ 黑胡椒粒	3 公克	⑰ 橄欖油 b	適量
⑥ 月桂葉 a	1 片	⑱ 青花菜（切小朵）	3 朵
⑦ 煙燻德式豬腳段	1 塊	⑲ 玉米筍（對切）	2 支
⑧ 橄欖油 a	10 公克	⑳ 對切香菇	2 個
⑨ 洋蔥 b（切絲）	40 公克	㉑ 彩色番茄（對切）	2 顆
⑩ 月桂葉 b	2 片	㉒ 海鹽 a	20 公克
⑪ 杜松子 b	2 公克	㉓ 胡椒粉 b	1 公克
⑫ 高麗菜（切絲）	150 公克	㉔ 法式芥末醬	20 公克

STEP BY STEP 步驟

前置作業

01 將洋蔥 a 切丁、洋蔥 b 切絲；紅蘿蔔去皮切丁；西芹洗淨切丁；高麗菜洗淨切絲；青花菜洗淨切小朵；香菇、彩色番茄洗淨對切。

02 將月桂葉 a、b 洗淨；玉米筍洗淨，剖半對切。

脆皮德國豬腳與德式酸菜、法式第戎芥末醬製作動態影片 QRcode

脆皮豬腳製作

03 將水煮滾後，加入紅蘿蔔丁、洋蔥丁 a、西芹丁、杜松子 a、黑胡椒粒、月桂葉 a、煙燻德式豬腳段，以小火慢煮 1 小時。

04 取出煙燻德式豬腳段降溫，備用。

05 另外準備一鍋油，加熱至油溫 180 度，放入煙燻德式豬腳段，炸至金黃色後撈出，瀝油，為脆皮豬腳，備用。（註：因為豬腳的皮下組織還有水分，所以炸豬皮時建議用蓋子蓋住，否則會產生油爆。）

德式酸菜製作

06 在鍋中倒入橄欖油 a、洋蔥絲 b、月桂葉 b、杜松子 b，炒香。

07 加入高麗菜絲、白醋、雞高湯、海鹽 b、胡椒粉 a，稍微拌炒，燜煮至軟後，盛盤，為德式酸菜，備用。

烹煮

08 在鍋中倒入橄欖油 b、小朵青花菜、對切玉米筍、對切香菇、對切彩色番茄，炒熟，取出，放在墊有廚房紙巾的盤子上後，撒上少許海鹽 a、胡椒粉 b，備用。

盛盤

09 取圓盤，擺放上小朵青花菜在右上角後，依序擺放對切彩色番茄、對切香菇、對切玉米筍、德式酸菜裝飾。

10 將法式芥末醬放在德式酸菜旁邊，以湯匙輕輕往右劃出一個弧度。

11 將脆皮豬腳擺放在德式酸菜上方，即可享用。

::: PROCESS :::

紅蘿蔔丁、洋蔥丁 a、西芹丁、杜松子 a、黑胡椒粒、月桂葉 a、煙燻德式豬腳段。

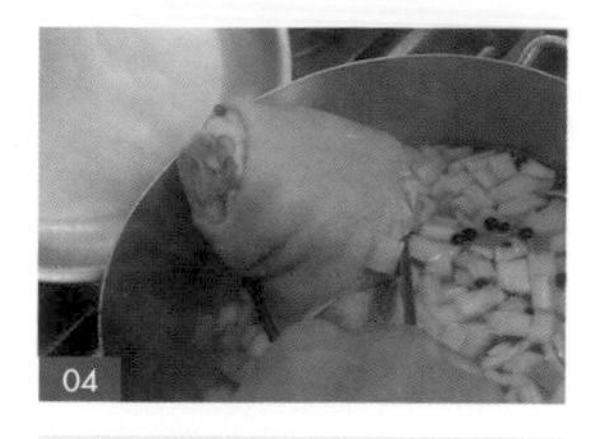

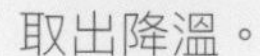

取出降溫。

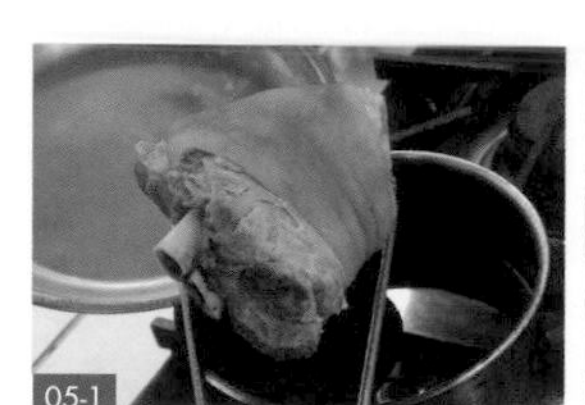

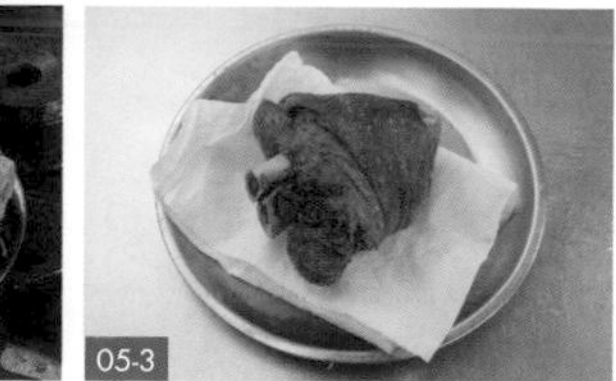

炸煙燻德式豬腳段、撈出、瀝油。

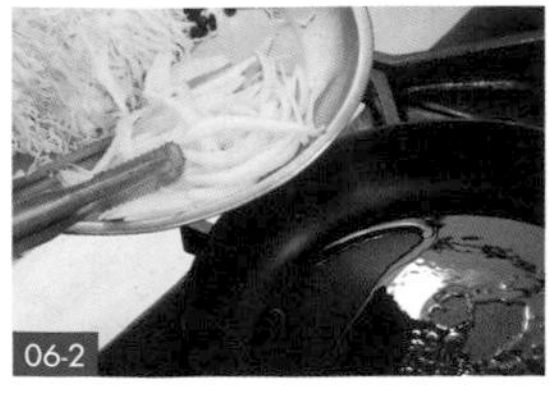

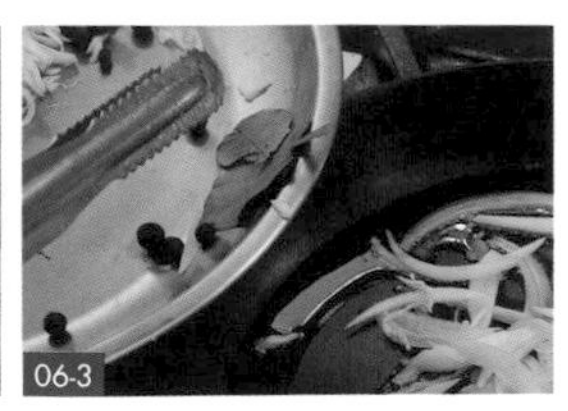

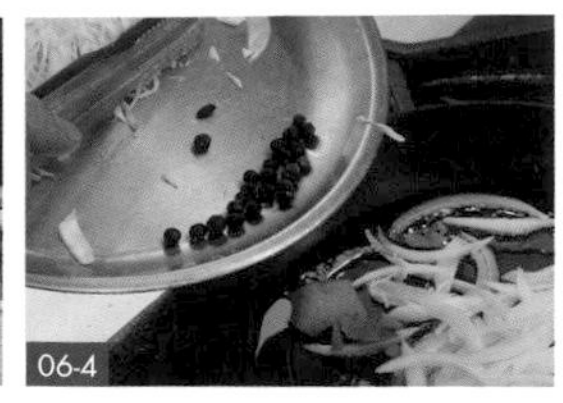

橄欖油 a、洋蔥絲 b、月桂葉 b、杜松子 b。

高麗菜絲、白醋、雞高湯、海鹽 b、胡椒粉 a。

橄欖油 b、小朵青花菜、對切玉米筍、對切香菇、對切彩色番茄、海鹽 a、胡椒粉 b。

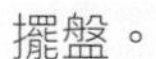

擺盤。

法式芥末醬、往右劃。

11

脆皮豬腳。

- 豬腳要選擇煙燻過的，口感與風味會比較好。
- 炒德式酸菜時可以加入培根一起拌炒，以增加酸菜的煙燻和甜味。

千層蔬菜巴沙魚佐海膽奶油醬

John Dory Fish with Lasagna Vegetables and Cream Sea Urchin Sauce

INGREDIENTS 材料

① 鹽水……適量
② 綠節瓜（切片）……1/3 支
③ 紅蘿蔔（切片）……1/3 支
④ 黃節瓜（切片）……1/3 支
⑤ 馬鈴薯（切片）……1/2 顆
⑥ 海鹽 a……適量
⑦ 橄欖油 b……適量
⑧ 巴沙魚（1 片）……80 公克
⑨ 海鹽 b……適量
⑩ 胡椒粉……適量
⑪ 紅莧苗……適量

◆ 海膽奶油醬

⑫ 橄欖油 a……適量
⑬ 乾蔥（切碎）……30 公克
⑭ 白酒……120 公克
⑮ 動物性鮮奶油……300 公克
⑯ 無鹽奶油……20 公克
⑰ 海膽醬……30 公克

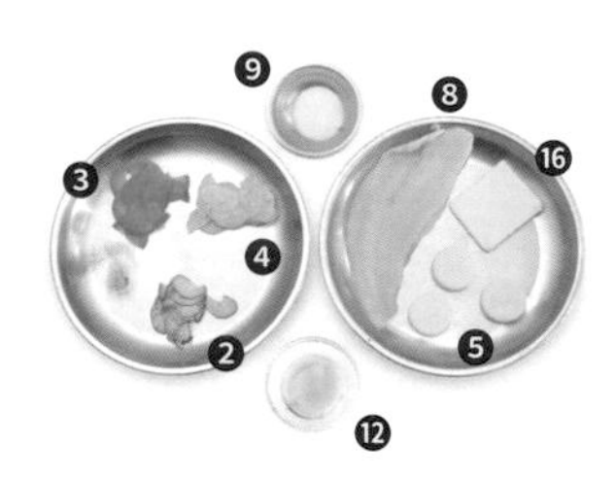

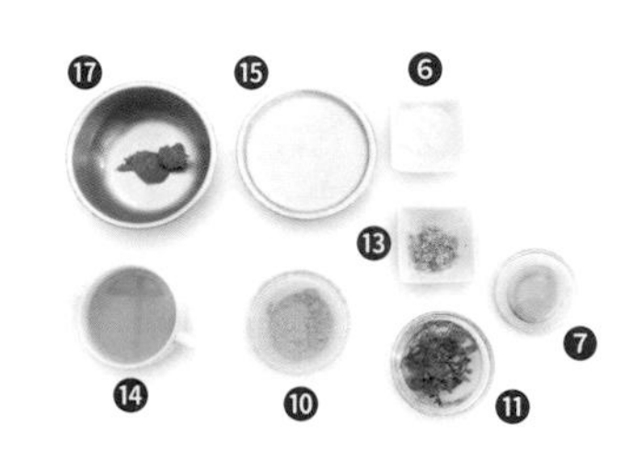

STEP BY STEP 步驟

前置作業

01 將綠節瓜、黃節瓜洗淨，切成 6 公分的片狀；紅蘿蔔去皮，切成 6 公分的片狀；乾蔥洗淨切碎；紅莧苗洗淨；馬鈴薯去皮切片。

千層蔬菜巴沙魚佐海膽奶油醬製作動態影片 QRcode

02 準備一鍋鹽水，將綠節瓜片、紅蘿蔔片、黃節瓜片川燙後，泡入冰水冰鎮，取出後擦乾水分。

03 乾蔥洗淨切碎；紅莧苗洗淨。

海膽奶油醬製作

04 在鍋中倒入橄欖油 a、乾蔥碎，爆香。

05 加入白酒，煮至水分收乾一半。

06 加入動物性鮮奶油，煮至沸騰。

07 以濾網為輔助，濾除雜質後，繼續放在鍋中加熱。

08 煮至濃稠狀後，加入無鹽奶油、海膽醬，用手持料理棒攪打均勻，為海膽奶油醬，備用。

烹煮馬鈴薯

09 在馬鈴薯片的兩面撒上少許海鹽 a 調味。

10 在鍋中加入橄欖油 b、調味後的馬鈴薯片 ，煎至雙面呈金黃色，盛盤，備用。

千層蔬菜巴沙魚製作

11 將巴沙魚的頭尾切掉，並切去側邊魚肉，以讓魚肉呈方形。

12 將巴沙魚中間劃一刀，不切斷，並在兩面撒上少許海鹽 b、胡椒粉調味。

13 將巴沙魚從中間對折，依序在表面疊上綠節瓜片、紅蘿蔔片、黃節瓜片。

14 將表面排滿後，以 100 度蒸 6 分鐘後取出，盛盤，為千層蔬菜巴沙魚，備用。

盛盤

15 取圓盤，倒入海膽奶油醬。

16 將馬鈴薯片擺放在海膽奶油醬上。

17 將千層蔬菜巴沙魚擺放在馬鈴薯片上。

18 將紅莧苗放在千層蔬菜巴沙魚上，完成擺盤，即可享用。

- 魚類可選擇肉質較細的種類，如：鯛魚、海鱸等，口感會較好。
- 炒香乾蔥時，不要炒上色，因為加動物性鮮奶油後會變成咖啡色。
- 因為紅蘿蔔與節瓜的烹調時間不一樣，所以川燙蔬菜時，建議每種顏色的蔬菜都分開川燙、冰鎮。

::: PROCESS :::

橄欖油 a、乾蔥碎。

白酒。

動物性鮮奶油。

過篩。

無鹽奶油、海膽醬、攪打均勻。

馬鈴薯片、海鹽 a。

橄欖油 b、馬鈴薯片。

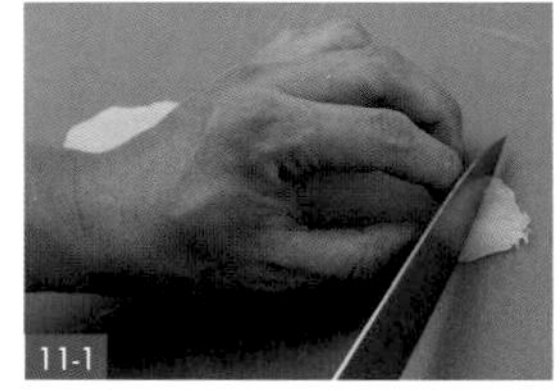

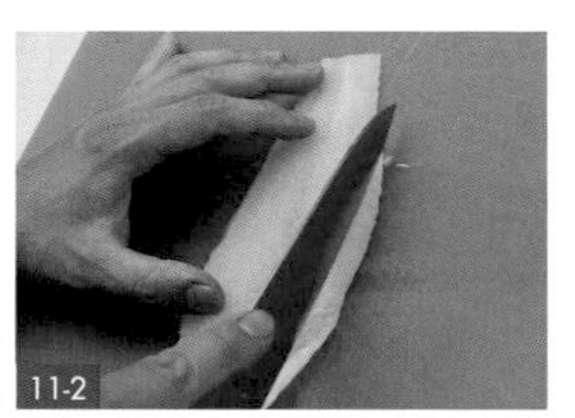

修整魚肉。

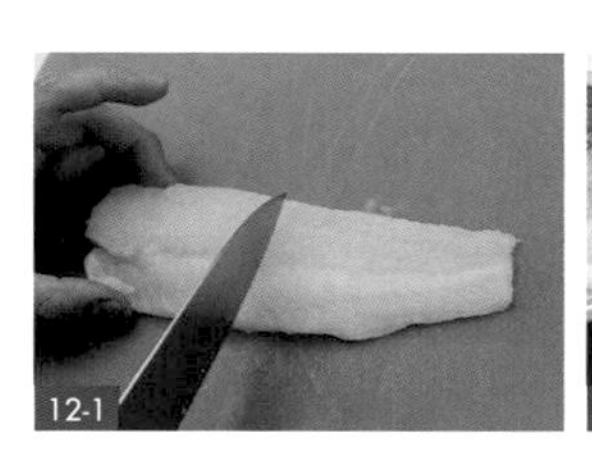

中間劃一刀，海鹽 b、胡椒粉調味。

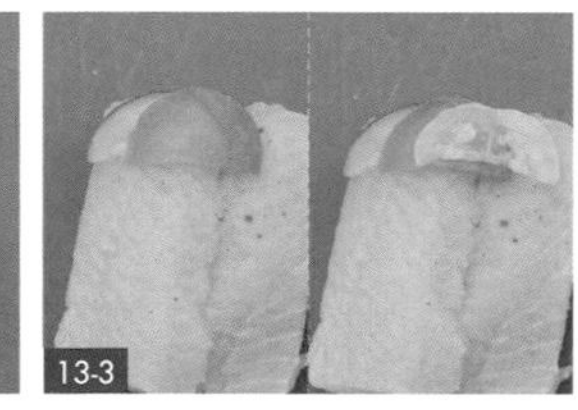

對折、綠節瓜片、紅蘿蔔片、黃節瓜片。

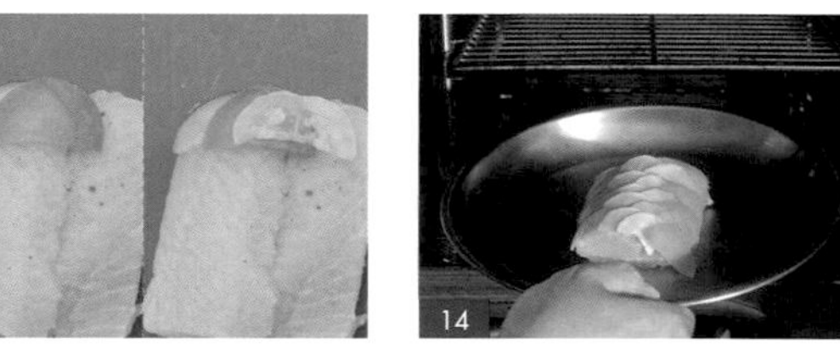

蒸煮。

海膽奶油醬。

馬鈴薯片。

千層蔬菜巴沙魚。

裝飾。

IT BEAUTIFULLY

脆皮馬頭魚佐季節時蔬與柚子魚湯

Crispy Amadai Fish & Seasonal Vegetables with Yuzu Fish Broth

INGREDIENTS 材料

① 馬頭魚 1 條
② 洋蔥（切絲） 1 個
③ 蒜苗（取綠色處切小段） 200 公克
④ 月桂葉 1 片
⑤ 柚子絲 5 公克
⑥ 海鹽 a 適量
⑦ 橄欖油 適量
⑧ 蒜頭（切碎） 15 公克
⑨ 紫洋蔥（切丁） 20 公克
⑩ 馬鈴薯（切丁） 1/2 顆
⑪ 牛番茄（切丁） 20 公克
⑫ 橄欖（切碎） 10 公克
⑬ 黃檸檬（刨屑） 1 公克
⑭ 海鹽 b 適量
⑮ 胡椒粉 適量
⑯ 海鹽 c 適量
⑰ 玉米苗 3 支

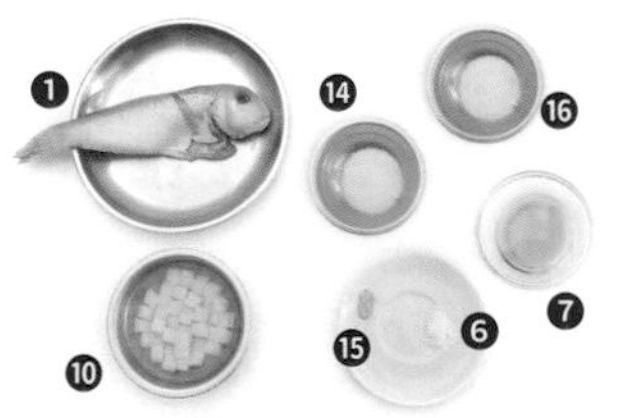

脆皮馬頭魚佐
季節時蔬與柚子魚湯
製作動態影片 QRcode

STEP BY STEP 步驟

前置作業

01 將蒜頭去皮切碎；紫洋蔥、馬鈴薯去皮切丁；牛番茄洗淨切丁；橄欖切碎；刨下黃檸檬皮屑；洋蔥去皮切絲；蒜苗取綠色處切小段；玉米苗、月桂葉洗淨。

02 熱油鍋，油溫約 180 度，備用。

馬頭魚處理

03 先將馬頭魚的魚頭切開但不切斷後，用手壓著魚身，從側面剖開。

04 將魚尾切斷，從側面翻開魚肉，剪開魚肉跟身體連接處。（註：須預留魚骨熬高湯。）

05 以拔魚刺夾拔掉魚肉上的刺。（註：可在旁邊備一碗水，將拔起的魚刺放裡面。）

06 準備一盤水，將魚鱗朝下浸泡，以泡軟鱗片，再用廚房紙巾擦乾魚鱗，為馬頭魚片，備用。

柚子魚湯製作

07 準備一鍋水，加入魚骨、洋蔥絲、蒜苗段、月桂葉，燉煮 40 分鐘，為魚高湯。

08 以濾網為輔助，濾除魚高湯的材料後，將魚高湯在鍋中繼續加熱。

09 加入柚子絲、少許海鹽 a，拌勻，為柚子魚湯，備用。

季節時蔬製作

10 在鍋中倒入橄欖油、蒜碎，爆香。

11 加入紫洋蔥丁、馬鈴薯丁、牛番茄丁，拌炒。

12 加入 2 勺魚高湯，燉煮至水分收乾。

13 加入橄欖碎、黃檸檬皮屑、少許海鹽 b、胡椒粉，拌炒均勻，盛盤，為季節時蔬，備用。

脆皮馬頭魚製作

14 在馬頭魚片的兩面撒上少許海鹽 c 調味。

15 將調味後的馬頭魚片放在濾網上，在表面淋上熱油，讓魚鱗立起。

16 將馬頭魚片放進烤箱，以上下火 190 度，烤 3 分鐘後取出，盛盤，為脆皮馬頭魚，備用。

組合、盛盤

17 取圓盤，放上直徑 10 公分的圓形慕斯圈。（註：圓形慕斯圈有助於食材定型。）

18 將季節時蔬放入圓形慕斯圈。

19 將圓形慕斯圈拿起，放上脆皮馬頭魚。

20 將玉米苗斜放在脆皮馬頭魚上，搭配柚子魚湯，即可享用。

- 魚高湯可加多種魚骨，風味會更好。
- 淋魚鱗的油，一定要很燙，否則魚肉會含油，而破壞整體的口感。

::: PROCESS :::

側面剖開。

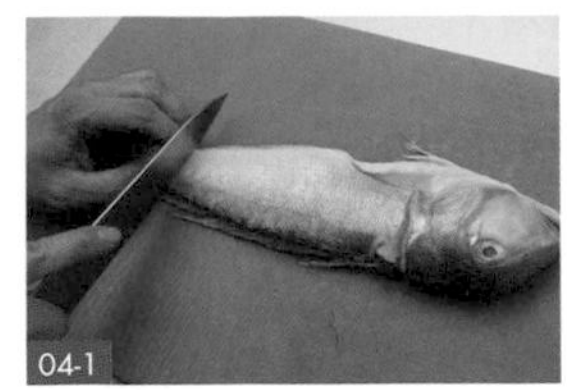

切斷魚尾、側邊翻開、剪下魚肉。

拔魚刺。

泡軟魚鱗。

魚骨、洋蔥絲、蒜苗段、月桂葉。

過濾。

柚子絲、海鹽 a。

橄欖油、蒜碎。

紫洋蔥丁、馬鈴薯丁、牛番茄丁。

魚高湯。

橄欖碎、黃檸檬皮屑、海鹽 b、胡椒粉。

馬頭魚、海鹽 c 調味。

熱油淋鱗片。

烤馬頭魚片。

季節時蔬。

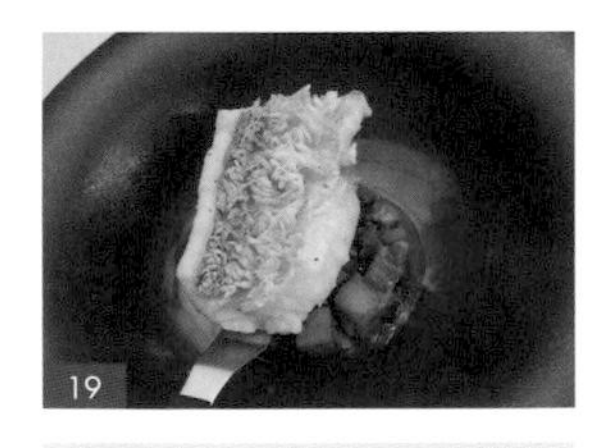

脆皮馬頭魚。

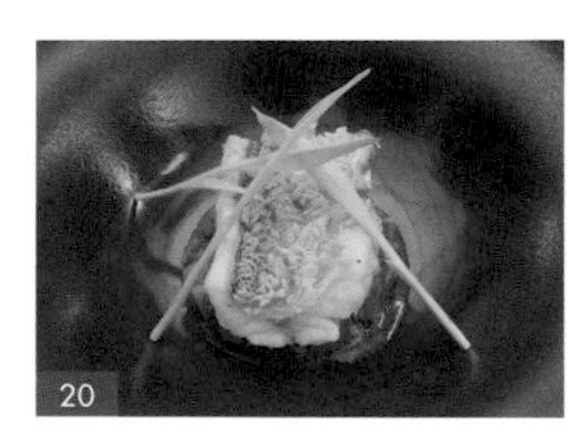

裝飾。

紙包綜合海鮮

Roasted Seafood in Paper Wrapped

紙包料理（enpapillote）理論上是屬於蒸法，只是蒸氣不是由水而來，而是從食材本身的水分產生。把它們密封在一個緊閉的空間，食物的味道可以互相滲透，讓味道層次更豐富，而且事後的清潔也很簡單，以傳統方法摺疊紙包的紙，這時需要一雙巧手，就能製作不同的摺法，例如：對折型、糖果型、禮物型等。

INGREDIENTS 材料

材料	份量	材料	份量
① 鮭魚	150 公克	⑧ 海鹽 b	適量
② 海鹽 a	適量	⑨ 胡椒粉 b	適量
③ 胡椒粉 a	適量	⑩ 橄欖油	適量
④ 黃節瓜（切片）	3 片	⑪ 蛤蜊	3 個
⑤ 綠節瓜（切片）	3 片	⑫ 百里香	1 支
⑥ 馬鈴薯（切片）	3 片	⑬ 白酒	30 公克
⑦ 對切聖女番茄	2.5 個	⑭ 迷迭香	適量

STEP BY STEP 步驟

前置作業

01 蛤蜊吐沙；黃節瓜、綠節瓜洗淨切片；馬鈴薯去皮切 0.5 公分的片狀；聖女番茄洗淨對切；百里香、迷迭香洗淨。

02 在鮭魚兩面撒上少許海鹽 a、胡椒粉 a 調味。

烹煮

03 將黃節瓜片、綠節瓜片、馬鈴薯片、對切聖女番茄放在同一個盤子上，雙面都撒上少許海鹽 b、胡椒粉 b 調味。

04 在鍋中倒入橄欖油加熱，加入馬鈴薯片、黃節瓜片、綠節瓜片，煎至金黃色。

紙包綜合海鮮
製作動態影片
QRcode

05 加入對切聖女番茄，稍微拌炒後，盛盤，備用。

06 在鍋中放入鮭魚、蛤蜊，煎至鮭魚表面上色，盛盤，備用。

烘烤

07 將烘焙紙攤開，依序放上馬鈴薯片、黃節瓜片、綠節瓜片。

08 將煎鮭魚放在所有材料的上方，並放上百里香。

09 將蛤蜊、對切聖女番茄放在煎鮭魚的四周。

10 拿起烘焙紙的上半部，蓋住下半部的材料。

11 將烘焙紙的密封處面向自己，以扇形的摺法，將烘焙紙的左上角摺起，再將側邊往內摺，持續摺至烘焙紙尾端，並留一小缺口。

12 從缺口處倒入白酒後，再依序摺好密封，放上派盤。

13 放進烤箱，以上下火 220 度，烤 12 分鐘，取出，為紙包綜合海鮮，備用。

盛盤

14 取圓盤，將迷迭香放在盤子的側邊。

15 將紙包綜合海鮮放在迷迭香的下方。

16 以剪刀從烘焙紙的右下側往上斜剪，再從左下側往上斜剪，呈交叉狀。

17 攤開烘焙紙後，即可享用。

∴ PROCESS ∴

02-1

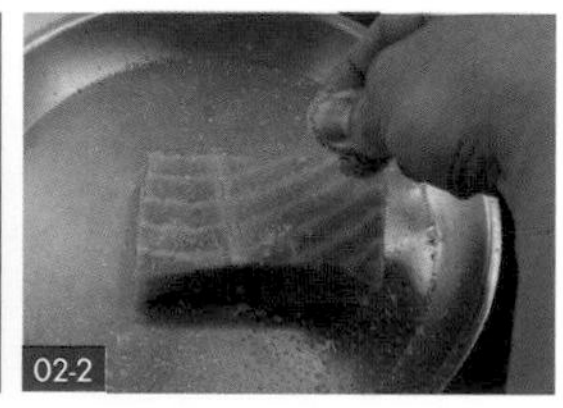
02-2

鮭魚，以海鹽 a、胡椒粉 a 調味。

03-1

03-2

蔬菜，以海鹽 b、胡椒粉 b 調味。

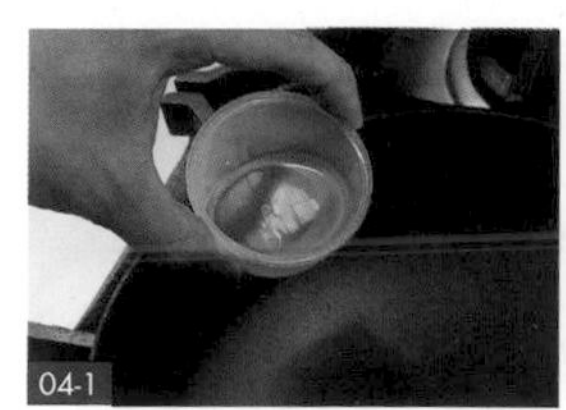
04-1

04-2

04-3

04-4

橄欖油、馬鈴薯片、黃節瓜片、綠節瓜片。

對切聖女番茄。

鮭魚、蛤蜊。

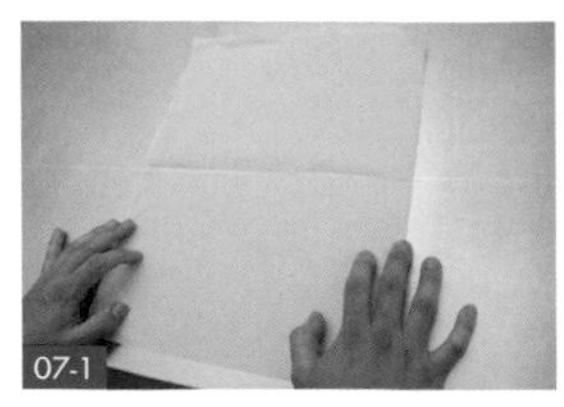

07-2

攤開烘焙紙、馬鈴薯片、黃節瓜片、綠節瓜片。

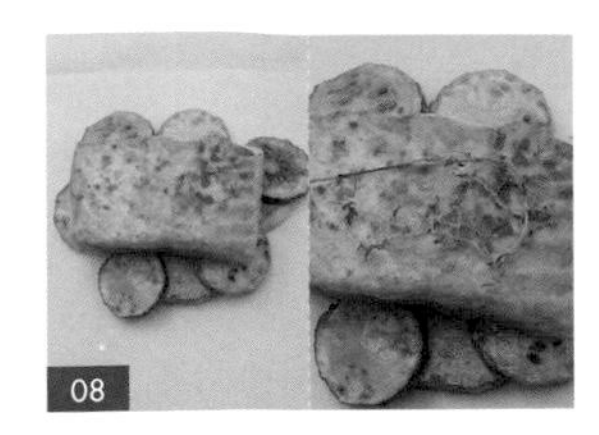

煎鮭魚、百里香。

蛤蜊、對切聖女番茄。

10-2

蓋住材料。

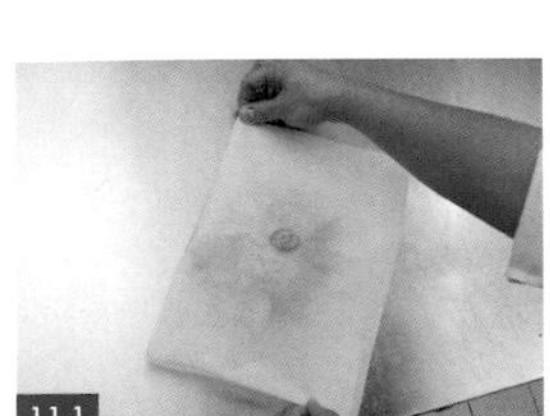

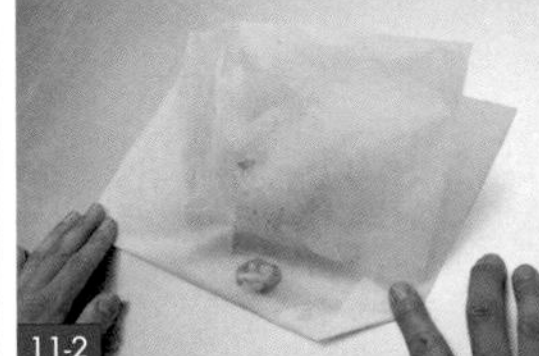

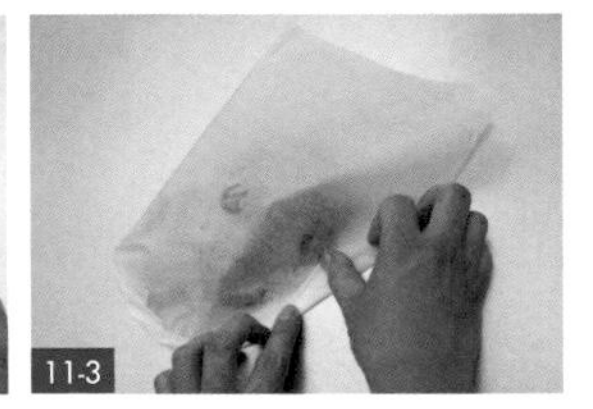

扇形摺法。

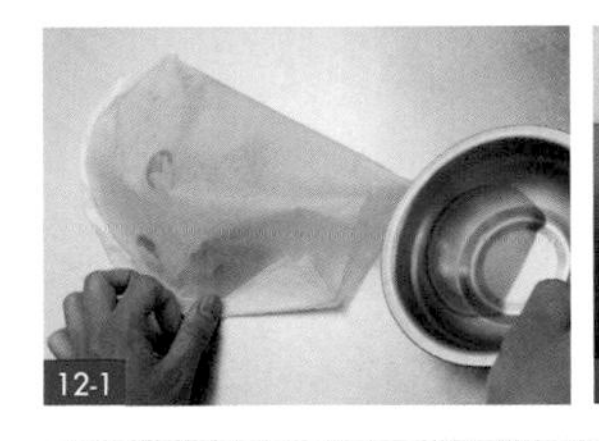

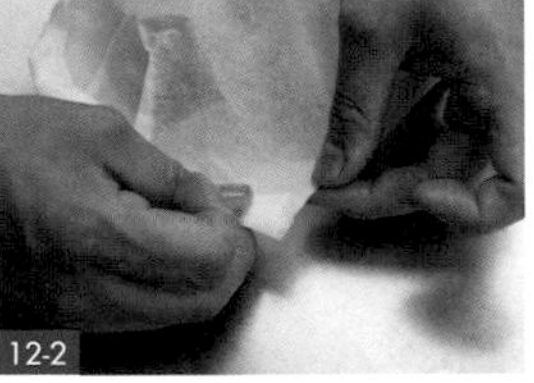

倒白酒、密封。

烘烤。

14

迷迭香。

紙包綜合海鮮。

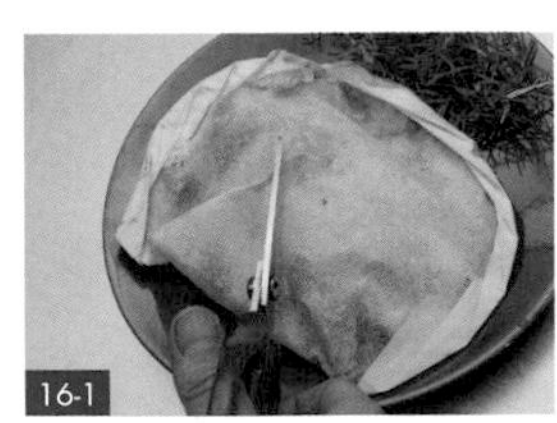

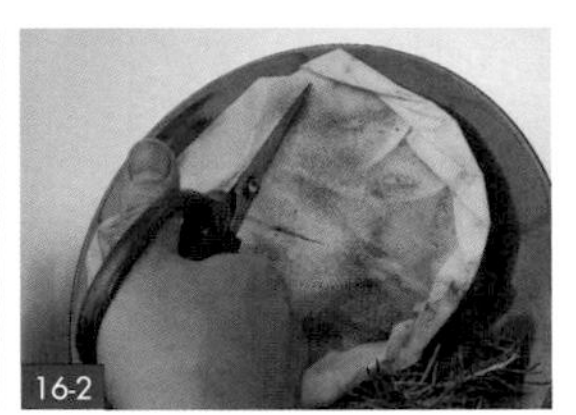

剪開烘焙紙。

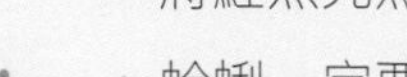

- 將鮭魚先煎過表面可以提升香味，再加上魚肉本身會白白的不好看。
- 蛤蜊一定要吐沙，不然當你打開烘焙紙時，會看到所有食材沾到沙子。
- 最後留小缺口才能加入白酒或橄欖油，因為如果一開始加入，液體會流掉，造成烘焙紙不好包起。

too much
and too little

義式白酒燴淡菜附蒜香麵包

Braised Mussels with White Wine Sauce and Garlic Bread

INGREDIENTS 材料

① 橄欖油 …… 50 公克
② 蒜頭（切碎）…… 20 公克
③ 洋蔥（切碎）…… 30 公克
④ 酸豆（切碎）…… 5 公克
⑤ 黑殼淡菜 …… 250 公克
⑥ 動物性鮮奶油 …… 125 公克
⑦ 無鹽奶油 …… 30 公克
⑧ 聖女番茄（對切）…… 8 顆
⑨ 香料蒜蓉醬 …… 適量
（作法請參考 P.43。）
⑩ 法國麵包 …… 5 片
⑪ 黃檸檬（裝飾）…… 1/8 個
⑫ 山蘿蔔葉（裝飾）…… 適量

可選用活淡菜，肉質會較飽滿，醬汁也會較甜美。

STEP BY STEP 步驟

前置作業

01 將洋蔥、蒜頭去皮切碎；聖女番茄洗淨對切；黃檸檬切一開八，為黃檸檬角；山蘿蔔葉洗淨；酸豆洗淨切碎 。

義式白酒燴淡菜附蒜香麵包製作動態影片 QRcode

蒜香燴淡菜製作

02 在鍋中倒入橄欖油、蒜碎、洋蔥碎，爆香。

03 加入酸豆碎、黑殼淡菜，翻炒至開殼。

04 加入動物性鮮奶油，翻炒至濃稠狀。

05 加入無鹽奶油，翻炒至無鹽奶油融化。

06 加入對切聖女番茄，稍微翻炒，盛盤，為蒜香燴淡菜，備用。

烘烤

07 將香料蒜蓉醬依序抹在法國麵包片上，放進烤箱，以上下火 180 度，烤 6 分鐘後取出，盛盤，為蒜香麵包，備用。

盛盤

08 取圓盤，倒入蒜香燴淡菜及醬汁。

09 將蒜香麵包斜放在盤子上。

10 取黃檸檬角、山蘿蔔葉，擺放在蒜香燴淡菜上裝飾，即可享用。

::: PROCESS :::

02-1

02-2

橄欖油、蒜碎、洋蔥碎。

03-1

03-2

酸豆碎、黑殼淡菜。

04

動物性鮮奶油。

05

無鹽奶油。

06

對切聖女番茄。

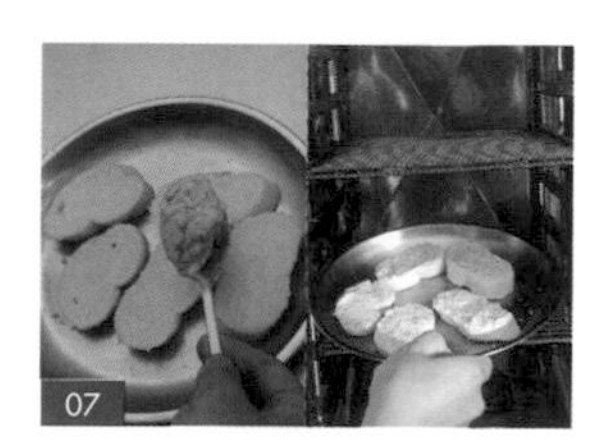
07

香料蒜蓉醬、烘烤。

08-1

08-2

蒜香燴淡菜、倒入醬汁。

09

蒜香麵包。

10

裝飾。

- 清洗草蝦時，腸泥要確實清除。
- 須注意當草蝦烤熟時，如果肉質粉粉的，則表示不新鮮。
- 黃檸檬可以用紗布包起來，避免客人擠檸檬時，檸檬籽掉進菜餚裡。

西班牙香料檸檬蝦

Spain Style Spicy Lemon Shrimp

INGREDIENTS 材料

① 草蝦 ………… 2 隻
② 海鹽 ………… 適量
③ 胡椒粉 ………… 適量
④ 橄欖油 b ………… 25 公克
⑤ 黃檸檬 ………… 1/2 顆
⑥ 小豆苗 ………… 適量

◆ **香料醬**

⑦ 橄欖油 a ………… 25 公克
⑧ 蒜頭（切碎）………… 20 公克
⑨ 酸豆（切碎）………… 5 公克
⑩ 乾辣椒（切碎）………… 5 公克
⑪ 巴西里葉（切碎）…… 10 公克

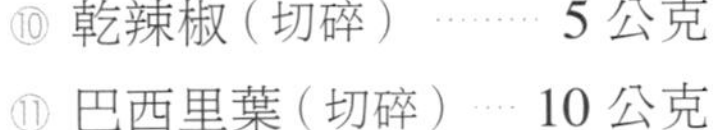

STEP BY STEP 步驟

前置作業

01 將蒜頭去皮切碎；巴西里葉、酸豆洗淨切碎；黃檸檬對切；小豆苗洗淨；乾辣椒切碎。

西班牙香料檸檬蝦製作動態影片 QRcode

草蝦處理

02 以剪刀將蝦腳、鬍鬚剪掉。

03 從草蝦側邊，以刀子從蝦頭切到尾巴。（註：若草蝦太大隻，可先從身體切到尾巴，再從頭部切到身體。）

04 將草蝦的身體攤開，將兩側的蝦肉各劃一刀。（註：在蝦肉上劃一刀，可避免烘烤時草蝦捲起來。）

05 重複步驟 2-4，完成兩隻草蝦的處理。

烹煮

06 在碗裡倒入橄欖油 a、蒜碎、酸豆碎、乾辣椒碎、巴西里葉碎，拌勻，為香料醬。

07 在蝦肉的表面撒上少許海鹽調味。

08 在蝦肉的表面淋上香料醬，撒上些許胡椒粉。

09 放進烤箱，以上下火 220 度，烤 5 分鐘，為香料烤蝦。

烹煮

10 鍋中倒入橄欖油 b，將對切黃檸檬果肉朝下，煎至果肉上色，盛盤，為煎黃檸檬。

組合、盛盤

11 取橢圓盤，放上香料烤蝦。

12 在香料烤蝦的表面淋上些許香料醬。

13 將小豆苗放在香料烤蝦側邊。

14 將煎黃檸檬放在小豆苗上，即可享用。

::: PROCESS :::

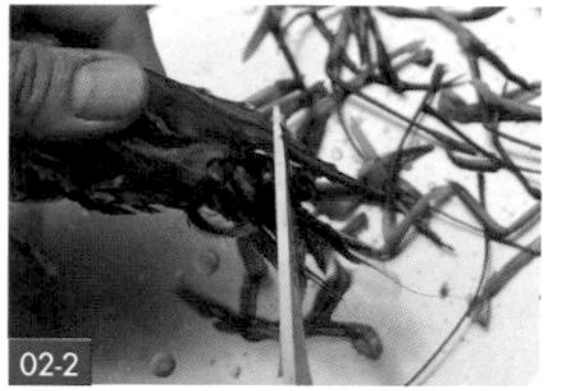

剪蝦腳、鬍鬚。

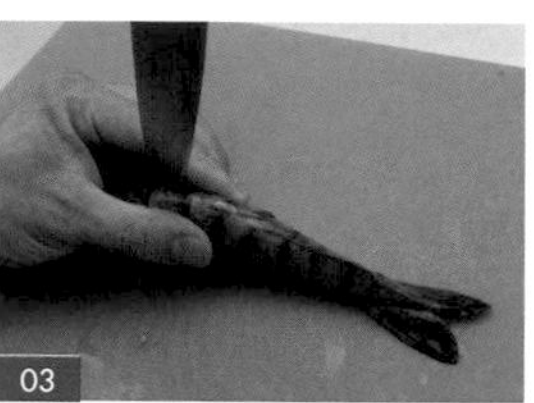

切至尾巴。

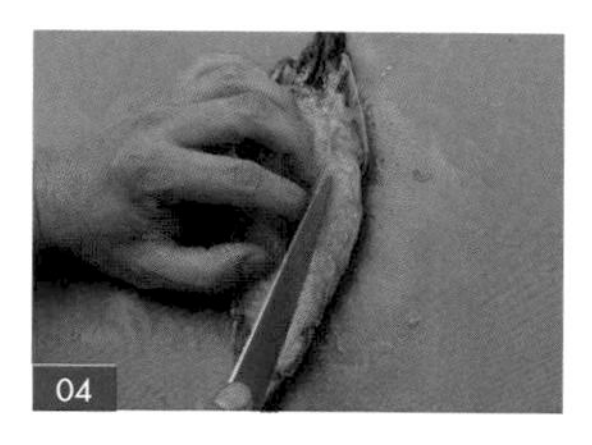

蝦肉劃一刀。

橄欖油 a、蒜碎、酸豆碎、乾辣椒碎、巴西里葉碎。

07

草蝦以海鹽調味。

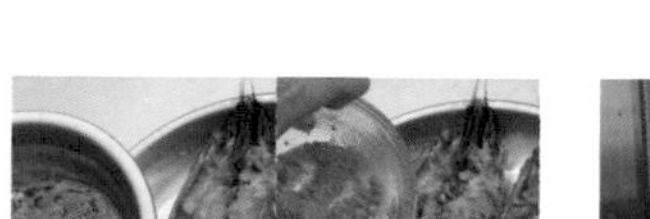

08

香料醬、胡椒粉。

烘烤。

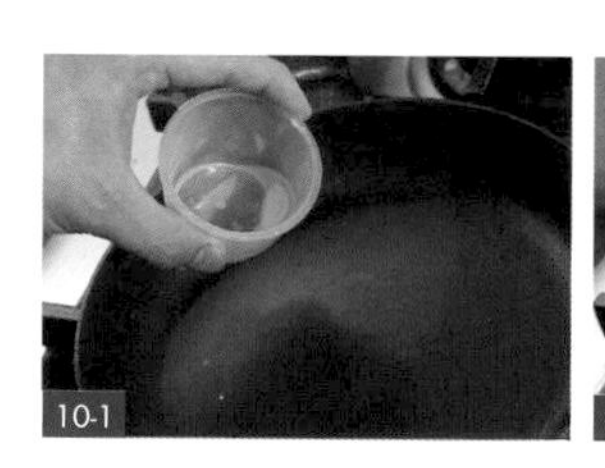

橄欖油 b、黃檸檬果肉。

香料烤蝦。

淋香料醬。

小豆苗。

裝飾。

CHAPTER. SEVEN

手工甜點

Handmade Desserts

經典提拉米蘇

Classic Tiramisu

經典提拉米蘇
製作動態影片
QRcode

INGREDIENTS 材料

① 動物性鮮奶油……200公克
② 細砂糖b……50公克
③ 濃縮咖啡……200公克
④ 手指餅乾……5根
⑤ 防潮可可粉……10公克
⑥ 薄荷葉……1片

◆ **馬斯卡彭起司餡**

⑦ 香草莢(取籽)……2公克
⑧ 牛奶……500公克
⑨ 玉米粉……12公克
⑩ 細砂糖a……50公克
⑪ 蛋黃……3顆
⑫ 馬斯卡彭起司……250公克
⑬ 卡魯哇咖啡酒……30公克

STEP BY STEP 步驟

馬斯卡彭起司餡製作

01 取3顆蛋黃，打勻後備用。

02 用刀尖刮出香草莢裡面的籽，並將香草籽放入牛奶裡，為香草牛奶。

（同時）
03 在香草牛奶的鍋中倒入玉米粉，用打蛋器拌勻後，煮至邊緣冒小泡。

04 取一鋼盆，倒入細砂糖a、蛋黃。

05 將鋼盆靠近煮沸的水，運用水蒸氣，以電動打蛋器打發至濃稠狀，為蛋黃液。

06 將熱的香草牛奶倒入蛋黃液，為蛋黃糊。（註：須一邊攪拌一邊倒入。）

07 以隔水加熱的方式，在鍋中加熱蛋黃糊。（註：若在爐中直接加熱，須一直離開火源，不能一直在火爐上。隔水加熱可殺菌，而蛋黃在隔水加熱時，溫度不能太高，避免蛋黃熟掉。）

08 將蛋黃糊放上有冰塊的冰水裡，隔冰水以打蛋器攪拌至濃稠狀。（註：冷卻後才可加入馬斯卡彭起司，否則起司會融化。）

09 分次加入馬斯卡彭起司，用打蛋器攪拌至濃稠狀。

馬斯卡彭起司餡製作

10 倒入卡魯哇咖啡酒，拌勻，為馬斯卡彭起司餡。

11 用保鮮膜密封馬斯卡彭起司餡後，放進冷藏，備用。

鮮奶油打發

12 取一鋼盆，倒入動物性鮮奶油。

13 將鋼盆放上有冰塊的冰水裡，隔冰水以電動打蛋器一邊打發，一邊分兩次加入細砂糖 b，打至硬性發泡，提起打蛋頭呈現小彎勾狀，即完成鮮奶油的打發。（註：須注意若打發過度，動物性鮮奶油會油水分離。）

14 將打發鮮奶油裝入擠花袋中，待要用時，在擠花袋尖端剪一小開口，即可使用。

手指餅乾調味

15 將濃縮咖啡倒入盤中。（註：濃縮咖啡也可在外面購買，而該步驟可讓手指餅乾較易沾取濃縮咖啡。）

16 放 5 根手指餅乾在濃縮咖啡上。（註：若太濕潤，可用廚房紙巾吸除咖啡濃縮液體。）

17 將手指餅乾兩面沾上濃縮咖啡。（註：第一面沾 5 秒，第二面沾 3 秒。）

提拉米蘇製作

18 取有深度的容器，倒入馬斯卡彭起司餡，為第一層。

19 將 5 根手指餅乾依序放在馬斯卡彭起司餡上，為第二層。

20 倒入馬斯卡彭起司餡，直至鋪滿表面，放進冰箱，冷藏約 3 ～ 4 小時，即完成提拉米蘇的製作。（註：可依個人模具深淺，決定要放幾層馬斯卡彭起司餡及手指餅乾。）

21 在表面擠上打發鮮奶油後，再撒上防潮可可粉，放入冰箱，冷藏後可放薄荷葉裝飾，即可享用。

::: PROCESS :::

02-1

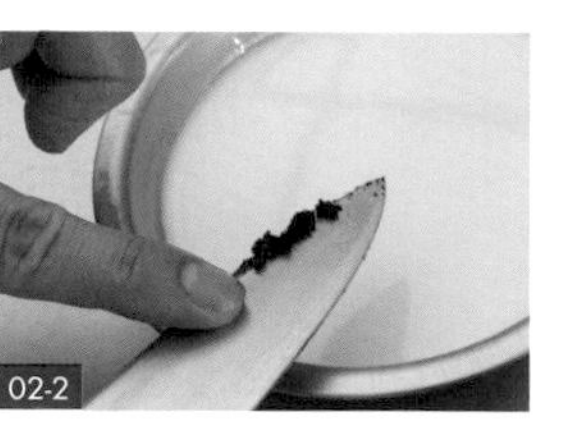
02-2

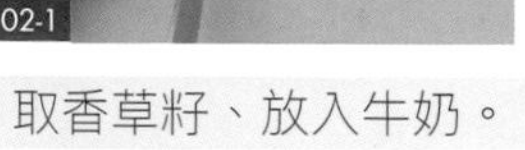
取香草籽、放入牛奶。

03-1

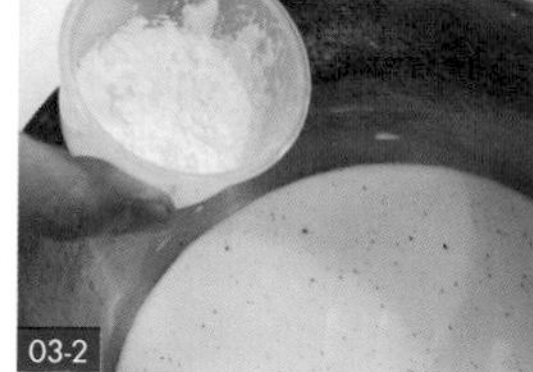
03-2

香草牛奶、玉米粉。

細砂糖 a、蛋黃。

打發蛋黃。

熱香草牛奶、蛋黃液。

隔水加熱蛋黃糊。

冷卻蛋黃糊、打發。

馬斯卡彭起司。

卡魯哇咖啡酒。

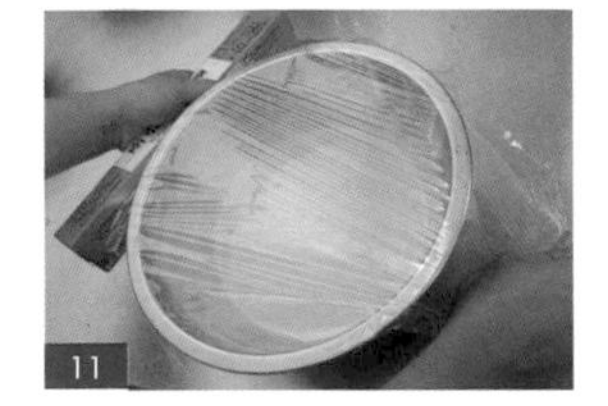

密封冷藏。

動物性鮮奶油。

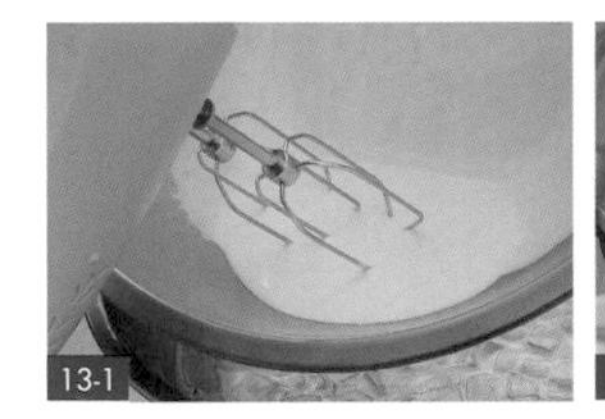

打發鮮奶油、細砂糖 b。

濃縮咖啡。

手指餅乾。

兩面均沾。

馬斯卡彭起司餡。

手指餅乾。

冷藏。

裝飾、防潮可可粉。

- 蛋黃隔水加熱打發時，溫度不能太高，避免蛋黃熟掉。
- 建議用防潮可可粉，若使用一般可可粉，建議吃之前再撒，以免受潮。
- 將手指餅乾沾上濃縮咖啡，在要放入模具中前，可先放在廚房紙巾上吸乾一下，避免餅乾太濕。

Ne le jetez pas.
Il peut servir plusieurs fois.

::: 手工甜點 HAND MADE DESSERTS :::

義式芒果奶酪

Italian Mango Panna Cotta

義式芒果奶酪
製作動態影片
QRcode

芒果通常是全家人的最愛，而芒果奶酪的做法簡單，在家也可以跟小朋友一起製作，為市面上餐廳所使用的配方，有含吉利丁片，口感比較脆彈，而另一方面吉利丁片一次買很多就不會浪費。

INGREDIENTS 材料

◆ 奶酪

① 牛奶 …… 500 公克
② 細砂糖 a …… 100 公克
③ 動物性鮮奶油 …… 500 公克
④ 香草莢（取籽） …… 1 公克
⑤ 吉利丁片 a …… 2 片

◆ 芒果凍

⑥ 芒果 a（取果泥） …… 1/2 顆
⑦ 黃檸檬汁 …… 適量
⑧ 吉利丁片 b …… 1 片

◆ 芒果肉

⑨ 芒果 b（取果泥） …… 1/2 顆
⑩ 細砂糖 b …… 20 公克
⑪ 芒果 c（切丁） …… 30 公克
⑫ 薄荷葉（裝飾） …… 2 片

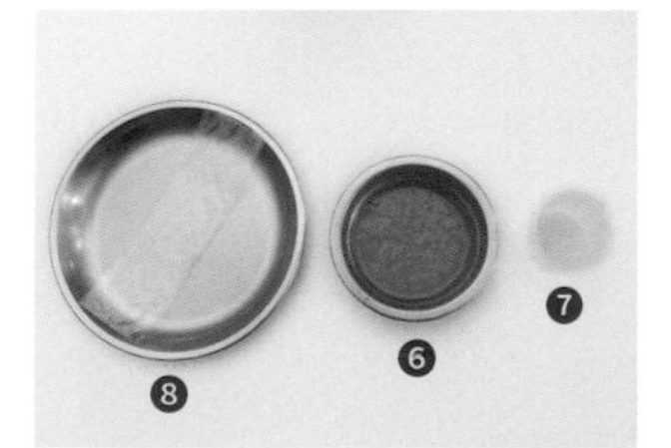

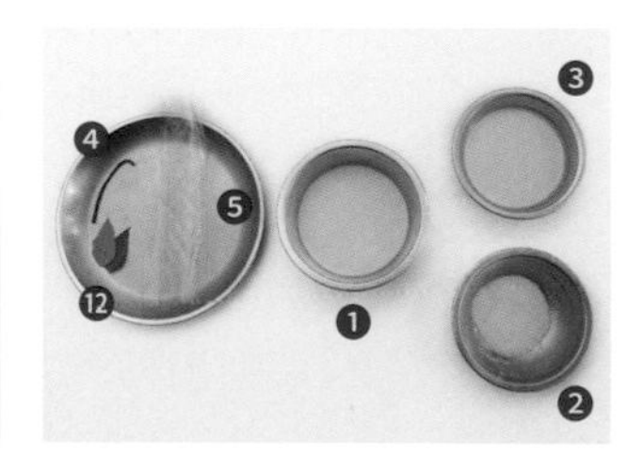

STEP BY STEP 步驟

前置作業

01 將吉利丁片 a、b 泡入食用冰水，為吉利丁片 a、吉利丁片 b。

02 芒果 a、b 去皮，各取一半的果泥，為芒果泥 a、芒果泥 b；芒果 c 去皮切丁，為芒果丁 c，取 30 公克。

奶酪製作

03 開火，在鍋中倒入牛奶、細砂糖 a、動物性鮮奶油，用打蛋器拌至細砂糖 a 溶解後離火，為熱牛奶。

04 用刀尖刮出香草莢裡的籽後，加入熱牛奶中，攪勻後離火。

05 加入吉利丁片 a，再移到爐上加熱，攪拌至吉利丁片 a 溶解，離火。（註：可再過濾一次，確保裡面無雜質。）

06 將鍋子放入有冰塊的冰水裡，隔冰水冷卻，即完成奶酪製作。

芒果凍製作

07 在鍋中倒入芒果泥 a，加熱至邊緣冒小泡。

08 加入黃檸檬汁、吉利丁片 b，加熱至溫度約 60 度，攪拌至吉利丁片 b 溶解，再將鍋子放入有冰塊的冰水裡，隔冰水冷卻，即完成芒果凍的製作。

芒果肉製作

09 在鍋中倒入芒果泥 b、細砂糖 b，在鍋中加熱，攪拌至細砂糖 b 溶解，為熱芒果泥。

10 將熱芒果泥放入有冰塊的冰水裡，隔冰水冷卻後，離開冰水，加入芒果丁 c，拌勻，盛碗，完成芒果肉的製作。

組合

11 將奶酪倒入碗裡約 1/4 處，放進冰箱冷藏約 1 小時，取出，完成第 1 層。（註：若表面有起氣泡，可用噴槍或牙籤消除氣泡。）

12 加入芒果凍至 2/4 處，放進冰箱冷藏約 1 小時，取出，完成第 2 層。

13 加入奶酪至 3/4 處，放進冰箱冷藏約 1 小時，取出，完成第 3 層。

14 加入芒果肉，鋪滿剩下的 1/4 處，完成第 4 層。

15 放上薄荷葉裝飾，即可享用。

::: PROCESS :::

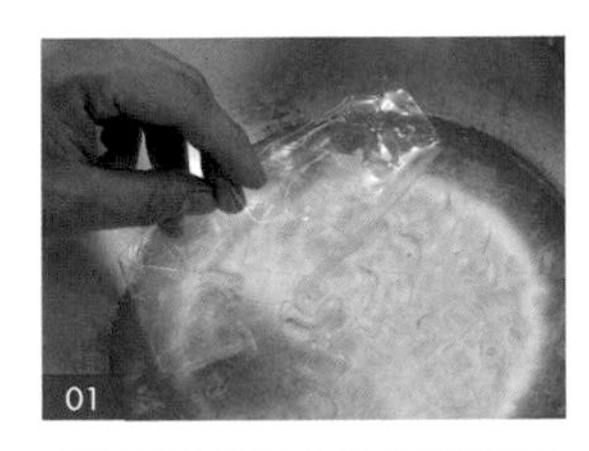

泡吉利丁片 a、b。

03-2

03-3

牛奶、細砂糖 a、動物性鮮奶油。

04-1

刮香草莢、熱牛奶。

吉利丁片 a。

隔冰水冷卻。

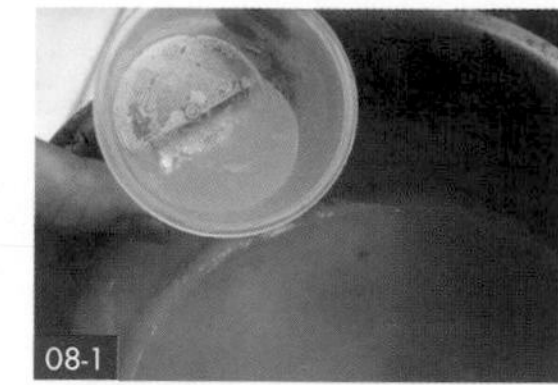

加熱芒果泥 a。

黃檸檬汁、吉利丁片 b。

芒果泥 b、細砂糖 b。

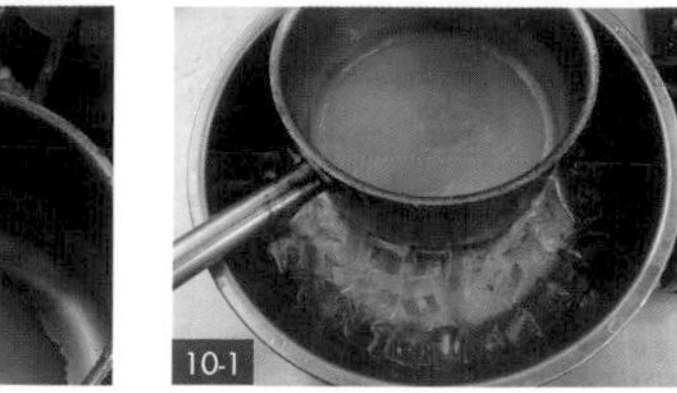

隔冰水冷卻、芒果丁 c。

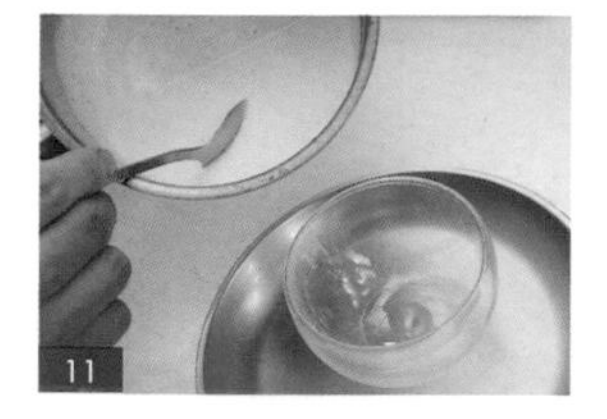

奶酪。

芒果凍。

奶酪。

芒果肉。

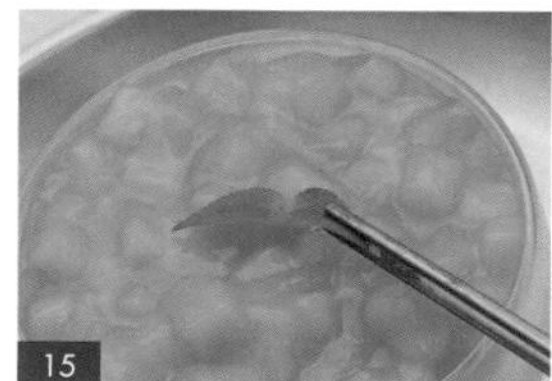

裝飾。

- 在倒入所需器皿時，建議沿杯緣倒入，可避免氣泡的產生。
- 所有食材混合在一起時，建議過篩，可避免有雜質的狀況。
- 加入芒果凍前，須確保奶酪已經凝固，否則無法呈現出漸層。
- 芒果泥的糖量，可以依照水果的甜度做增減。

- 若表面烤到裂開，可能是烤箱的溫度過高，須再降低溫度。
- 巧克力可依個人喜好的口味選擇巧克力的 % 數。
- 在製作時，建議把雞蛋放置室溫退冰，較能提高成功率。

熔岩巧克力蛋糕附英式香草醬

Molten Chocolate Cake with Vanilla Sauce

熔岩巧克力蛋糕附英式香草醬製作動態影片 QRcode

INGREDIENTS 材料

① 草莓(裝飾) …… 1 顆
② 薄荷葉(裝飾) …… 適量
③ 糖粉(裝飾) …… 少許

◆ 熔岩巧克力蛋糕

④ 無鹽奶油 a(常溫軟化) …… 適量
⑤ 中筋麵粉 a …… 少許
⑥ 已溶解 65% 巧克力 …… 40 公克
⑦ 無鹽奶油 b(常溫軟化) …… 32 公克
⑧ 細砂糖 a …… 40 公克
⑨ 香草莢 a(取籽) …… 1 公克
⑩ 全蛋 …… 1 顆
⑪ 中筋麵粉 b …… 15 公克

◆ 英式香草醬

⑫ 牛奶 …… 70 公克
⑬ 動物性鮮奶油 …… 30 公克
⑭ 香草莢 b(取籽) …… 1 公克
⑮ 蛋黃 …… 24 公克
⑯ 細砂糖 b …… 20 公克

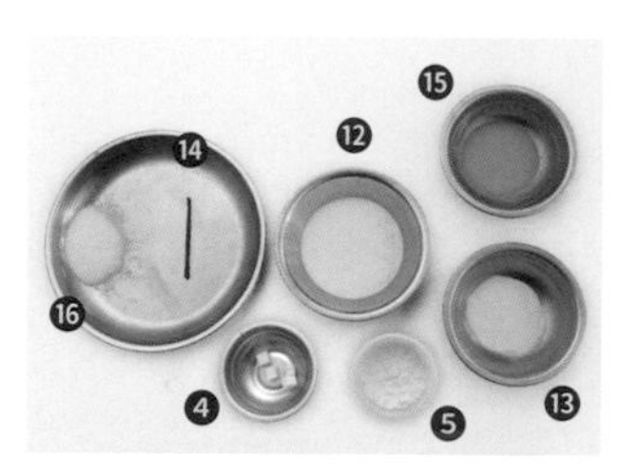

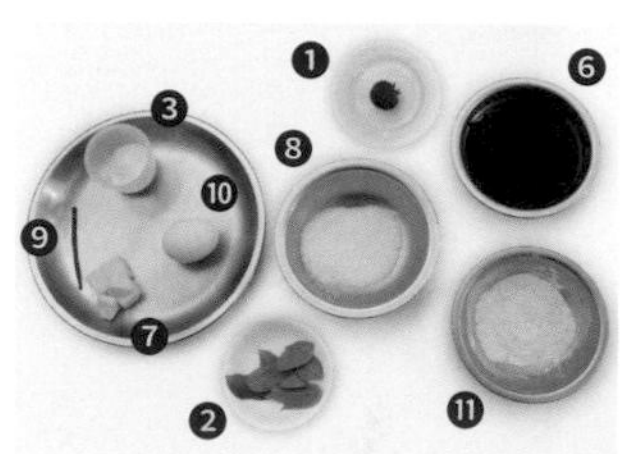

STEP BY STEP 步驟

前置作業

01 準備 2 個 8.5 公分 ×5.5 公分的巧克力烤盅。

02 預熱烤箱。

03 將無鹽奶油 a、b 放置常溫軟化，為軟化奶油 a、b，備用。

04 將草莓洗淨切蒂頭後，直切果肉(不切斷)，再將草莓往左轉，朝果肉橫切兩刀(不切斷)。

05 將 65% 巧克力切碎；從香草莢 a、b 取出香草籽 a、b。

06 取 24 公克蛋黃後，打勻。

07 將中筋麵粉 a、b 過篩，備用。

熔岩巧克力蛋糕製作

08 在巧克力烤盅上均匀刷上軟化奶油 a，加入少許中筋麵粉 a，旋轉巧克力烤盅以均匀沾上麵粉，放進冰箱冷藏，備用。（註：多餘的中筋麵粉可再倒出。）

09 煮一鍋滾水，放上鋼盆，倒入 65% 巧克力碎、軟化奶油 b、細砂糖 a，隔熱水用打蛋器攪拌至溶解。

10 加入香草籽 a、全蛋，以畫圈方式拌匀。

11 加入過篩後的中筋麵粉 b，攪拌至沒有顆粒，為巧克力麵糊。（註：須維持隔水加熱的狀態。）

12 將巧克力麵糊倒入巧克力烤盅，放進烤箱，以上下火 200 度，烤 12 分鐘後取出。

13 倒扣烤模，靜置放涼，可讓形狀更完整，完成熔岩巧克力蛋糕製作。

英式香草醬製作

14 在鍋中倒入牛奶、動物性鮮奶油、香草籽 b，稍微攪拌後，以中火煮至沸騰，為香草牛奶。

15 取鋼盆，倒入蛋黃、細砂糖 b，用打蛋器攪拌均匀。

16 一邊攪拌一邊分次加入香草牛奶。

17 移至爐上，以中火加熱至約 85 度，攪拌至濃稠狀，關火，盛碗。（註：若加熱時，溫度過高，可先關火後再開火。）

18 將碗放入有冰塊的冰水裡，冷卻，完成英式香草醬的製作。（註：可攪拌以加速冷卻。）

組合

19 取圓盤，倒入英式香草醬，用手從盤底由下往上拍數下，以讓英式香草醬變平整。

20 用脫模刀在巧克力烤盅內部劃一圈，完成熔岩巧克力蛋糕的脫模。

21 將熔岩巧克力蛋糕，擺放在英式香草醬上後，依序擺放草莓、薄荷葉裝飾。

22 最後，將糖粉放入篩網，以湯匙輕敲，撒在熔岩巧克力蛋糕表面，即可享用。

::: PROCESS :::

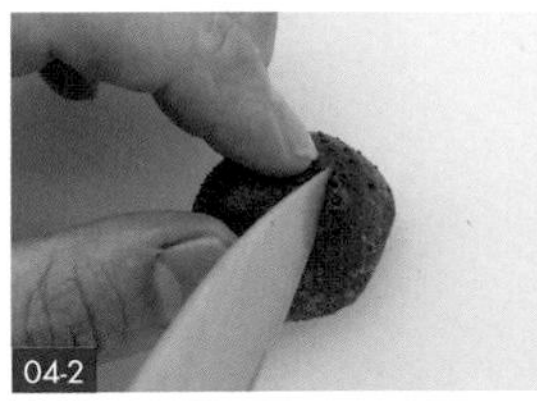

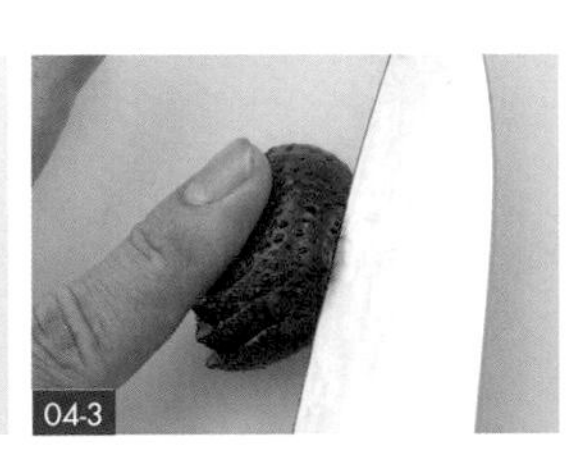

草莓處理。

刷軟化奶油 a、沾上中筋麵粉 a、旋轉烤盅。

65% 巧克力碎、軟化奶油 b、細砂糖 a。

香草籽 a、全蛋。

過篩中筋麵粉 b。

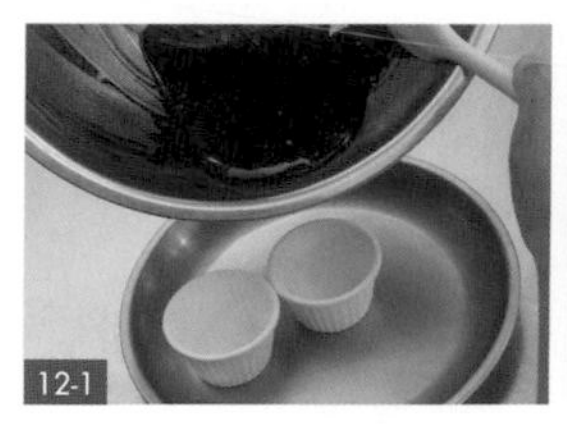

倒入巧克力麵糊、烘烤。

倒扣烤模。

牛奶、動物性鮮奶油、香草籽 b。

蛋黃、細砂糖 b。

分次加入香草牛奶、攪拌。

加熱、攪拌至濃稠。

隔冰水冷卻。

英式香草醬、拍盤底。

脫模。

21-2

擺盤。

糖粉。

香草冰淇淋佐濃縮咖啡與杏仁瓦片

Vanilla Ice Cream with Espresso and Almond Tuiles

INGREDIENTS 材料

① 糖粉 b ……… 適量
② 濃縮咖啡 ……… 150 公克

◆ 香草冰淇淋

③ 動物性鮮奶油 ……… 100 公克
④ 香草莢（取籽）……… 1 公克
⑤ 糖粉 a ……… 100 公克

◆ 杏仁瓦片

⑥ 無鹽奶油（常溫軟化）……… 6 公克
⑦ 細砂糖 ……… 20 公克
⑧ 低筋麵粉 ……… 10 公克
⑨ 蛋白 ……… 17 公克
⑩ 杏仁片 ……… 33 公克

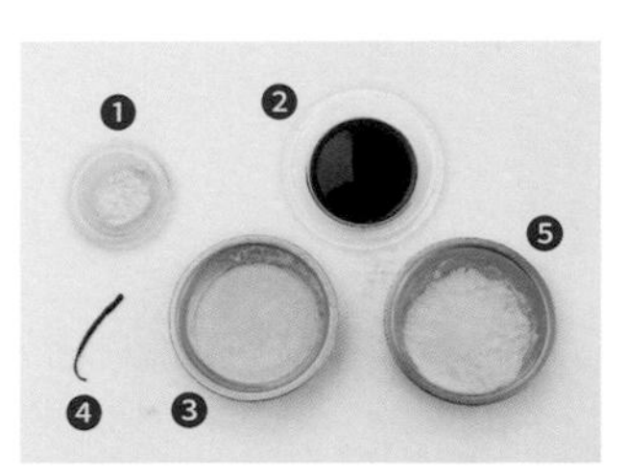

STEP BY STEP 步驟

前置作業

01 預熱烤箱。

02 將無鹽奶油放置常溫，備用。

03 取 17 公克的蛋白，備用。

04 將常溫無鹽奶油倒入碗中，放在熱水裡，隔水加熱至變成金黃色液體，為融化奶油。

05 用刀尖刮出香草莢裡的籽，為香草籽。

香草冰淇淋佐濃縮咖啡與杏仁瓦片製作動態影片 QRcode

香草冰淇淋製作

06 將動物性鮮奶油倒入鋼盆，並將鋼盆放入有冰塊的冰水中，隔冰水以電動打蛋器打發鮮奶油數分鐘。（註：隔冰水打發鮮奶油可加速打發外，也能避免油水分離 。）

07 將香草籽加入鮮奶油，並分次加入糖粉 a，隔冰水打發至濃稠狀。

08 盛碗，放進冰箱冷凍 4 小時，完成香草冰淇淋製作。

杏仁瓦片製作

09 取鋼盆，倒入融化奶油、細砂糖、低筋麵粉、蛋白，拌勻後，再加入杏仁片，輕輕拌勻，為杏仁片麵糊。（註：輕拌杏仁片才不會使杏仁片破碎。）

10 將烘焙紙放在烤盤上，並放上直徑 10 公分圓形慕斯圈。（註：圓形慕斯圈有助於定型。）

11 將杏仁片麵糊放入圓形慕斯圈後，拿起圓形慕斯圈。

12 重複步驟 10-11，完成 2 片杏仁片麵糊。

13 放進烤箱，以上下火 160 度，烤 8 分鐘後取出，完成杏仁瓦片製作。

組合

14 取雞尾酒杯，放入香草冰淇淋。（註：可用兩支湯匙將香草冰淇淋調整成橄欖球狀，讓擺盤更美觀。）

15 將杏仁瓦片放在杯緣上。

16 將糖粉 b 放入篩網，以湯匙輕敲，撒在杏仁瓦片上。

17 食用前，在杯中倒入濃縮咖啡，並搭配香草冰淇淋即可享用。

::: PROCESS :::

融化奶油。

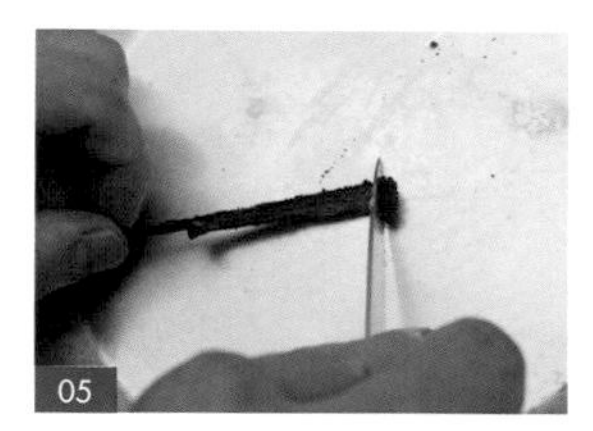

取香草籽。

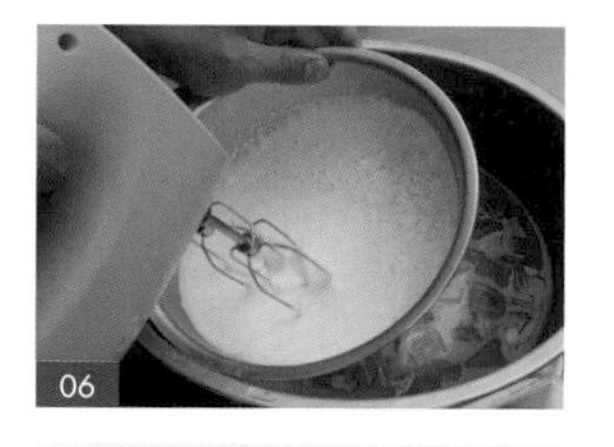

打發鮮奶油。

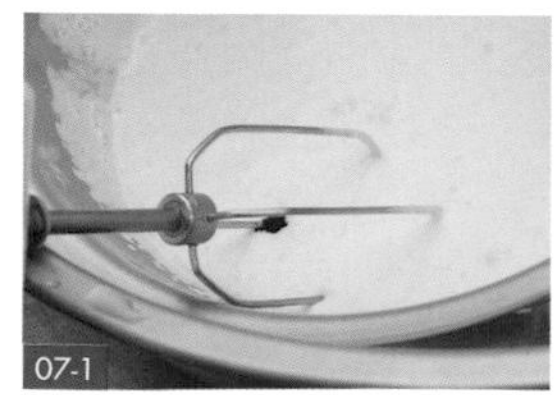

香草籽、分次加入糖粉 a。

冷凍。

融化奶油、細砂糖、低筋麵粉、蛋白、杏仁片。

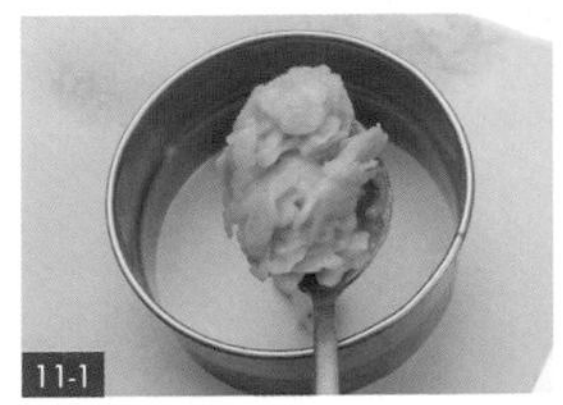

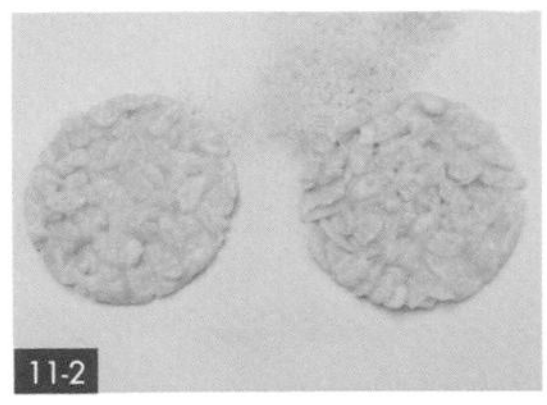

杏仁片麵糊、拿起圓形慕斯圈。

烘烤杏仁片麵糊。

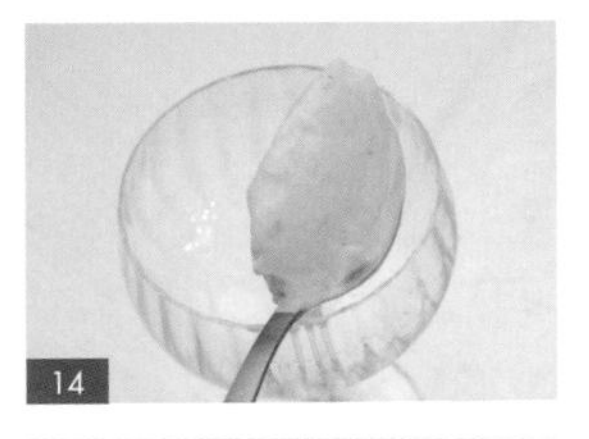

香草冰淇淋。

杏仁瓦片。

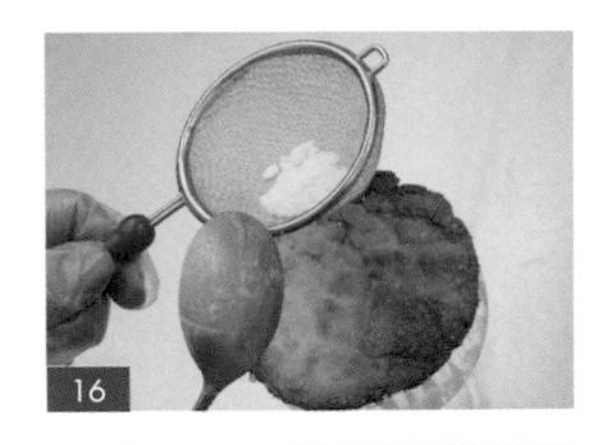

糖粉 b。

- 在冷凍冰淇淋的期間，每隔 1 小時都能拿出來攪拌，可使口感更綿密。
- 濃縮咖啡可選用深焙的咖啡，香氣較濃厚。
- 因為杏仁瓦片放久易出現油味，所以在保存杏仁瓦片時，須放入保鮮盒、密封罐，同時也能放乾燥劑，加強防潮效果。

TOGETHER
WITH THEIR FAMILIES
SOPHIA
and
MASON
INVITE YOU TO CELEBRATE THEIR MARRIAGE
SATURDAY, AUGUST 17, 2019 AT 5:00 P.M.

法式舒芙蕾與覆盆子醬汁

French Souffl'e with Raspberry Sauce

INGREDIENTS 材料

◆ **舒芙蕾麵糊**

① 玉米粉 ………… 10 公克
② 低筋麵粉 ………… 20 公克
③ 細砂糖 a ………… 20 公克
④ 蛋黃 ………… 40 公克
⑤ 牛奶 ………… 150 公克
⑥ 蛋白 ………… 120 公克
⑦ 細砂糖 b ………… 40 公克
⑧ 無鹽奶油（常溫軟化）… 適量
⑨ 糖粉 a ………… 適量

◆ **覆盆子醬汁**

⑩ 細砂糖 c ………… 30 公克
⑪ 君度橙酒 ………… 10 公克
⑫ 覆盆子果泥（冷凍）………… 100 公克
⑬ 黃檸檬汁 ………… 15 公克
⑭ 糖粉 b ………… 適量

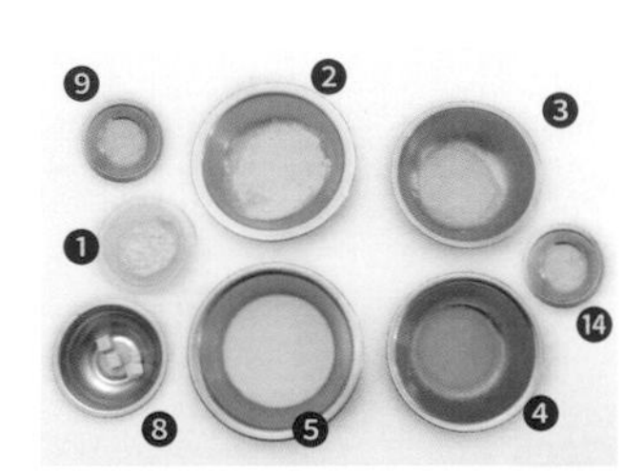

STEP BY STEP 步驟

前置作業

01 準備 1 個直徑 16 公分的不鏽鋼把手單柄醬汁銅鍋。

02 預熱烤箱。

03 將無鹽奶油放置常溫軟化，備用。

04 將覆盆子果泥放入冰箱冷凍，備用。

05 在桌面平鋪保鮮膜，將玉米粉、低筋麵粉分別用篩網過篩，再倒入碗裡，為過篩的粉類，備用。

06 分別取 40 公克蛋黃、120 公克的蛋白，備用。

法式舒芙蕾與覆盆子醬汁製作動態影片 QRcode

舒芙蕾麵糊製作

07 取鋼盆，倒入細砂糖 a、蛋黃，用打蛋器打至微發，看不到顆粒，為蛋黃糖糊。

08 在空鍋中倒入牛奶、過篩的粉類並加熱，攪拌至濃稠狀，離火，為牛奶糊。

09 將蛋黃糖糊分次倒入牛奶糊中，用打蛋器攪拌均勻後 ，移至爐上隔水加熱，攪拌至濃稠狀，為蛋黃液，備用。

舒芙蕾麵糊製作

10 另取鋼盆，倒入蛋白，用電動打蛋器打至粗泡狀。

11 在蛋白中分次加入細砂糖 b，打發至硬性發泡，呈小彎勾，為蛋白霜。

12 將蛋白霜分次放入蛋黃液中，稍微翻拌後，持續分次加入蛋白霜並拌勻，完成舒芙蕾麵糊的製作。

13 取銅鍋，從底部由內往外刷上軟化奶油，加入糖粉 a，旋轉銅鍋，以均勻沾附上糖粉 a。（註：刷軟化奶油不僅能防沾，也能讓舒芙蕾膨脹。）

14 將舒芙蕾麵糊倒入銅鍋，輕敲幾下，以讓麵糊變平整並敲出空氣，放進烤箱，以上下火 180 度，烤約 12 ～ 16 分鐘。

覆盆子醬汁製作

15 在鍋中倒入細砂糖 c 加熱，稍微搖晃鍋子，煮至呈褐色的焦糖。

16 加入君度橙酒、冷凍覆盆子果泥、搖晃鍋子使材料能均勻混合，煮至濃稠狀。

17 加入黃檸檬汁，拌勻，離火，盛碗，完成覆盆子醬汁製作。

組合

18 將出爐後的舒芙蕾放在圓盤上，在表面撒上糖粉 b，搭配覆盆子醬汁，即可享用。

::: PROCESS :::

平鋪保鮮膜、過篩玉米粉、低筋麵粉。

細砂糖 a、蛋黃、打至微發。

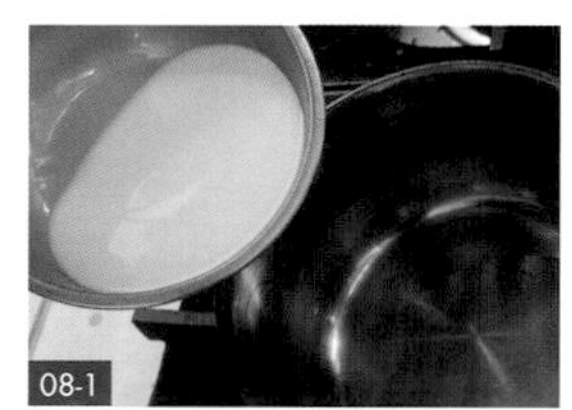

牛奶、過篩的粉類、攪拌至濃稠。

蛋黃糖糊、牛奶糊。

打發蛋白。

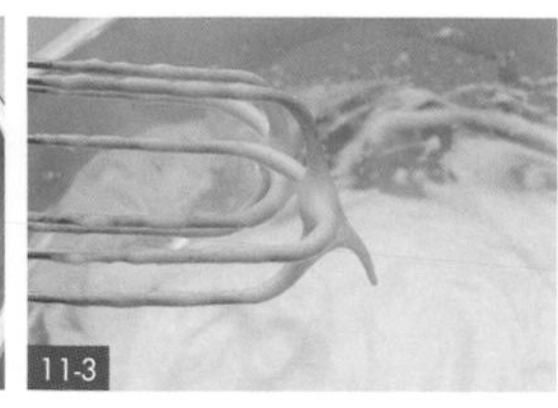

分次加入細砂糖 b、打至硬性發泡。

分次加入蛋白霜，翻拌。

刷軟化奶油、糖粉 a。

倒入麵糊後，輕敲銅鍋、烘烤。

細砂糖 c、褐色焦糖。

君度橙酒、冷凍覆盆子果泥。

黃檸檬汁。

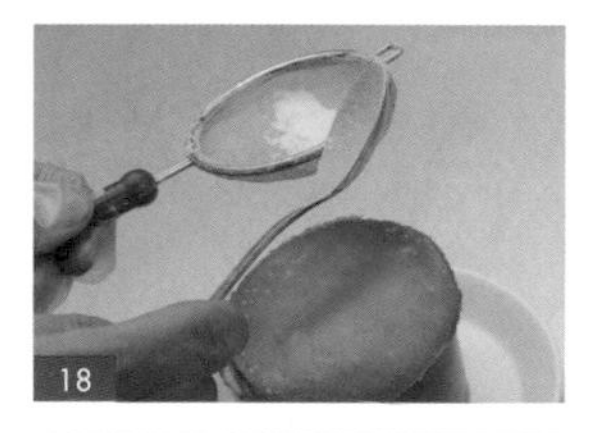

糖粉 b。

- 使用任何器具一定要擦乾，就算有一點油脂殘留，也會導致打發失敗。
- 將蛋黃和蛋白分開後，先將蛋白放在冷藏，較容易打發，過程中可以加一點黃檸檬汁，讓打發的蛋白更穩定。
- 舒芙蕾麵糊烘烤至 12 分鐘時，可以稍微打開烤箱，如果舒芙蕾沒馬上塌掉，表示已經快完成；如果會馬上塌，就繼續烘烤。

檸檬派與義式蛋白霜

Lemon Tart with Italian Meringue

INGREDIENTS 材料

① 金箔（裝飾）…… 適量

◆ **塔殼**

② 低筋麵粉 a …… 250 公克
③ 糖粉 …… 70 公克
④ 海鹽 …… 2 公克
⑤ 全蛋 a …… 1 顆
⑥ 無鹽奶油 a（常溫軟化）…… 100 公克
⑦ 低筋麵粉 b …… 適量

◆ **檸檬內餡**

⑧ 無鹽奶油 b（常溫軟化）…… 100 公克
⑨ 動物性鮮奶油 …… 75 公克
⑩ 麥芽糖 …… 140 公克
⑪ 柚子汁 …… 60 公克
⑫ 黃檸檬汁 …… 125 公克
⑬ 細砂糖 a …… 130 公克
⑭ 玉米粉 …… 20 公克
⑮ 全蛋 b …… 200 公克
⑯ 可可脂（切碎）…… 160 公克

◆ **義式蛋白霜**

⑰ 蛋白 …… 110 公克
⑱ 水 …… 100 公克
⑲ 細砂糖 b …… 300 公克

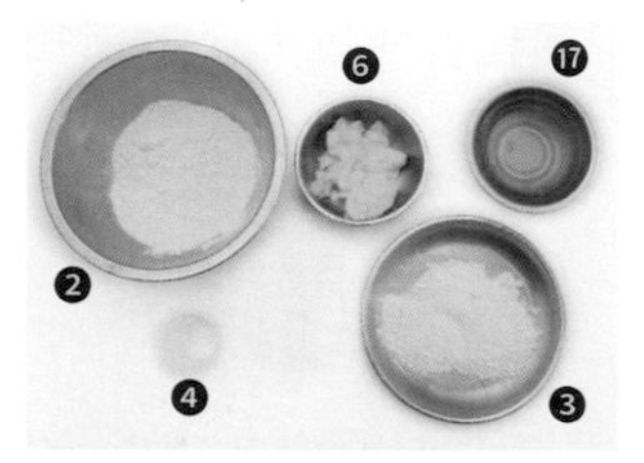

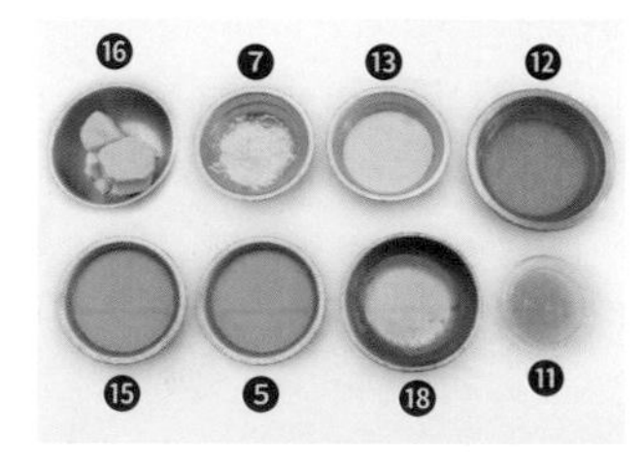

檸檬派與義式蛋白霜
製作動態影片 QRcode

STEP BY STEP 步驟

前置作業

01 準備 1 個 6 花嘴及擠花袋。

02 預熱烤箱。

03 將無鹽奶油 a、b 放置常溫，為軟化奶油 a、軟化奶油 b。

04 將可可脂切碎；取 110 公克的蛋白，備用。

05 將全蛋 a、b 以筷子打散，為蛋液 a、b。

塔殼製作

06 取鋼盆，倒入低筋麵粉 a、糖粉、海鹽，用手拌勻。

07 加入蛋液 a、軟化奶油 a，依序拌勻。

08 將盆內材料倒在桌面上，以刮板為輔助，將塔皮切拌成形。

09 將塔皮放在烘焙紙上，再蓋上第二張烘焙紙，用擀麵棍擀平塔皮，擀至約 1 元硬幣的厚度，放進冷藏 30 分鐘後取出。

10 將蓋住的烘焙紙掀開，在塔皮的表面撒上些許低筋麵粉 b，並蓋在 6 吋烤模上方。

::: PROCESS :::

低筋麵粉 a、糖粉、海鹽。

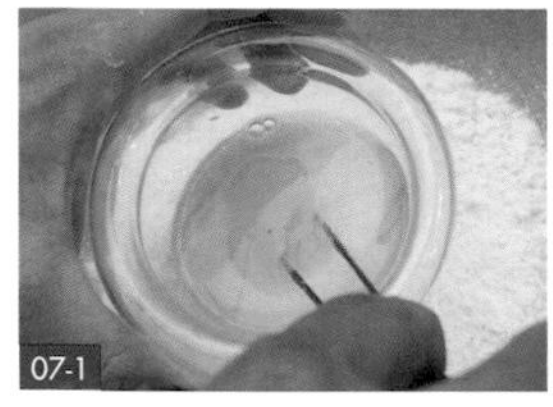

蛋液 a、軟化奶油 a。

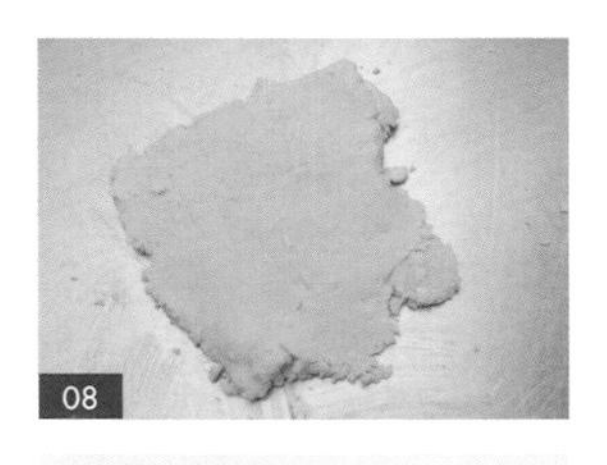

塔皮成形。

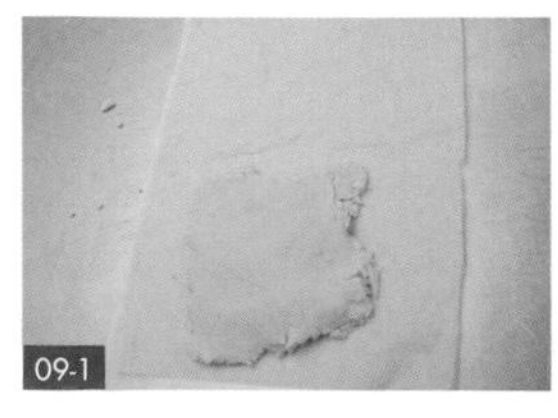

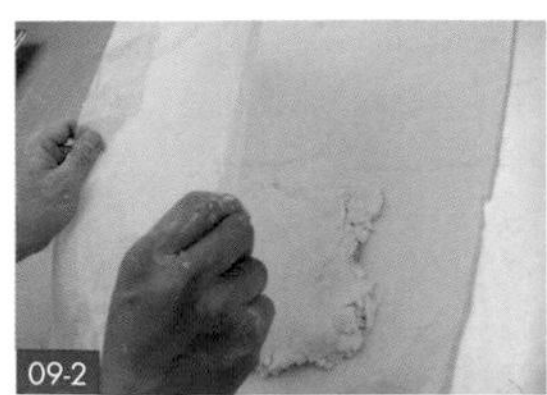

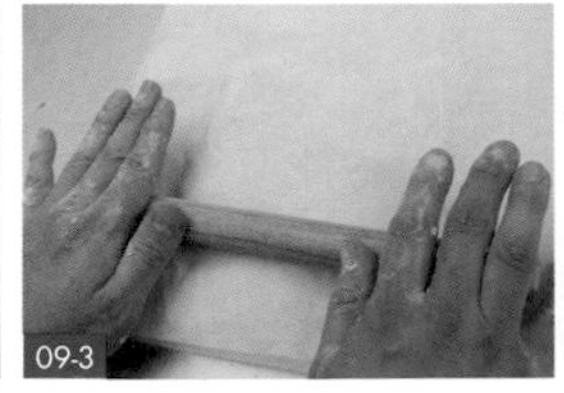

擀平塔皮、冷藏。

11 用手將塔皮按壓在烤模上，讓塔皮成形後，取出烘焙紙，並以小彎刀割掉多餘的塔皮，再用手修整烤模的邊緣，使塔皮能貼合烤模。

12 用叉子在塔皮上戳洞。

13 放進烤箱，以上下火 170 度，烤 12 分鐘至表面呈金黃色，完成塔殼製作。

檸檬內餡製作

14 在鍋中倒入軟化奶油 b、動物性鮮奶油、麥芽糖、柚子汁、黃檸檬汁加熱，用打蛋器攪勻，煮滾，離火，備用。

15 在另一鍋中倒入細砂糖 a、玉米粉後，分次倒入蛋液 b，拌勻，為蛋粉液。

16 將步驟 14 的材料一邊攪拌一邊倒入蛋粉液中，拌勻後移至爐上加熱，攪拌至濃稠狀，離火。

17 加入可可脂碎，用打蛋器拌勻，放入有冰塊的冰水裡，冷卻，完成檸檬內餡製作。（註：須降溫至約 20 度。）

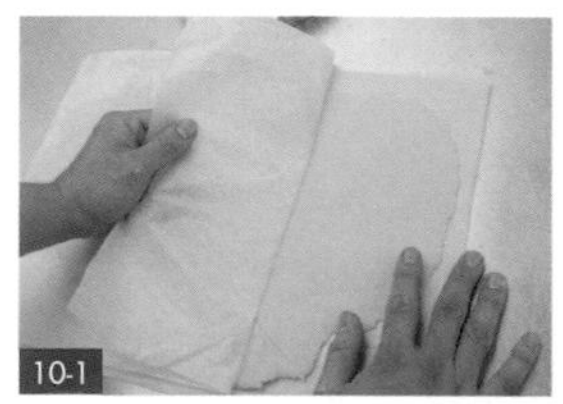
10-1

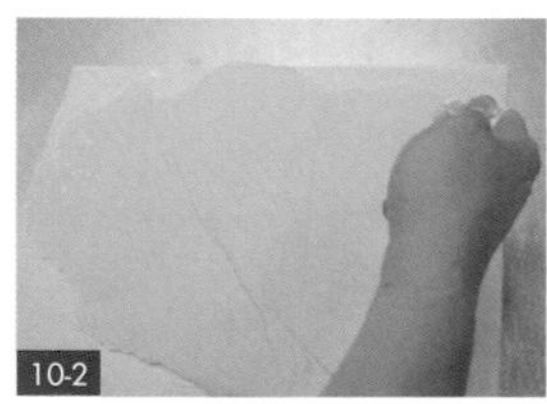
10-2

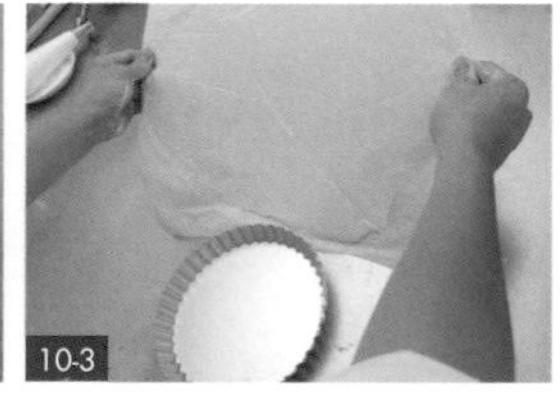
10-3

掀開烘焙紙、低筋麵粉 b、蓋上烤模。

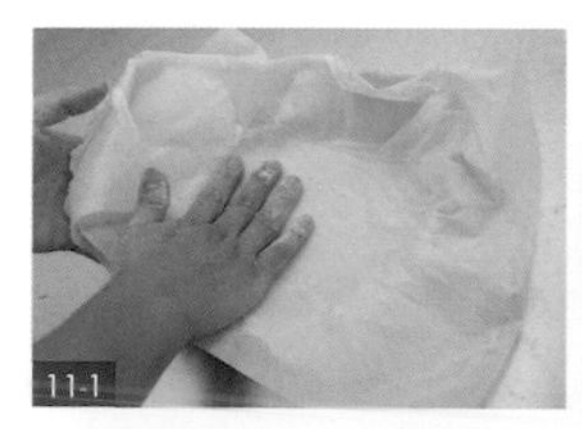
11-1

11-2

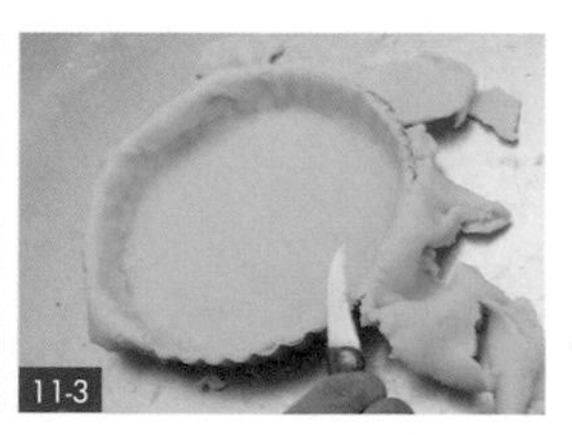
11-3

修整塔皮。

12

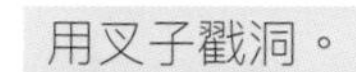
用叉子戳洞。

13

烘烤。

14-1

14-2

14-3

軟化奶油 b、動物性鮮奶油、麥芽糖、柚子汁、黃檸檬汁。

義式蛋白霜製作

18 （同時）蛋白倒入桌上型攪拌機，打發至硬性發泡，為蛋白霜。

19 （同時）將水、細砂糖 b 倒入鍋中加熱至約 118 度，關火，為糖水。

20 先以低速攪拌蛋白霜，一邊慢慢加入糖水，須持續攪拌約 15 分鐘，打發至硬挺，完成義式蛋白霜製作。

21 將義式蛋白霜倒入擠花袋裡，將蛋白霜往前推至花嘴處，備用。

組合、盛盤

22 將檸檬內餡放入塔殼上，並用抹刀把表面抹平整。（註：可依個人喜好刨上檸檬皮屑。）

23 在檸檬內餡的表面擠上義式蛋白霜。

24 使用噴槍，噴在義式蛋白霜的表面，以讓義式蛋白霜上色。

25 以鑷子夾取金箔，擺放在義式蛋白霜表面，完成擺盤，即可享用。

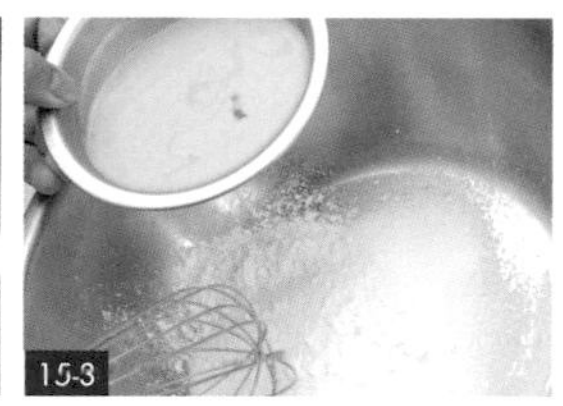

細砂糖 a、玉米粉、蛋液 b。

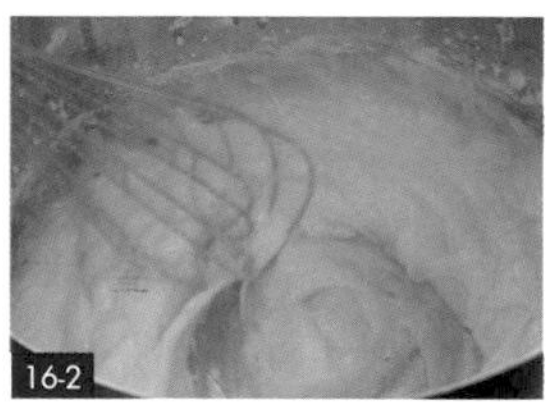

拌勻、加熱並攪至濃稠狀。

可可脂碎、隔冰水冷卻。

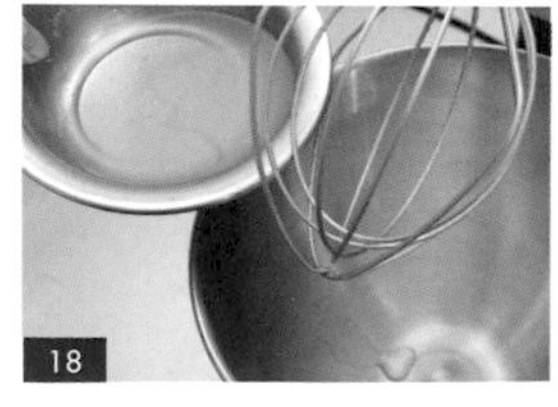
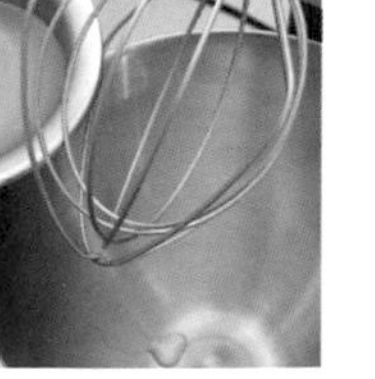

蛋白。

水、細砂糖 b、加熱。

蛋白霜、糖水混合。

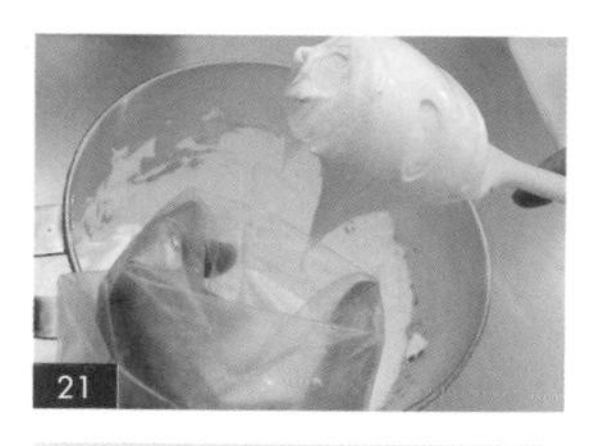

倒入擠花袋。

檸檬內餡。

義式蛋白霜。

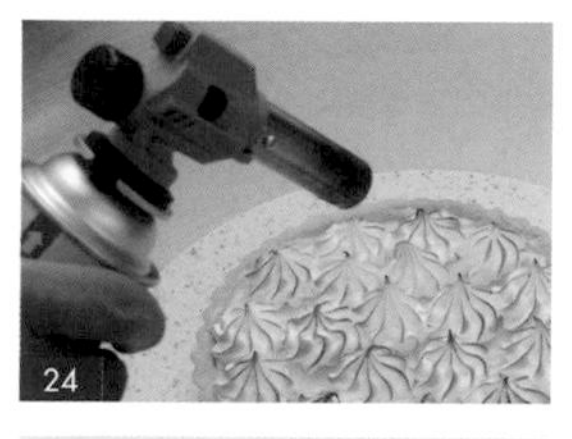

義式蛋白霜上色。

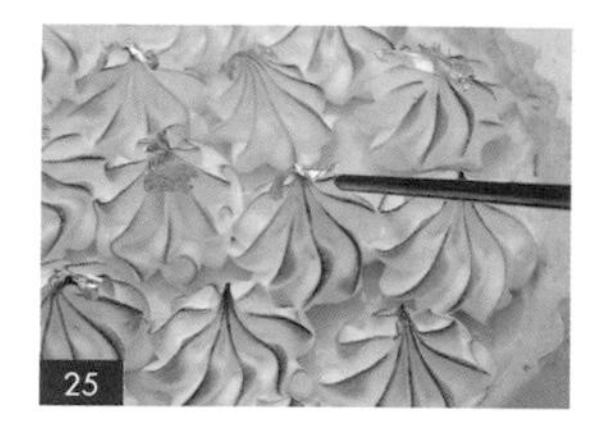

裝飾。

- 在烘焙紙上擀平塔皮後，先冷藏會助於接下來的操作。
- 打發蛋白時，須注意分蛋時，蛋白中有沒有沾染到蛋黃，否則會讓蛋白不易打發或打發失敗。

基礎刀工

削皮

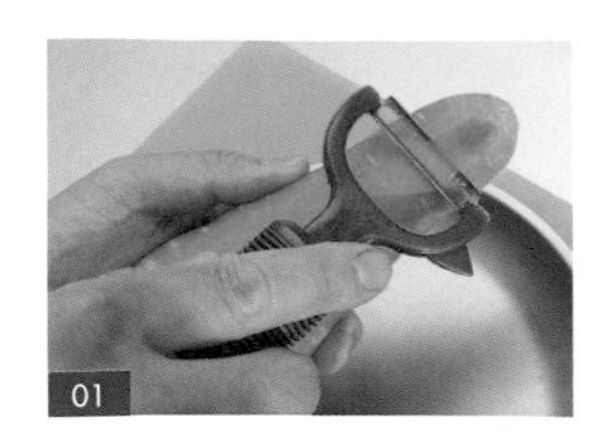
01

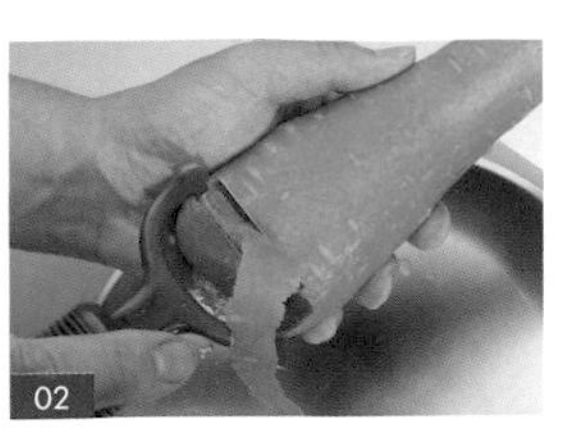
02

01 手像拿筆一樣，拿穩削皮刀，由上往下削。

02 削到底的時候，可以轉一下，才不會重複削到同一個地方。

切片

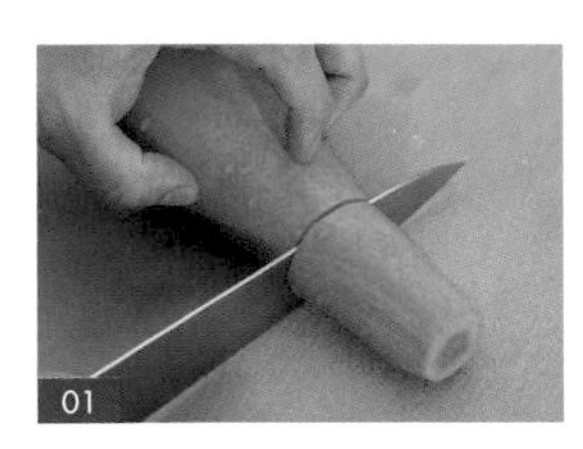
01

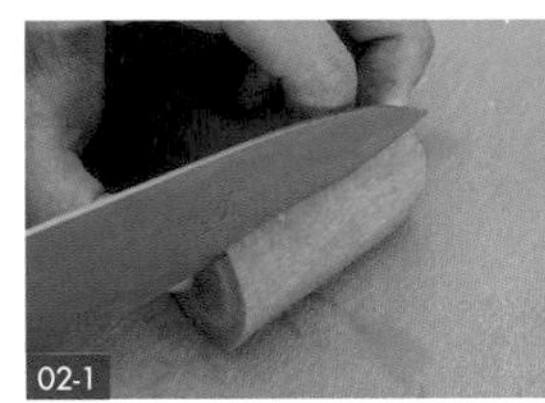
02-1

02-2

01 取一削皮紅蘿蔔，刀子拿穩後先切半。

02 將紅蘿蔔轉直向切，看好要切片的厚度，切成長條後，依序將紅蘿蔔切片。

切塊

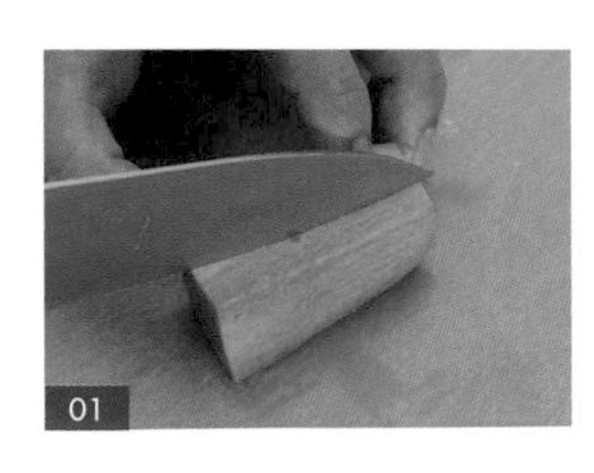
01

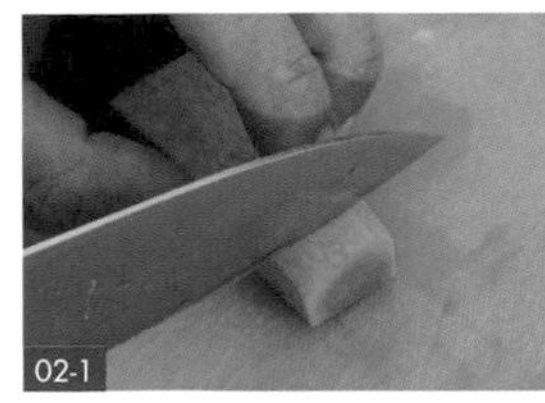
02-1

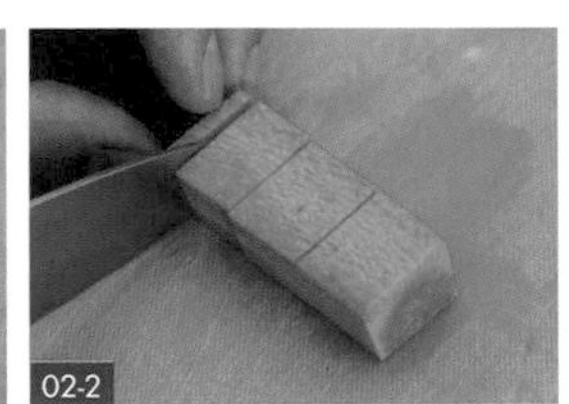
02-2

02-3

01 將紅蘿蔔切成紅蘿蔔條。

02 將紅蘿蔔條切塊。

切絲

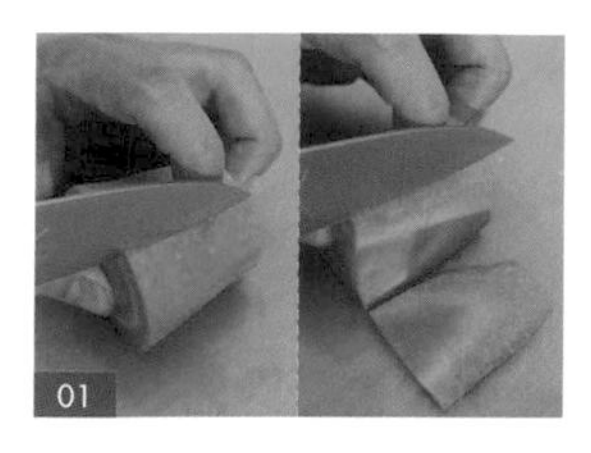

01 將紅蘿蔔切成紅蘿蔔片。

02 將紅蘿蔔片上下疊好後，直向切絲。

切丁

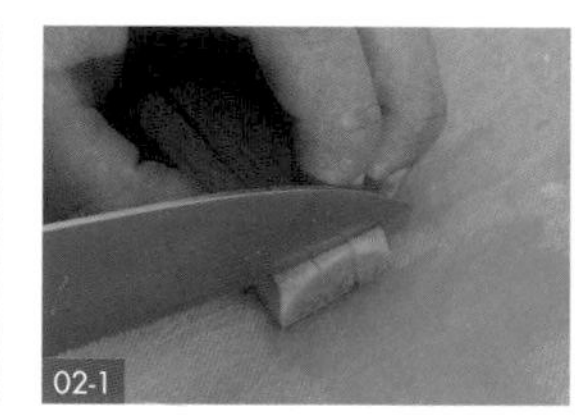

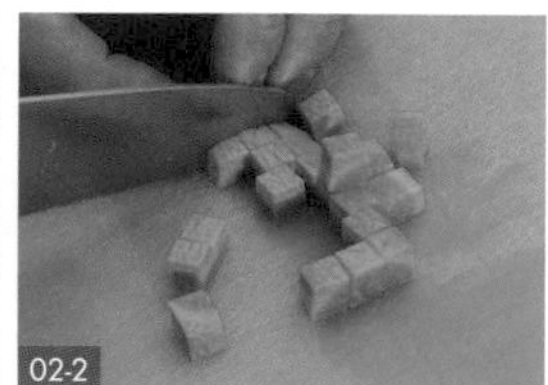

01 將紅蘿蔔切成紅蘿蔔絲。

02 將紅蘿蔔絲轉橫向，對齊後，切成相同大小的丁狀。

切碎

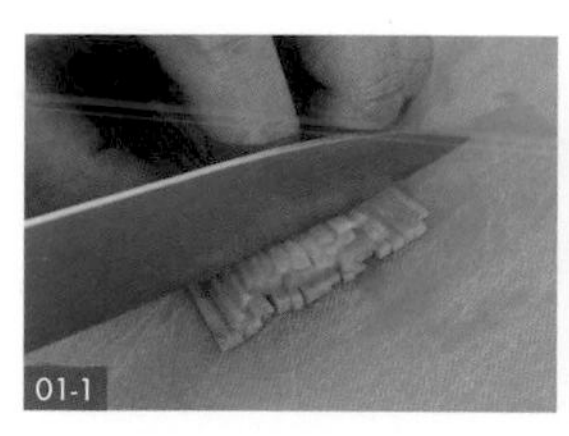

01 將紅蘿蔔切成紅蘿蔔絲後，橫向對齊，切碎。

工具介紹

不鏽鋼單把手鍋

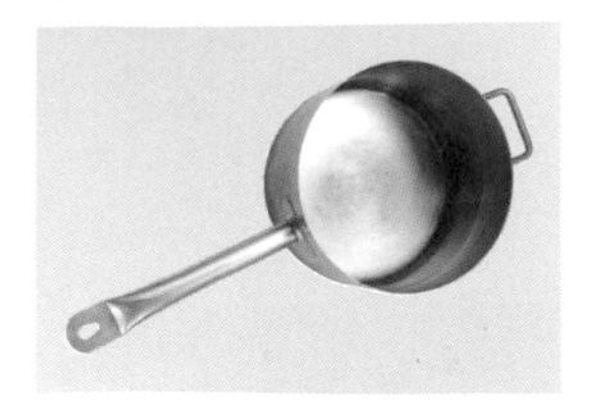

烹煮料理時使用。

不鏽鋼單把醬汁鍋

熬煮湯類料理時使用。

單柄鐵質平底鍋

烹煮料理時使用。

炒菜鍋

烹煮料理時使用。

鍋鏟

炒拌各式食材、調味料等，使它們能均勻混合。

廚用鏟子

鏟起食材時使用。

湯匙

攪拌各式食材、調味料等，使它們能混合均勻。

餐叉

烹飪或切割食材時，可固定住食材。

菜刀

剁、切食材。

小彎刀

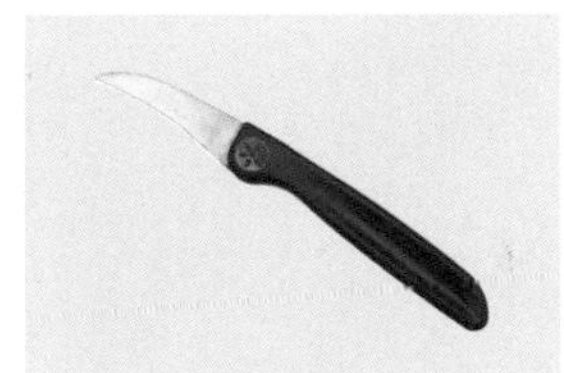

分切材料。

削皮器

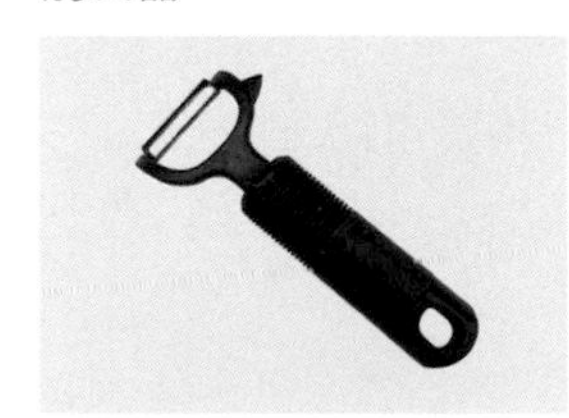

削去食材外皮時使用。

刨皮器

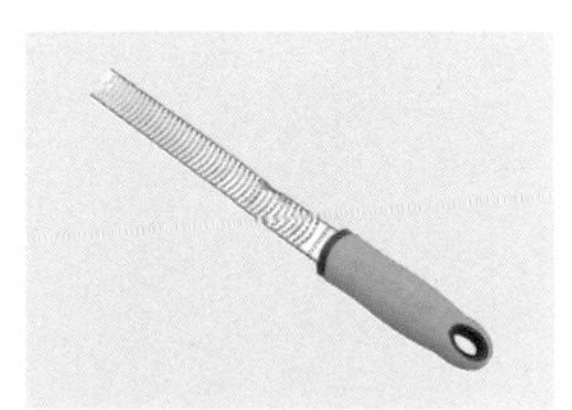

用來刨水果的外皮。

切片器

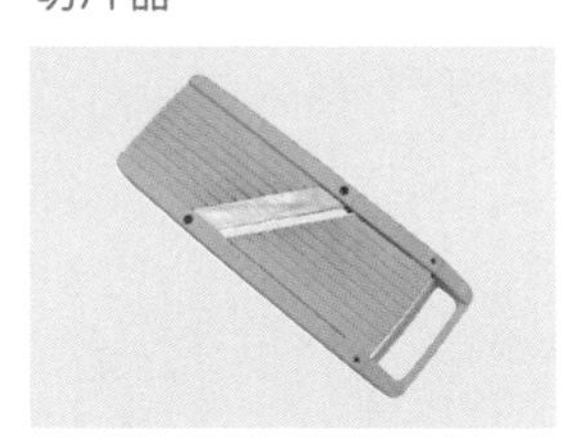

將所有食材切片。

披薩滾輪小工具

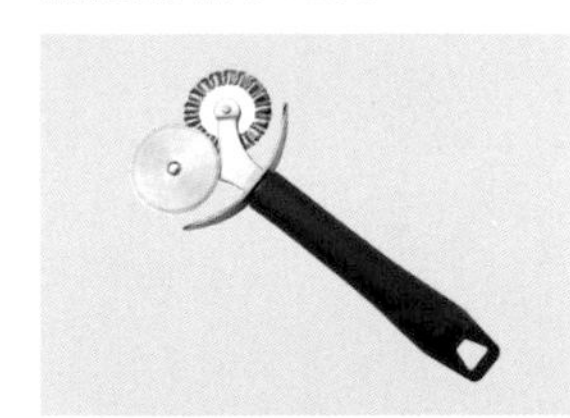

用來切割麵皮類的食材。

剪刀

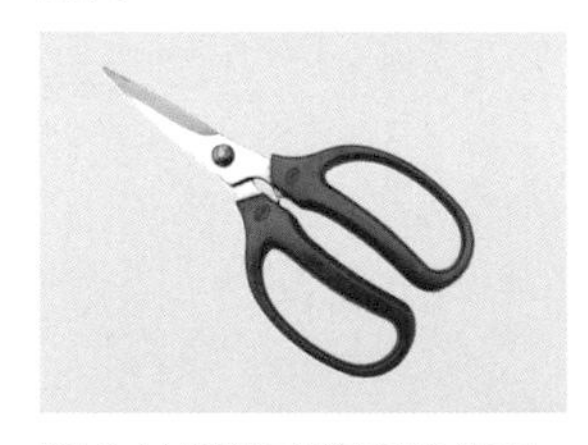

將食材切割或剪開時使用。

湯勺

舀湯等液體類料理。

刮刀

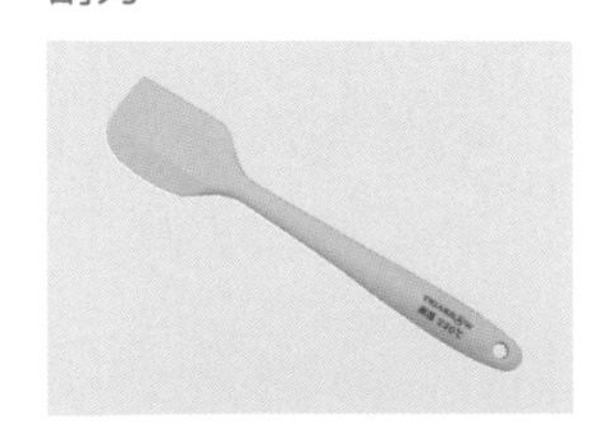

攪拌或刮取黏稠類、稠狀材料時使用。

抹刀

用來抹勻食材。

濾網

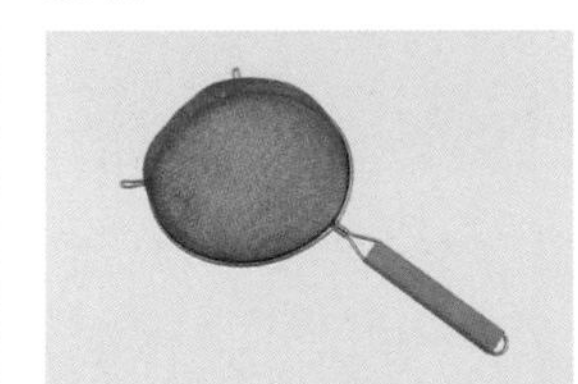

用來過濾食材。

篩網

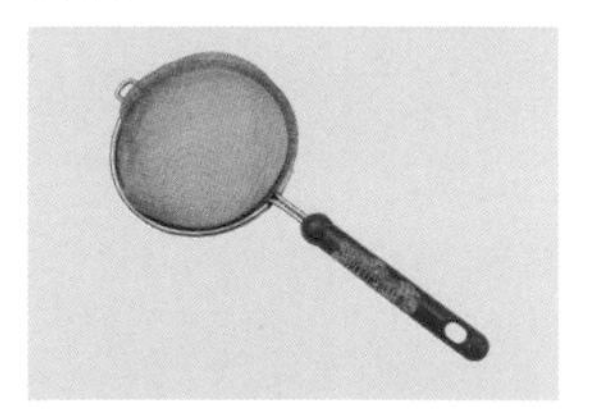

過篩粉類時使用，使粉類不結塊。

食物調理機

將食材打成泥狀、碎狀。

手持料理棒

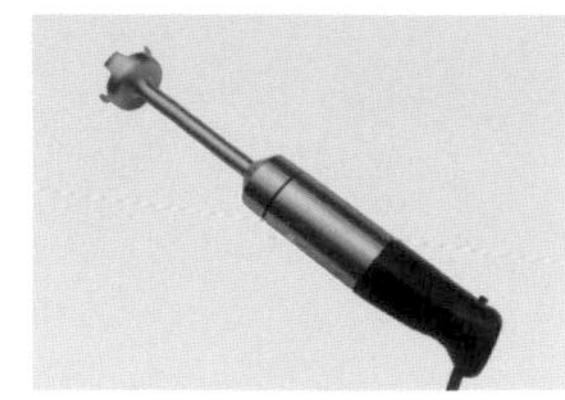

混合所有食材。

毛刷

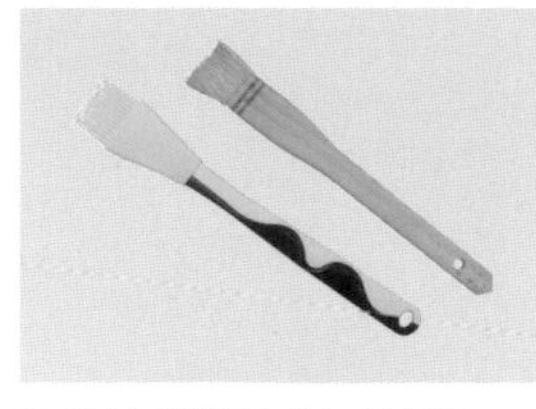

沾取液體類食材時使用。

肉槌

用來敲打肉排。

擀麵棍

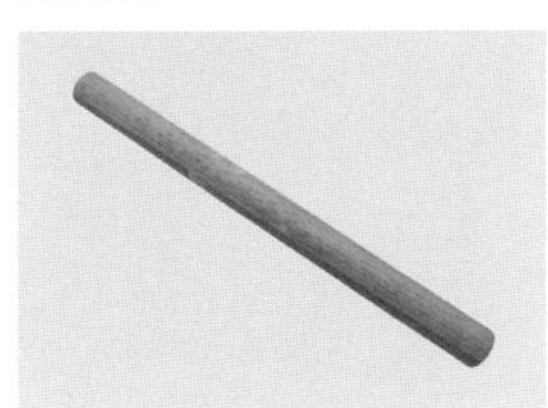

將食材整形或擀平材料時使用。

挖球器

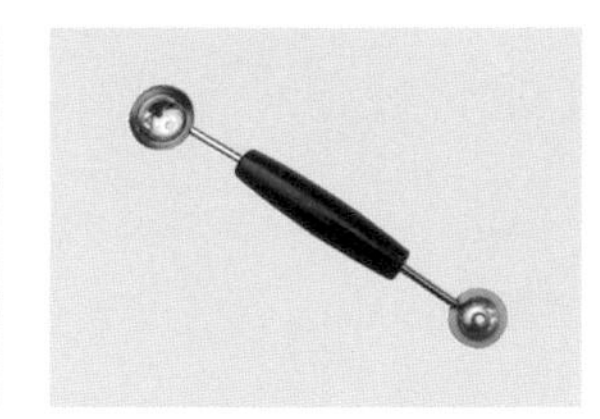

用於切割圓形或橢圓形的小型碗形工具。

開蛋器

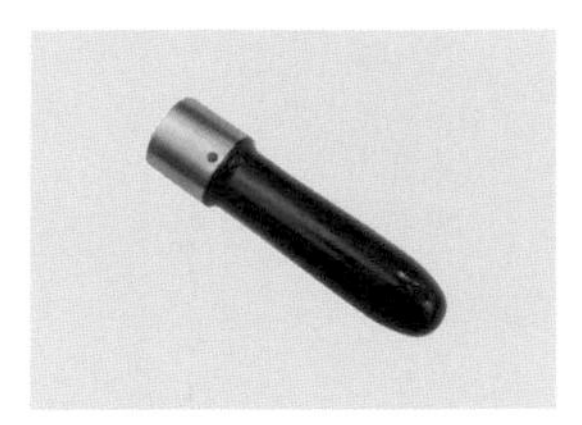

戳在雞蛋尖處，可剝開蛋殼碎片。

打蛋器

用來攪拌食材。

桌上型電動打蛋器

適用於打發大量的食材。

電動打蛋器

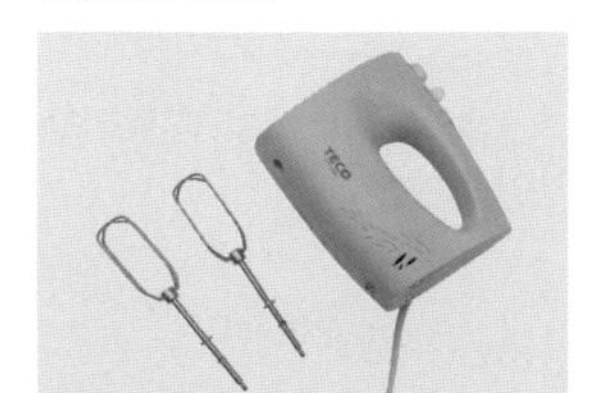

烹飪時可用來打發食材。

電子秤

秤量食材重量。

竹籤

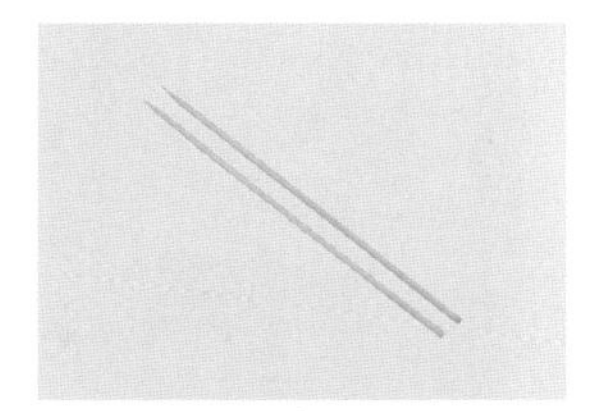

用來固定食材。

擠花袋

放置做好的材料，可搭配花嘴使用。

六嘴花嘴

將食材擠出所須形狀時，使用的輔助工具。

烘焙紙

用來平鋪烤盤底部，可避免沾黏。

烤盤

烘烤時使用，盛裝材料的器皿。

烤模

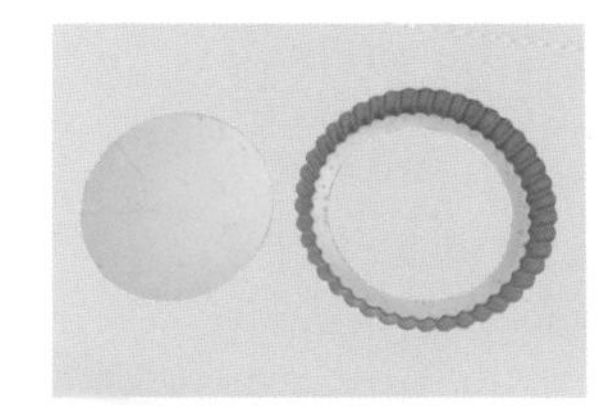

烤烘焙材料時使用。

圓形模具

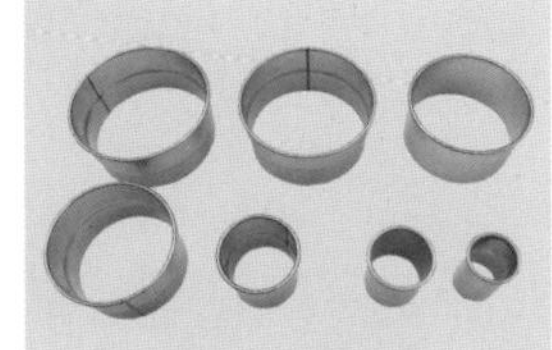

固定住食材的形狀。

慕斯圈

可固定住會流動的食材。

烤盅

可在裝入麵糊後，送進烤箱烘烤。

鋸齒夾

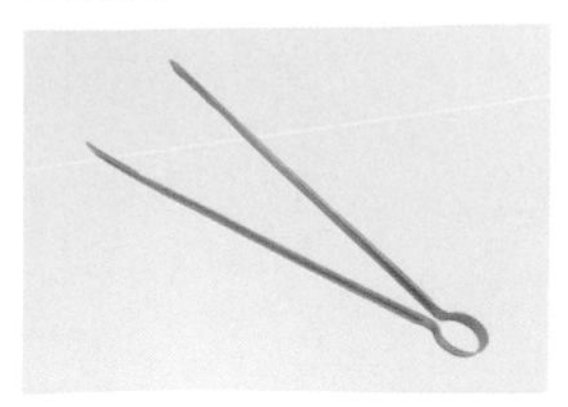

夾取食材的同時可固定位置。

長鑷子

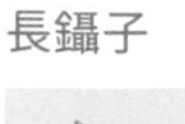

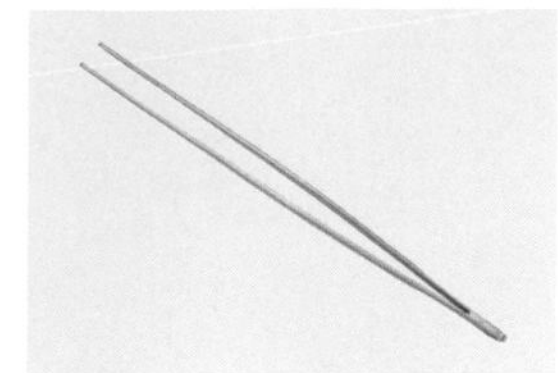

夾取食材時使用。

鑷子

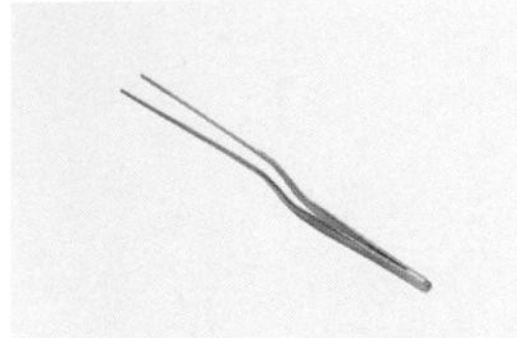

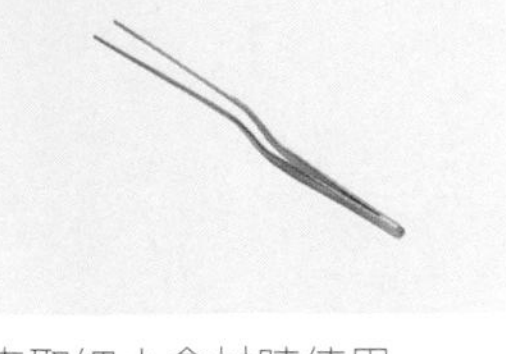

夾取細小食材時使用。

拔魚刺夾

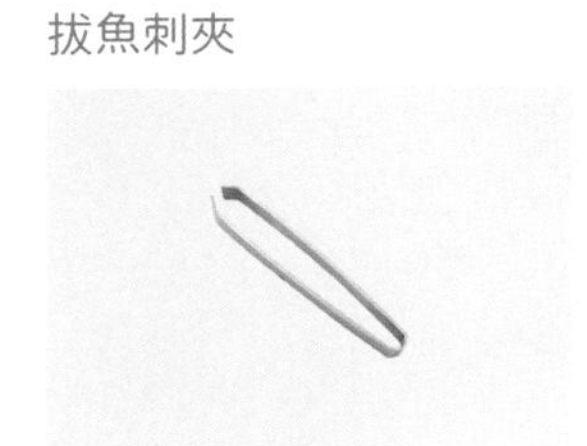

拔除魚刺時使用。

噴槍

噴在糖霜上，使糖霜上色、增添風味。

充氣器

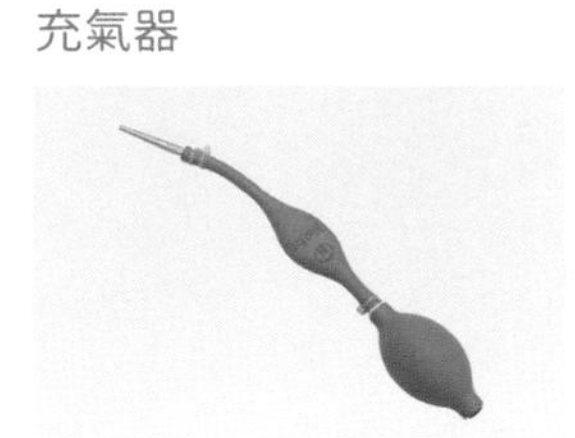

將空氣灌入食材，使食材膨脹。

棉繩

用來固定食材。

抹布

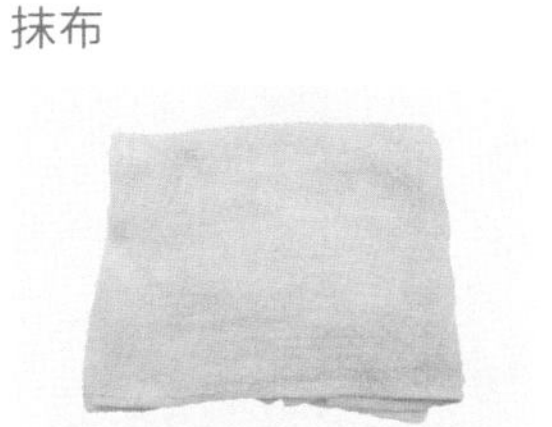

擦拭桌面時使用。

砧板

剁切食材時使用，共分為切菜、海鮮、肉類，以保護桌面。

保鮮膜

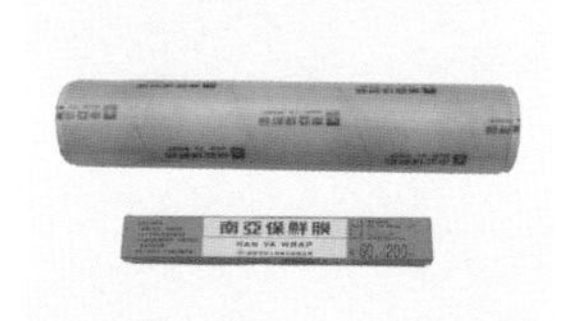

將食材放入蒸鍋、冰箱時使用，防止水滴落在食材上。

錫箔紙

將食材放入烤箱時使用，防止表面上色。

材料介紹

蔬果類

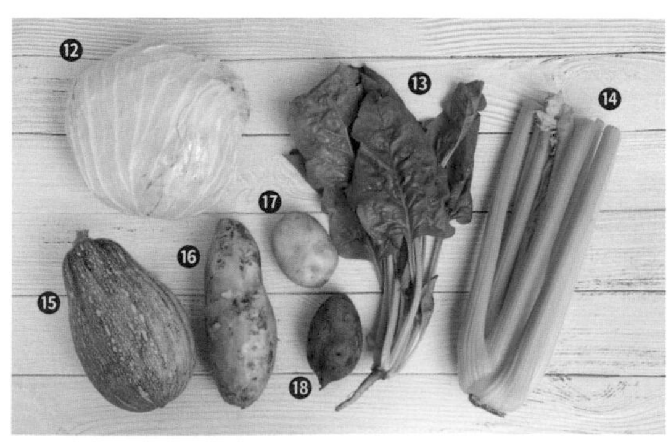

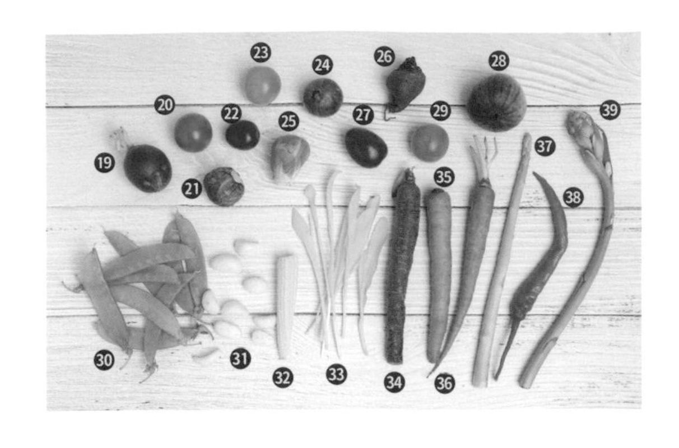

蔬菜

① 紫洋蔥
② 白洋蔥
③ 紅甜椒
④ 黃甜椒
⑤ 日本圓茄
⑥ 牛番茄
⑦ 小黃瓜
⑧ 黃節瓜
⑨ 綠節瓜
⑩ 紅蘿蔔
⑪ 白蘿蔔
⑫ 高麗菜
⑬ 菠菜
⑭ 西芹
⑮ 南瓜
⑯ 地瓜
⑰ 馬鈴薯
⑱ 紫地瓜
⑲ 櫻桃蘿蔔
⑳ 牛番茄
㉑ 紫孢子甘藍
㉒ 聖女番茄
㉓ 黃橙蜜番茄
㉔ 乾蔥
㉕ 綠孢子甘藍
㉖ 糖果甜菜
㉗ 巧克力番茄
㉘ 無花果
㉙ 綠天使番茄
㉚ 甜豆莢
㉛ 蒜頭
㉜ 玉米筍
㉝ 玉米苗
㉞ 小紫蘿蔔
㉟ 小黃蘿蔔
㊱ 小紅蘿蔔
㊲ 蘆筍
㊳ 青辣椒
㊴ 晚香玉筍

水果

㊵ 芒果
㊶ 紅火龍果
㊷ 黃檸檬
㊸ 酪梨
㊹ 香蕉
㊺ 青蘋果
㊻ 藍莓
㊼ 草莓

蕈菇類

① 杏鮑菇
② 香菇
③ 松本茸
④ 鴻喜菇
⑤ 法國夏季黑松露
⑥ 蘑菇
⑦ 牛肝菌菇

肉類

雞胸肉

雞腿肉

牛舌

牛肉絞肉

菲力牛排

牛臉頰

牛肚

戰斧豬排

豬肋排

豬里肌肉

豬大里肌

Te Mana 冷凍帶骨法式羊排

羊肉絞肉

羊膝

櫻桃鴨胸

培根

PANCETTA 義大利培根

西班牙帕瑪火腿

海鮮類

生食鮪魚

煙燻鮭魚

鮭魚

馬頭魚

巴沙魚

中卷

干貝

龍蝦

草蝦

生蠔

蛤蜊

章魚

鮭魚卵

黑殼淡菜

海膽

調味香料類

① 白酒醋
② 李派林烏斯特醬汁
③ 香草粉
④ 麥芽糖
⑤ 卡夫帕瑪森起司粉
⑥ 玫瑰花醬
⑦ 亨氏番茄醬
⑧ 味好美塔可粉
⑨ 味好美洋香菜葉
⑩ 亨氏濃縮番茄基底醬
⑪ 亨氏法氏紅醬
⑫ TABASCO 紅椒汁
⑬ 味好美自磨式黑胡椒粒
⑭ 味好美自磨式純淨海鹽
⑮ 法式芥茉籽醬
⑯ 碧恩松露蘑菇醬
⑰ 黑胡椒粒
⑱ 孜然籽
⑲ 茴香籽
⑳ 奧勒岡
㉑ 孜然粉
㉒ 乾燥辣椒
㉓ 細砂糖
㉔ 海鹽

義大利麵類

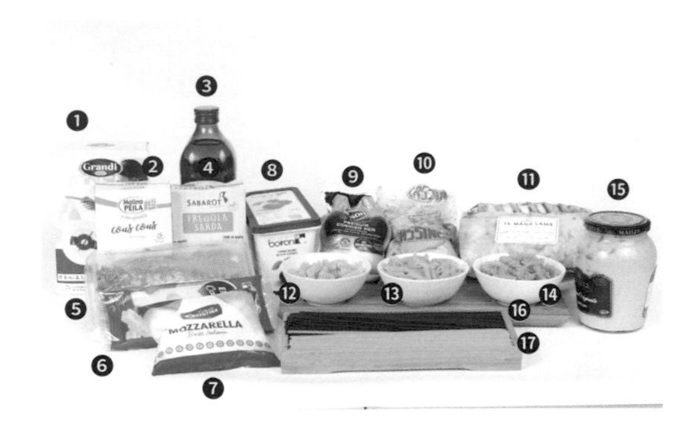

① GRANDI 阿勃瑞歐義大利米
② 義大利北非米庫斯庫斯
③ La Masia 特級初榨橄欖油
④ 薩丁尼亞珍珠麵
⑤ 牛肝菌菇燉飯
⑥ 愛曼塔起士
⑦ 水牛 ABC 起士
⑧ 冷凍櫻桃果泥
⑨ Tyson 泰森冷凍美國穀飼春雞
⑩ Mulwarra 穆瓦拉冷凍小牛胸腺
⑪ TE MANA 冷凍帶骨法式羊排（含蓋）
⑫ DE CECCO 螺旋麵
⑬ 筆管麵
⑭ DE CECCO 螺旋麵
⑮ 第戎芥末醬
⑯ 義大利墨魚麵
⑰ 義大利直條麵

乳酪起司類

① 瑞可達起司
② 馬斯卡彭起司
③ 紅巧達起司
④ 戈貢佐拉起司
⑤ 康門貝爾起司
⑥ 康提起司
⑦ 奶油起司
⑧ 皮寇尼歐起司
⑨ 帕達諾起司
⑩ 摩扎瑞拉起司片

麵包餅乾類

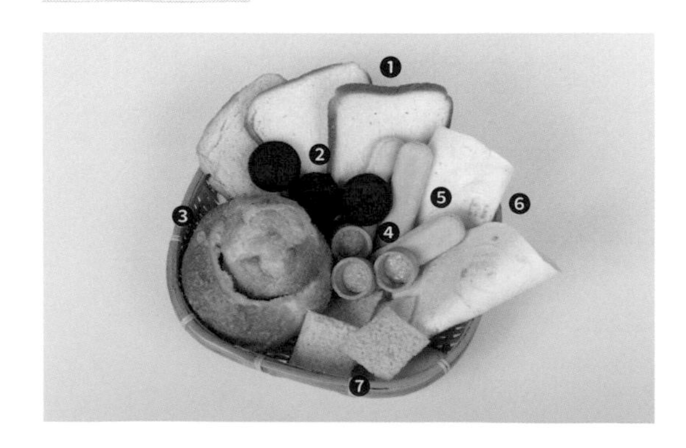

① 吐司
② 歐利歐巧克力餅乾
③ 歐式麵包
④ 鹹塔殼
⑤ 手指餅乾
⑥ 墨西哥餅皮
⑦ 米香

粉類堅果類

① 低筋麵粉	⑦ 紅心橄欖	⑬ 青豆仁	⑲ 七味粉
② 麵包粉	⑧ 松子	⑭ 紅藜麥	⑳ 帕瑪森乳酪粉
③ 玉米粉	⑨ 杏仁	⑮ 白藜麥	㉑ 紅椒粉
④ 玉米粒	⑩ 核桃	⑯ 匈牙利紅椒粉	㉒ 雞粉
⑤ 杏仁片	⑪ 西班牙番紅花	⑰ 肉類調味粉	㉓ 大豆卵磷脂
⑥ 黑橄欖	⑫ 棉花糖	⑱ 辣椒粉	

其他類

① 鮮奶	④ 味噌	⑦ 鵪鶉蛋	⑩ 黃檸檬汁	⑬ 奶油起司
② 豆漿	⑤ 風乾番茄	⑧ 香草莢	⑪ 金箔	
③ 鮪魚罐頭	⑥ 全蛋	⑨ 義大利黑醋	⑫ 防潮可可粉	

星級主廚的西式居家料理：

西式料理So easy，在家也能擁有大師級的好廚藝

書　　名　星級主廚的西式居家料理：
　　　　　西式料理 So easy，在家也能擁有
　　　　　大師級的好廚藝

作　　者　蔡明哲

主　　編　譽緻國際美學企業社・莊旻嬑
助理編輯　譽緻國際美學企業社・黃于晴
校稿編輯　譽緻國際美學企業社・許雅容
美　　編　譽緻國際美學企業社・羅光宇
封面設計　洪瑞伯
攝 影 師　吳曜宇、游淑如

發 行 人　程安琪
總 編 輯　盧美娜
發 行 部　侯莉莉
財 務 部　許麗娟
印　　務　許丁財
法律顧問　樸泰國際法律事務所許家華律師

藝文空間　三友藝文複合空間
地　　址　106 台北市安和路 2 段 213 號 9 樓
電　　話　（02）2377-1163

出 版 者　橘子文化事業有限公司
總 代 理　三友圖書有限公司
地　　址　106 台北市安和路 2 段 213 號 4 樓
電　　話　（02）2377-4155
傳　　真　（02）2377-4355
E-mail　service@sanyau.com.tw
郵政劃撥　05844889 三友圖書有限公司

總 經 銷　大和書報圖書股份有限公司
地　　址　新北市新莊區五工五路 2 號
電　　話　（02）8990-2588
傳　　真　（02）2299-7900

初　　版　2022 年 3 月
定　　價　新臺幣 580 元
I S B N　978-986-364-185-8（平裝）

感謝贊助

昆庭國際興業有限公司、欣臨餐飲、聯馥食品股份有限公司

特別感謝

臺北城市科技大學餐飲事業系、異國料理社社員（杜明軒、林文洄、翁武鍵、鍾宏暘、王霆豪、黎德璟）

國家圖書館出版品預行編目（CIP）資料

星級主廚的西式居家料理：西式料理So easy,在家也能擁有大師級的好廚藝/蔡明哲作. -- 初版. -- 臺北市：橘子文化事業有限公司, 2022.3
　面；　公分
ISBN 978-986-364-185-8(平裝)

1.食譜

427.12　　110019295

三友官網

三友 Line@